HTML5+CSS3
网站设计标准教程
视频教学版

未来科技　编著

中国水利水电出版社
www.waterpub.com.cn
·北京·

内 容 提 要

《HTML5+CSS3 网站设计标准教程（视频教学版）》系统讲解了 HTML5 和 CSS3 的基础知识和使用技巧，结合大量案例从不同角度和场景生动演示 HTML5 和 CSS3 在实践生产中的具体应用。本书分为两大部分，共 16 章，包括 HTML5 基础、HTML5 文档结构、HTML5 文本、HTML5 图像和多媒体、HTML5 列表和超链接、HTML5 表格、HTML5 表单、CSS3 基础、CSS3 字体和文本样式、CSS3 图像和背景样式、CSS3 超链接和列表样式、CSS3 表格和表单样式、CSS3 盒模型、CSS3 布局、CSS3 媒体查询与跨设备布局以及 CSS3 动画等。

本书配备了极为丰富的学习资源，其中配套资源：264 节教学视频（可扫描二维码观看）、素材源程序；附赠的拓展学习资源：习题及面试题库、案例库、工具库、网页模板库、网页素材库、网页配色库、网页案例库等，让读者以一倍的价格获得两倍的内容，实现超值阅读。

本书既适合作为 HTML5 和 CSS3 的自学用书，也可作为高等院校网页设计、网页制作、网站建设、Web 前端开发等专业课程的教学用书或相关机构的培训教材。

图书在版编目（CIP）数据

HTML5+CSS3网站设计标准教程：视频教学版 / 未来科技编著. -- 北京：中国水利水电出版社, 2025.4.
ISBN 978-7-5226-3174-5

Ⅰ. TP312.8；TP393.092.2

中国国家版本馆CIP数据核字第2025YZ8856号

书　　名	HTML5+CSS3 网站设计标准教程（视频教学版） HTML5+CSS3 WANGZHAN SHEJI BIAOZHUN JIAOCHENG
作　　者	未来科技　编著
出版发行	中国水利水电出版社 （北京市海淀区玉渊潭南路 1 号 D 座　100038） 网址：www.waterpub.com.cn E-mail：zhiboshangshu@163.com 电话：（010）62572966-2205/2266/2201（营销中心）
经　　售	北京科水图书销售有限公司 电话：（010）68545874、63202643 全国各地新华书店和相关出版物销售网点
排　　版	北京智博尚书文化传媒有限公司
印　　刷	河北文福旺印刷有限公司
规　　格	185mm×260mm　16 开本　18 印张　482 千字
版　　次	2025 年 4 月第 1 版第 1 次印刷　2025 年 4 月第 1 次印刷
印　　数	0001—3000 册
定　　价	59.80 元

凡购买我社图书，如有缺页、倒页、脱页的，本社营销中心负责调换

版权所有·侵权必究

前 言
Preface

近年来，互联网+、大数据、云计算、物联网、虚拟现实、人工智能、机器学习、移动互联网等 IT 相关概念和技术风起云涌，相关产业发展如火如荼。互联网+、移动互联网已经深入人们日常生活的方方面面，人们已经离不开互联网。为了让人们有更好的互联网体验效果，Web 前端开发、移动终端开发相关技术发展迅速。HTML5、CSS3、JavaScript 三大核心技术相互配合使用，大大减轻了 Web 开发的工作量，降低了开发成本。

本书系统讲解了 HTML5 和 CSS3 的基础知识和使用技巧，结合大量案例从不同角度和场景生动演示 HTML5、CSS3 在生产实践中的具体应用。旨在帮助读者快速、全面、系统地掌握 Web 开发最基础性的技术，确保达成以下目标：使 Web 设计在外观上更漂亮，在功能上更实用，在技术上更简易。

本书内容

本书分为两大部分，共 16 章，具体结构划分及内容概述如下。

第一部分：HTML5 部分，包括第 1～7 章。这部分内容主要介绍了 HTML5 基础、HTML5 文档结构、HTML5 文本、HTML5 图像和多媒体、HTML5 列表和超链接、HTML5 表格及 HTML5 表单。

第二部分：CSS3 部分，包括第 8～16 章。这部分内容主要介绍了 CSS3 基础、CSS3 字体和文本样式、CSS3 图像和背景样式、CSS3 超链接和列表样式、CSS3 表格和表单样式、CSS3 盒模型、CSS3 布局、CSS3 媒体查询与跨设备布局以及 CSS3 动画。

本书编写特点

📖 实用性强

本书把"实用"作为编写的首要原则，重点选取实际开发工作中用得到的知识点，按知识点的常用程度进行了详略调整，目的是希望读者能够用最短的时间掌握开发的必备知识。

📖 入门容易

本书思路清晰、语言通俗、操作步骤详尽。读者只要认真阅读本书，把书中所有示例认真地练习一遍，独立完成所有的实战案例，就可以达到专业开发人员的水平。

📖 讲述透彻

本书把知识点融于大量的示例中，结合实战案例进行讲解和拓展，力求让读者"知其然，也知其所以然"。

📖 系统全面

本书内容从零开始到实战应用，丰富详尽，知识系统全面，讲述了实际开发工作中用到的绝大部分知识。

📖 操作性强

本书颠覆了传统的"看"书观念，是一本能"操作"的图书。书中示例遍布每个小节，且每个示例操作步骤清晰明了，简单模仿就能快速上手。

本书显著特色

📖 **体验好**

二维码扫一扫，随时随地看视频。书中几乎每个章节都提供了二维码，读者可以通过手机微信扫一扫，随时随地观看相关的教学视频（若个别手机不能播放，请参考前言中的"本书学习资源列表及获取方式"下载后在计算机上也可以观看）。

📖 **资源多**

从配套到拓展，资源库一应俱全。本书不仅提供了几乎覆盖全书的配套视频和素材源文件，还提供了拓展的学习资源，如习题及面试题库、案例库、工具库、网页模板库、网页素材库、网页配色库、网页案例库等，拓展视野、贴近实战，学习资源一网打尽！

📖 **案例多**

案例丰富详尽，边做边学更快捷。跟着大量的案例去学习，边学边做，从做中学，使学习更深入、更高效。

📖 **入门易**

遵循学习规律，入门与实战相结合。本书采用"基础知识+中小实例+实战案例"的编写模式，内容由浅入深、循序渐进，从入门中学习实战应用，从实战应用中激发学习兴趣。

📖 **服务快**

提供在线服务，随时随地可交流。本书提供 QQ 群、资源下载等多渠道贴心服务。

本书学习资源列表及获取方式

本书的学习资源十分丰富，全部资源分布如下。

📖 **配套资源**

（1）本书的配套同步视频，共计 264 节（可扫描二维码观看或从下述网站中下载）。

（2）本书的配套素材及源程序，共计 500 个。

📖 **拓展学习资源**

（1）习题及面试题库（共计 1000 题）。

（2）案例库（各类案例 4395 个）。

（3）工具库（HTML、CSS、JavaScript 手册等共 60 部）。

（4）网页模板库（各类模板 1636 个）。

（5）网页素材库（17 大类）。

（6）网页配色库（613 项）。

（7）网页案例欣赏库（共计 508 项）。

📖 **以上资源的获取及联系方式**

（1）读者扫描下方的二维码或关注微信公众号"人人都是程序猿"，发送"HC3174"到公众号后台，获取资源下载链接，然后将此链接复制到计算机浏览器的地址栏中，根据提示下载即可。

（2）加入本书学习交流 QQ 群：799942366（请注意加群时的提示），可进行在线交流学习，作者将不定时在群里答疑解惑，帮助读者无障碍地快速学习本书。

（3）读者还可以通过发送电子邮件至 961254362@qq.com 与我们联系。

本书约定

为了节约版面，本书中所显示的示例代码大部分都是局部的，示例的全部代码可以到上述网站的"素材及源程序"处下载。

部分示例可能需要服务器的配合，可以参阅示例所在章节的相关说明。

学习本书中的示例，需要用到 Edge、Firefox 或 Chrome 浏览器，建议根据实际运行环境选择安装上述类型的最新版本浏览器。

本书所列出的插图可能会与读者实际环境中的操作界面有所差别，这可能是由于操作系统平台、浏览器版本等不同而引起的，一般不影响学习，在此特别说明。

本书适用对象

本书适用于以下人群：网页设计、网页制作、网站建设入门者及爱好者，系统学习网页设计、网页制作、网站建设的开发人员，相关专业的高等院校学生、毕业生，以及相关专业培训的学员。

关于作者

本书由未来科技团队负责编写，提供在线支持和技术服务。

未来科技是由一群热爱 Web 开发的青年骨干教师组成的一支技术团队，主要从事 Web 开发、教学培训、教材开发等业务。该团队编写的同类图书在很多网店上的销量名列前茅，让数十万名读者轻松跨进了 Web 开发的大门，为 Web 开发的普及和应用做出了积极的贡献。

由于作者水平有限，书中疏漏和不足之处在所难免，欢迎读者不吝赐教。广大读者如有好的建议、意见，或在学习本书时遇到疑难问题，可以联系我们，我们会尽快为您解答。

编　者

目 录

第 1 章 HTML5 基础 1
视频讲解：44 分钟 示例：5 个
- 1.1 HTML5 概述 1
  - 1.1.1 HTML 历史 1
  - 1.1.2 HTML5 特性 2
  - 1.1.3 浏览器支持 3
- 1.2 HTML5 语法特点 4
  - 1.2.1 文档 4
  - 1.2.2 标记 5
- 1.3 熟悉开发工具 6
  - 1.3.1 网页浏览器 6
  - 1.3.2 代码编辑器 6
  - 1.3.3 开发者工具 7
- 1.4 初次使用 HTML5 7
  - 1.4.1 新建 HTML5 文档 7
  - 1.4.2 认识 HTML5 标签 8
  - 1.4.3 认识网页内容 9
  - 1.4.4 简化 HTML5 文档 10
- 1.5 案例实战：制作学习卡片 11
- 本章小结 12
- 课后练习 12
- 拓展阅读 14

第 2 章 HTML5 文档结构 15
视频讲解：44 分钟 示例：24 个
- 2.1 头部结构 15
  - 2.1.1 定义网页标题 15
  - 2.1.2 定义网页元信息 16
  - 2.1.3 定义文档视口 17
- 2.2 主体基本结构 19
  - 2.2.1 定义文档结构 19
  - 2.2.2 使用 div 和 span 20
  - 2.2.3 使用 id 和 class 21
  - 2.2.4 使用 title 22
  - 2.2.5 使用 role 22
  - 2.2.6 HTML 注释 23
- 2.3 主体语义化结构 23
  - 2.3.1 定义页眉 23
  - 2.3.2 定义导航 25
  - 2.3.3 定义主要区域 26
  - 2.3.4 定义文章块 27
  - 2.3.5 定义区块 28
  - 2.3.6 定义附栏 29
  - 2.3.7 定义页脚 30
- 2.4 案例实战：构建 HTML5 个人网站 31
- 本章小结 32
- 课后练习 32
- 拓展阅读 34

第 3 章 HTML5 文本 35
视频讲解：89 分钟 示例：33 个
- 3.1 基础文本 35
  - 3.1.1 标题文本 35
  - 3.1.2 段落文本 36
- 3.2 描述性文本 37
  - 3.2.1 强调文本 37
  - 3.2.2 注解文本 37
  - 3.2.3 备选文本 38
  - 3.2.4 上标和下标文本 39
  - 3.2.5 术语 39
  - 3.2.6 代码文本 40
  - 3.2.7 预定义文本 41
  - 3.2.8 缩写词 42
  - 3.2.9 编辑和删除文本 42
  - 3.2.10 引用文本 43
  - 3.2.11 引述文本 44
  - 3.2.12 修饰文本 45

3.2.13	非文本注解	46
3.3	特殊文本	46
3.3.1	高亮文本	46
3.3.2	进度信息	47
3.3.3	刻度文本	48
3.3.4	时间	49
3.3.5	联系信息	50
3.3.6	显示方向	51
3.3.7	换行	51
3.3.8	换行断点	52
3.3.9	旁注	52
3.3.10	展开/收缩	53
3.3.11	对话框	53
3.4	案例实战	55
3.4.1	设计提示文本	55
3.4.2	设计网页文本	56
本章小结		57
课后练习		57
拓展阅读		58

第4章 HTML5 图像和多媒体 59
视频讲解：41 分钟　示例：16 个

4.1	图像	59
4.1.1	使用 img 元素	59
4.1.2	使用 figure 元素	60
4.1.3	使用 picture 元素	61
4.1.4	设计横屏和竖屏显示	61
4.1.5	根据分辨率显示不同的图像	62
4.1.6	根据格式显示不同的图像	62
4.1.7	自适应像素比	63
4.1.8	自适应视图宽	64
4.2	音频和视频	64
4.2.1	使用 audio 元素	65
4.2.2	使用 video 元素	66
4.3	案例实战	69
4.3.1	自定义视频播放	69
4.3.2	设计 MP3 播放条	69
本章小结		71
课后练习		71
拓展阅读		72

第5章 HTML5 列表和超链接 73
视频讲解：40 分钟　示例：23 个

5.1	列表	73
5.1.1	定义无序列表	73
5.1.2	定义有序列表	74
5.1.3	定义描述列表	76
5.2	超链接	78
5.2.1	定义普通链接	78
5.2.2	定义块链接	79
5.2.3	定义锚点链接	79
5.2.4	定义目标链接	80
5.2.5	定义下载链接	81
5.2.6	定义图像热点	81
5.2.7	定义框架链接	82
5.3	案例实战	83
5.3.1	设计普通菜单	83
5.3.2	设计二级菜单	83
5.3.3	设计下拉菜单	84
5.3.4	设计选项卡	84
5.3.5	设计便签	85
5.3.6	设计侧边栏	85
5.3.7	设计手风琴	86
本章小结		87
课后练习		87
拓展阅读		88

第6章 HTML5 表格 89
视频讲解：26 分钟　示例：16 个

6.1	创建表格	89
6.1.1	定义普通表格	89
6.1.2	定义标题单元格	90
6.1.3	定义表格标题	91
6.1.4	为表格行分组	91
6.1.5	为表格列分组	92
6.2	控制表格	93
6.2.1	设置表格摘要	94
6.2.2	定义单元格跨列或跨行显示	94
6.2.3	将单元格设置为标题	95
6.2.4	为单元格指定标题	95
6.2.5	定义信息缩写	96
6.2.6	为数据单元格分类	96

6.3 案例实战 96
　6.3.1 设计日历表 96
　6.3.2 设计个人简历表 98
本章小结 99
课后练习 99
拓展阅读 101

第 7 章　HTML5 表单 102
　　视频讲解：69 分钟　示例：21 个
7.1 认识表单 102
7.2 定义表单 102
7.3 使用表单控件 104
　7.3.1 文本框 104
　7.3.2 文本区域 105
　7.3.3 密码框 105
　7.3.4 文件域 106
　7.3.5 单选按钮 106
　7.3.6 复选框 107
　7.3.7 选择框 107
　7.3.8 标签 108
　7.3.9 隐藏字段 108
　7.3.10 按钮 108
7.4 组织表单控件 109
7.5 HTML5 表单应用 110
　7.5.1 定义自动完成输入 110
　7.5.2 定义自动获取焦点 111
　7.5.3 定义所属表单 111
　7.5.4 定义表单重写 112
　7.5.5 定义最小值、最大值和
　　　　步长 112
　7.5.6 定义匹配模式 113
　7.5.7 定义替换文本 113
　7.5.8 定义必填 113
　7.5.9 定义复选框状态 113
　7.5.10 获取文本选取方向 114
　7.5.11 访问标签绑定的控件 115
　7.5.12 访问控件的标签集 115
　7.5.13 定义数据列表 116
　7.5.14 定义输出结果 117
7.6 案例实战：设计信息统计表 117
本章小结 119
课后练习 120

拓展阅读 121

第 8 章　CSS3 基础 122
　　视频讲解：71 分钟　示例：24 个
8.1 CSS3 快速入门 122
　8.1.1 认识 CSS 样式 122
　8.1.2 引入 CSS 样式 122
　8.1.3 认识 CSS 样式表 123
　8.1.4 导入外部样式表 123
　8.1.5 CSS 注释 124
　8.1.6 CSS 属性 124
　8.1.7 CSS 继承性 125
　8.1.8 CSS 层叠性 125
　8.1.9 CSS3 选择器 126
8.2 元素选择器 127
　8.2.1 标签选择器 127
　8.2.2 类选择器 127
　8.2.3 ID 选择器 128
　8.2.4 通配选择器 128
8.3 关系选择器 129
　8.3.1 包含选择器 129
　8.3.2 子选择器 129
　8.3.3 相邻选择器 130
　8.3.4 兄弟选择器 130
　8.3.5 分组选择器 131
8.4 属性选择器 131
8.5 伪类选择器 133
　8.5.1 认识伪选择器 133
　8.5.2 结构伪类 134
　8.5.3 否定伪类 135
　8.5.4 状态伪类 135
　8.5.5 目标伪类 136
8.6 伪元素选择器 137
8.7 案例实战 137
　8.7.1 使用::after 和::before 137
　8.7.2 使用表单属性选择器 139
　8.7.3 使用超链接属性
　　　　选择器 139
本章小结 140
课后练习 140
拓展阅读 141

第 9 章 CSS3 字体和文本样式 142
📹 视频讲解：112 分钟　示例：33 个

- 9.1 字体 142
  - 9.1.1 定义字体类型 142
  - 9.1.2 定义字体大小 143
  - 9.1.3 定义字体颜色 143
  - 9.1.4 定义字体粗细 143
  - 9.1.5 定义字体倾斜效果 144
  - 9.1.6 定义字体修饰线 144
  - 9.1.7 定义字体变体 145
  - 9.1.8 定义字体大小写 145
- 9.2 文本 146
  - 9.2.1 定义水平对齐 146
  - 9.2.2 定义垂直对齐 146
  - 9.2.3 定义文本间距 147
  - 9.2.4 定义行高 148
  - 9.2.5 定义首行缩进 148
  - 9.2.6 定义文本溢出 149
  - 9.2.7 定义文本换行 149
- 9.3 特殊值 150
  - 9.3.1 使用 initial 150
  - 9.3.2 使用 inherit 151
  - 9.3.3 使用 unset 151
  - 9.3.4 使用 all 152
  - 9.3.5 使用 opacity 152
  - 9.3.6 使用 transparent 153
  - 9.3.7 使用 currentColor 154
  - 9.3.8 使用 rem 154
- 9.4 颜色 155
- 9.5 文本阴影 156
- 9.6 动态生成内容 157
- 9.7 自定义字体 158
- 9.8 案例实战 160
  - 9.8.1 设计杂志风格的页面 160
  - 9.8.2 设计缩进版式的页面 161
  - 9.8.3 设计黑铁风格的页面 162
- 本章小结 163
- 课后练习 164
- 拓展阅读 165

第 10 章 CSS3 图像和背景样式 166
📹 视频讲解：60 分钟　示例：19 个

- 10.1 设计背景图像 166
  - 10.1.1 定义背景图像 166
  - 10.1.2 定义显示方式 167
  - 10.1.3 定义显示位置 168
  - 10.1.4 定义固定背景 169
  - 10.1.5 定义定位原点 169
  - 10.1.6 定义裁剪区域 169
  - 10.1.7 定义背景图像大小 170
  - 10.1.8 定义多重背景图像 171
- 10.2 设计渐变背景 172
  - 10.2.1 定义线性渐变 172
  - 10.2.2 定义重复线性渐变 173
  - 10.2.3 定义径向渐变 174
  - 10.2.4 定义重复径向渐变 176
- 10.3 案例实战 177
  - 10.3.1 使用图片精灵设计列表图标 177
  - 10.3.2 设计个人简历 178
  - 10.3.3 设计折角栏目 179
- 本章小结 181
- 课后练习 181
- 拓展阅读 182

第 11 章 CSS3 超链接和列表样式 183
📹 视频讲解：24 分钟　示例：11 个

- 11.1 设计超链接 183
  - 11.1.1 定义动态伪类选择器 183
  - 11.1.2 设计下划线 183
  - 11.1.3 设计立体样式 185
  - 11.1.4 设置光标样式 185
- 11.2 设计列表 187
  - 11.2.1 定义项目符号类型 187
  - 11.2.2 定义项目符号位置 187
  - 11.2.3 自定义项目符号 188
  - 11.2.4 设计项目符号 188
- 11.3 案例实战 189
  - 11.3.1 设计垂直导航条 189
  - 11.3.2 设计水平导航条 191
  - 11.3.3 设计滑动门菜单 192

本章小结 194
课后练习 194
拓展阅读 195

第 12 章 CSS3 表格和表单样式 196
视频讲解：42 分钟 示例：8 个
12.1 表格样式 196
　　12.1.1 设置表格边框 196
　　12.1.2 设置单元格间距和
　　　　　 空隙 197
　　12.1.3 隐藏空单元格 197
　　12.1.4 设置表格标题 198
12.2 表单样式 199
　　12.2.1 设计文本框 199
　　12.2.2 设计单选按钮和
　　　　　 复选框 201
　　12.2.3 设计下拉菜单 203
　　12.2.4 设计文件域 203
12.3 案例实战 204
　　12.3.1 设计淡雅风格表格 ... 204
　　12.3.2 设计登录表单 205
本章小结 206
课后练习 206
拓展阅读 208

第 13 章 CSS3 盒模型 209
视频讲解：67 分钟 示例：15 个
13.1 认识 CSS 盒模型 209
13.2 大小 210
13.3 边框 210
13.4 边界 212
13.5 补白 212
13.6 界面 213
　　13.6.1 显示方式 213
　　13.6.2 调整大小 214
　　13.6.3 缩放比例 215
13.7 轮廓 215
13.8 圆角 216
13.9 盒子阴影 217
13.10 案例实战 218
　　13.10.1 盒子阴影的应用 218
　　13.10.2 聚焦文本框 220

　　13.10.3 轮廓的应用 220
本章小结 221
课后练习 222
拓展阅读 223

第 14 章 CSS3 布局 224
视频讲解：58 分钟 示例：18 个
14.1 流动布局 224
14.2 浮动布局 225
　　14.2.1 定义浮动显示 225
　　14.2.2 清除浮动 226
14.3 定位布局 227
　　14.3.1 定义定位显示 227
　　14.3.2 相对定位 228
　　14.3.3 定位框 228
　　14.3.4 层叠顺序 229
14.4 弹性盒布局 230
　　14.4.1 认识弹性盒系统 230
　　14.4.2 启动弹性盒 231
　　14.4.3 设置主轴方向 232
　　14.4.4 设置行数 233
　　14.4.5 设置对齐方式 233
　　14.4.6 设置弹性项目 236
14.5 案例实战 237
　　14.5.1 设计固宽+弹性
　　　　　 页面 237
　　14.5.2 设计两列固宽+单列
　　　　　 弹性页面 238
　　14.5.3 输入框布局 240
　　14.5.4 图文布局 240
　　14.5.5 固定布局 241
　　14.5.6 流体布局 241
　　14.5.7 设计 3 行 3 列弹性盒
　　　　　 页面 242
本章小结 243
课后练习 243
拓展阅读 245

第 15 章 CSS3 媒体查询与跨设备
　　　　 布局 246
视频讲解：40 分钟 示例：17 个
15.1 媒体查询 246

IX

15.1.1	认识媒体查询	246
15.1.2	使用@media	247
15.1.3	应用@media	248

15.2 案例实战 251
    15.2.1 设计响应式菜单 251
    15.2.2 设计手机端弹性
            页面 252
    15.2.3 设计响应式网站 253
本章小结 257
课后练习 257
拓展阅读 259

第 16 章 CSS3 动画 260
    视频讲解：34 分钟　示例：19 个

16.1 变形 260
    16.1.1 设置原点 260
    16.1.2 2D 旋转 261
    16.1.3 2D 缩放 261
    16.1.4 2D 平移 262
    16.1.5 2D 倾斜 263
    16.1.6 2D 矩阵 263

16.2 过渡 264
    16.2.1 设置过渡属性 264
    16.2.2 设置过渡时间 264
    16.2.3 设置延迟过渡时间 265
    16.2.4 设置过渡动画类型 265
    16.2.5 设置过渡触发动作 266

16.3 帧动画 269
    16.3.1 设置关键帧 269
    16.3.2 设置动画属性 270

16.4 案例实战：设计摩天轮
      动画 272
本章小结 273
课后练习 273
拓展阅读 275

第 1 章 HTML5 基础

【学习目标】
- 了解 HTML 历史和 HTML5 特性。
- 了解 HTML5 语法特点。
- 了解 HTML5 文档基本结构。
- 认识标签、属性和值,以及网页基本结构。

HTML5 是构建开放 Web 平台的核心,是可扩展标记语言的第 5 个版本。在这一版本中,增加了支持 Web 应用的许多新特性,以及更符合开发者使用习惯的新元素,并重点关注定义清晰、一致的准则,以确保 Web 应用和内容在不同浏览器中的互操作性。本章主要介绍 HTML5 的基础知识与相关概念,以及如何创建一个简单的 HTML5 文档。

1.1 HTML5 概述

2014 年 10 月 28 日,W3C(World Wide Web Consortium,万维网联盟)的 HTML 工作组发布了 HTML5 的正式推荐标准。这开启了互联网创新的热潮,使我们跨入了 Web 应用的新时代。

1.1.1 HTML 历史

HTML 从诞生至今经历了 30 多年的发展,其中经历的版本及发布日期见表 1.1。

表 1.1 HTML 语言的发展过程

版 本	发 布 日 期	说　　明
超文本标记语言(第 1 版)	1993 年 6 月	作为互联网工程工作小组(IETF)工作草案发布,非标准
HTML2.0	1995 年 11 月	作为 RFC 1866 发布,在 RFC 2854 于 2000 年 6 月发布之后被宣布已经过时
HTML3.2	1996 年 1 月 14 日	W3C 推荐标准
HTML4.0	1997 年 12 月 18 日	W3C 推荐标准
HTML4.01	1999 年 12 月 24 日	微小改进,W3C 推荐标准
ISO HTML	2000 年 5 月 15 日	基于严格的 HTML4.01 语法,是国际标准化组织和国际电工委员会的标准
XHTML1.0	2000 年 1 月 26 日	W3C 推荐标准,修订后于 2002 年 8 月 1 日重新发布
XHTML1.1	2001 年 5 月 31 日	较 1.0 有微小改进
XHTML2.0 草案	没有发布	2009 年,W3C 停止了 XHTML2.0 工作组的工作
HTML5 草案	2008 年 1 月	HTML5 规范先是以草案发布,然后经历了漫长的过程
HTML5	2014 年 10 月 28 日	W3C 推荐标准
HTML5.1	2017 年 10 月 3 日	W3C 发布 HTML5 第 1 个更新版本
HTML5.2	2017 年 12 月 14 日	W3C 发布 HTML5 第 2 个更新版本
HTML5.3	2018 年 3 月 15 日	W3C 发布 HTML5 第 3 个更新版本
HTML Living Standard	2019 年 5 月 28 日	WHATWG 的 HTML Living Standard 正式取代 W3C 标准成为官方标准

2019 年 5 月 28 日，W3C 与浏览器厂商联盟 WHATWG 宣布放下分歧并签署了新的谅解备忘录。根据这项新协议，W3C 决定不再发布 HTML 和 DOM 标准，并将 HTML 和 DOM 标准制定权全权移交给 WHATWG。

1.1.2 HTML5 特性

本小节简单介绍 HTML5 的特性和优势。

1. 兼容性

考虑到互联网上的 HTML 文档已经存在 30 多年了，因此，支持所有现存 HTML 文档是非常重要的。HTML5 不是颠覆性的革新，它的核心理念是要保持与过去技术的兼容和过渡。一旦浏览器不支持 HTML5 的某项功能，那么针对该功能的备选行为就会悄悄地运行。

2. 实用性

HTML5 新增加的元素都是对现有网页和用户习惯进行跟踪、分析和概括而推出的。例如，Google 分析了数百万个页面，从中分析出了 DIV 标签的通用 ID 名称，发现其重复量很大。又如，很多开发人员使用<div id="header">标记页眉区域。为了解决实际问题，HTML5 就直接引入了一个<header>标签。也就是说，HTML5 新增的很多元素、属性或者功能都是基于互联网中已经存在的各种应用进行的技术精练，而非实验室中理想化构想的新功能。

3. 效率

HTML5 规范是基于用户优先的原则编写的，这意味着在遇到无法解决的冲突时，规范会把用户放到第一位，其次是页面制作者，再次是浏览器解析标准，接着是规范制定者（如 W3C、WHATWG），最后才考虑理论的纯粹性。因此，HTML5 的绝大部分内容是实用的，只是在有些情况下还不够完美。例如，下面的几种代码写法在 HTML5 中都能被识别。

```
id="prohtml5"
id=prohtml5
ID="prohtml5"
```

当然，上面的这几种写法比较混乱，不够严谨。但是从用户开发的角度考虑，用户不在乎代码怎么写，根据个人书写习惯反而会提高代码编写效率。

4. 安全性

为了保证足够安全，HTML5 引入了一种新的基于来源的安全模型。该模型不仅易用，还对不同的 API 都通用。这个安全模型不需要借助于任何所谓的聪明、有创意却不安全的 hack（一种非标准或者临时的解决方案）就能跨域进行安全对话。

5. 分离

在清晰分离表现与内容方面，HTML5 迈出了很大的步伐。HTML5 在所有可能的地方都努力进行了分离，包括 HTML 和 CSS。实际上，HTML5 规范已经不支持老版本 HTML 的大部分表现功能了。

6. 简化

HTML5 追求简单、避免不必要的复杂。其口号是"简单至上，尽可能简化"。因此，HTML5 做了以下改进。

- 以浏览器原生能力替代复杂的 JavaScript 代码。
- 简化的 DOCTYPE。
- 简化的字符集声明。
- 简单而强大的 HTML5 API。

7．通用性

通用访问的原则可以分为 3 个概念。

- 可访问性：出于对残障用户的考虑，HTML5 与 WAI（Web 可访问性倡议）和 ARIA（可访问的富 Internet 应用）做到了紧密结合，WAI-ARIA 中以屏幕阅读器为基础的元素已经被添加到 HTML 中。
- 媒体中立：如果可能，HTML5 的功能在所有不同的设备和平台上应该都能正常运行。
- 支持所有语种：新元素 ruby 支持在东亚页面排版中会用到的 Ruby 注释。

8．无插件

在传统 Web 应用中，很多功能只能通过插件或者复杂的 hack 实现，但是在 HTML5 中提供了对这些功能的原生支持。使用插件会存在很多问题。

- 插件安装可能失败。
- 插件可以被禁用或屏蔽，如 Flash 插件。
- 插件自身会成为被攻击的对象。
- 因为插件边界、剪裁和透明度问题，插件不容易与 HTML 文档的其他部分集成。

以 HTML5 中的 canvas 元素为例，以前在 HTML4 中难以实现的一些底层操作现在变得简单了，如在 HTML4 页面中很难绘制对角线而有了 canvas 就可以很轻易地实现了。基于 HTML5 的各类 API 的优秀设计，可以轻松地对它们进行组合应用。例如，从 video 元素中抓取的帧可以显示在 canvas 元素里面，用户单击 canvas 即可播放该帧对应的视频文件。

1.1.3　浏览器支持

HTML5 发展的速度非常快，主流浏览器对于 HTML5 各 API 的支持也不尽统一，用户需要访问 Can I Use 官网，在首页输入 API 的名称或关键词，了解各浏览器以及各版本对其支持的详细情况，如图 1.1 所示。在默认主题下，绿色表示完全支持，紫色表示部分支持，红色表示不支持。

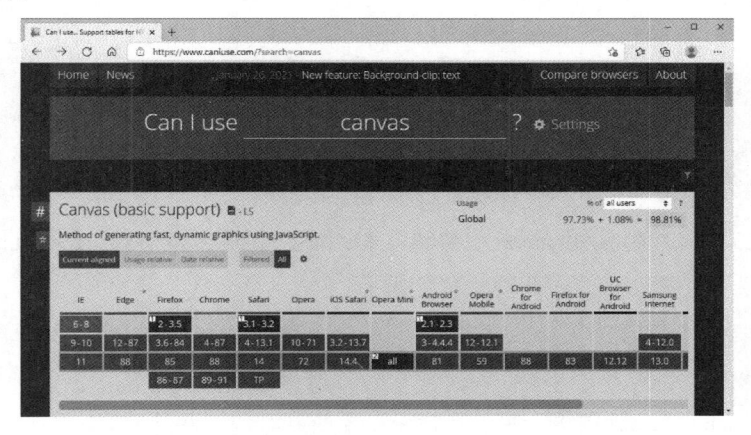

图 1.1　查看各浏览器和各版本对 HTML5 各 API 的支持情况

如果访问 HTML5 test 官方网站，则可以获取用户当前浏览器和版本对于 HTML5 规范的所有 API 支持详情。另外，也可以使用 Modernizr（JavaScript 库）进行特性检测，它提供了更加灵活和细致的 HTML5 和 CSS3 检测功能。

1.2　HTML5 语法特点

HTML5 以 HTML4 为基础，对 HTML4 进行了全面升级。与 HTML4 相比，HTML5 在语法上有很大的变化，本节具体说明。

1.2.1　文档

1．内容类型

HTML5 的文件扩展名和内容类型（ContentType）保持不变。例如，扩展名仍然为".html"或".htm"，内容类型仍然为"text/html"。

2．文档类型

在 HTML4 中，文档类型的声明方法如下：

```
<!DOCTYPE html PUBLIC "-//W3C//DTD XHTML 1.0 Transitional//EN"
"http://www.w3.org/TR/xhtml1/DTD/xhtml1-transitional.dtd">
```

在 HTML5 中，文档类型的声明方法如下：

```
<!DOCTYPE html>
```

当使用工具时，也可以在 DOCTYPE 声明中加入 SYSTEM 识别符，声明方法如下：

```
<!DOCTYPE HTML SYSTEM "about:legacy-compat">
```

在 HTML5 中，DOCTYPE 声明方式不区分大小写，引号也不区分是单引号还是双引号。

> **注意**
> 当使用 HTML5 的 DOCTYPE 时，会触发浏览器以标准模式显示页面。网页有多种显示模式，如怪异模式（Quirks）、标准模式（Standards）等。浏览器会根据 DOCTYPE 来识别该使用哪种显示模

3．字符编码

在 HTML4 中，使用 meta 元素定义文档的字符编码，如下所示：

```
<meta http-equiv="Content-Type" content="text/html;charset=UTF-8">
```

在 HTML5 中，继续沿用 meta 元素定义文档的字符编码，但是简化了 charset 属性的写法，如下所示：

```
<meta charset="UTF-8">
```

对于 HTML5 来说，上述两种方法都有效。用户可以继续使用前面一种方式，即通过 content 属性值中的 charset 关键字来指定，但是不能同时混用两种方式。

> **注意**
>
> 在传统网页中,下面的标记是合法的。但是在 HTML5 中,这种字符编码方式被认为是错误的。
>
> ```
> <meta charset="UTF-8" http-equiv="Content-Type" content="text/html; charset=UTF-8">
> ```
>
> 从 HTML5 开始,对于文件的字符编码推荐使用 UTF-8。

1.2.2 标记

HTML5 语法是为了保证与 HTML4 语法达到最大限度的兼容而设计的。

1. 标记省略

在 HTML5 中,元素的标记可以分为三种类型:不允许写结束标记、可以省略结束标记、开始标记和结束标记全部可以省略。下面简单介绍这三种类型各包括哪些 HTML5 元素。

(1) 不允许写结束标记的元素有 area、base、br、col、command、embed、hr、img、input、keygen、link、meta、param、source、track、wbr。

(2) 可以省略结束标记的元素有 li、dt、dd、p、rt、rp、optgroup、option、colgroup、thead、tbody、tfoot、tr、td、th。

(3) 可以省略的元素有 html、head、body、colgroup、tbody。

> **提示**
>
> 不允许写结束标记的元素是指,不允许使用开始标记与结束标记将元素括起来的形式,只允许使用<元素/>的形式进行书写。
>
> ➤ 错误的书写方式如下:
>
> ```
> <br></br>
> ```
>
> ➤ 正确的书写方式如下:
>
> ```
> <br/>
> ```
>
> 在 HTML5 之前的版本中,
这种写法可以继续沿用。

开始标记和结束标记全部可以省略的元素是指元素可以完全被省略,但该元素还是以隐藏的方式存在的。例如,当省略 body 元素时,它在文档结构中还是存在的,可以使用 document.body 进行访问。

2. 布尔值

对于布尔型属性,如 disabled、readonly 等,当只写属性而不指定属性值时,表示属性值为 true;如果属性值为 false,则可以不使用该属性。此外,要想将属性值设定为 true,也可以将属性名设定为属性值,或将空字符串设定为属性值。

【示例 1】下面是几种正确的书写方法。

```
<!--只写属性,不写属性值,代表属性为true-->
<input type="checkbox" checked>
<!--不写属性,代表属性为false-->
<input type="checkbox">
<!--属性值=属性名,代表属性为true-->
```

```
<input type="checkbox" checked="checked">
<!--属性值=空字符串，代表属性为true-->
<input type="checkbox" checked="">
```

3. 属性值

属性值可以加双引号，也可以加单引号。HTML5 在此基础上做了一些改进，当属性值不包括空字符串、<、>、=、单引号、双引号等字符时，属性值两边的引号可以省略。

【示例2】下面写法都是合法的。

```
<input type="text">
<input type='text'>
<input type=text>
```

1.3 熟悉开发工具

网站设计工具包括网页浏览器和代码编辑器。网页浏览器用于执行和调试网页代码，代码编辑器用于高效编写网页代码。

1.3.1 网页浏览器

网页需要浏览器渲染之后才能够显示，在学习 HTML5+CSS3 语言之前，应该先了解浏览器。目前的主流浏览器包括 Edge、Firefox、Opera、Safari 和 Chrome。

网页浏览器内核可以分为两部分：渲染引擎和 JavaScript 引擎。渲染引擎负责获取网页内容（如 HTML、XML、图像等）、整理信息（如加入 CSS 等），以及计算网页的显示方式，最后输出显示。JavaScript 引擎负责解析 JavaScript 脚本，执行 JavaScript 代码实现网页的动态效果。

1.3.2 代码编辑器

使用任何文本编辑器都可以编写网页代码，但是为了提高开发效率，建议选用专业的开发工具。代码编辑器主要分两种：IDE（集成开发环境）和轻量编辑器。

- IDE 包括 VScode（Visual Studio Code）、WebStorm 和 Dreamweaver。注意，VScode 与 Visual Studio 是不同的工具，后者为收费工具，是强大的 Windows 专用编辑器。
- 轻量编辑器包括 Sublime Text、Notepad++、Vim 和 Emacs 等。轻量编辑器适用于单文件的编辑，但是由于各种插件的加持，使它与 IDE 在功能上没有太大的差距。

本书推荐使用 VScode 或 Dreamweaver 作为网页代码编辑工具。其中，VScode 结合了轻量级文本编辑器的易用性和大型 IDE 的开发功能，具有强大的扩展能力和社区支持，是目前非常受欢迎的编程工具。访问官网 VScode 下载，注意系统类型和版本，然后安装即可。

成功安装 VScode 后，启动 VScode。在界面左侧单击第 5 个图标按钮，打开扩展面板，输入关键词 Chinese，搜索 Chinese（Simplified）（简体中文）Language Pack for Visual Studio Code 插件，安装该插件，汉化 VScode 操作界面。

在 VScode 扩展面板中搜索 Live Server，安装该插件。安装之后，在编辑好的网页文件上右击，从弹出的快捷菜单中选择 Open with Live Server 命令，可以创建一个具有实时加载功能的本地服务器，并打开默认网页浏览器预览当前文件。

1.3.3 开发者工具

现代浏览器都提供了开发者工具用于查看网页错误，实时了解 DOM 解析和 CSS 渲染状况，并允许通过 JavaScript 向控制台输出消息。在菜单中查找"开发人员工具"，或者按 F12 键可以快速打开开发者工具面板。在控制台中，错误消息带有红色图标，警告消息带有黄色图标。

1.4 初次使用 HTML5

1.4.1 新建 HTML5 文档

从结构上分析，HTML5 文档一般包括以下两部分。

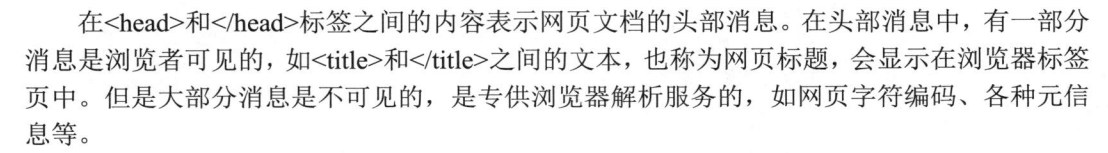

1．头部消息（<head>）

在<head>和</head>标签之间的内容表示网页文档的头部消息。在头部消息中，有一部分消息是浏览者可见的，如<title>和</title>之间的文本，也称为网页标题，会显示在浏览器标签页中。但是大部分消息是不可见的，是专供浏览器解析服务的，如网页字符编码、各种元信息等。

2．主体信息（<body>）

在<body>和</body>标签之间的内容表示网页文档的主体信息。而它又包括以下两部分。
- 标签：对网页内容进行分类标识，标签自身不会在网页中显示。
- 网页内容：被标签标识的内容，一般显示在网页中，包括纯文本内容和超文本内容。纯文本内容在网页中直接显示为文本信息，如关于、产品、资讯等；超文本内容则是各种外部资源，如图像、音/视频文件、CSS 文件、JavaScript 文件，以及其他 HTML 文件等，这些外部资源不像文本直接放在代码中，而是通过各种标签标记 URL。浏览器在解析时根据 URL 导入并渲染这些资源。

【示例 1】使用记事本或者其他类型的文本编辑器新建文本文件，将其保存为 index.html。输入以下代码。注意，扩展名为.html，而不是.txt。

```html
<!DOCTYPE html>
<html lang="en">
<head>
<meta charset="UTF-8" />
<title>网页标题</title>
</head>
<body>
</body>
</html>
```

此时，由于网页中还没有包含任何信息，因此在浏览器中显示为空。

【示例 2】在示例 1 的基础上，为页面添加以下内容。

```html
<!DOCTYPE html>
<html lang="en">
<head>
```

```
    <meta charset="UTF-8" />
    <title>HTML5 示例</title>
</head>
<body>
<article>
    <h1>第一个 HTML5 网页</h1>
    <img src="images/html5.jpg" width="200" alt="html5 图标" />
    <p>我是<em>小白</em>, 现在准备学习<a href="https://www.w3.org/TR/html5/" rel="external" title="HTML5 参考手册">HTML5</a></p>
</article>
</body>
</html>
```

在浏览器中预览，显示效果如图 1.2 所示。

图 1.2　添加主体内容

示例 2 演示了六种常用的标签：<a>、<article>、<em>、<h1>、<img>和<p>。每个标签都表示不同的语义，如<h1>定义标题，<a>定义链接，<img>定义图像。

> **注意**
>
> 在网页代码中，空字符不会影响页面的呈现效果。因此利用空字符可以对嵌套结构的代码进行排版，格式化后的代码会更容易阅读。

1.4.2　认识 HTML5 标签

一个标签由三部分组成：元素、属性和值。

1．元素

元素表示标签的名称。大多数标签由开始标签和结束标签配对使用。标签名称习惯上采用小写形式，也可以使用大写形式，HTML5 对此未作强制要求。例如：

```
<em>小白</em>
```

- 开始标签：<em>
- 被标记的文本：小白
- 结束标签：</em>

还有一些标签不需要包含文本，即仅有开始标签，没有结束标签，被称为孤标签。例如：

```
<img src="images/xiaobai.jpg" width="50" alt="小白者，我也" />
```

在 HTML5 中，孤标签尾部的空格和斜杠（/）是可选的。不过，">"是必需的。

2. 属性和值

属性可以用于设置标签的特性。虽然 HTML5 允许属性的值不加引号，但习惯上建议添加引号，同时尽量使用小写形式。例如：

```
<label for="email">电子邮箱</label>
```

- 一个标签可以设置多个属性，且每个属性都有各自的值，它们之间用空格隔开。属性的顺序并不重要。例如：

```
<a href="https://www.w3.org/TR/html5/" rel="external" title="HTML5参考手册">HTML5</a>
```

- 有的属性可以接收任何值，而有的属性则有限制。最常见的是那些仅接收预定义的值。这些预定义的值一般用小写字母表示。例如：

```
<link rel="stylesheet" media="screen" href="style.css" />
```

link 元素的 media 属性只能设置 all、screen、print 等有限序列值中的一个。

- 很多属性的值需要设置为数字，特别是描述大小和长度的属性。这些数字不需要包含单位。例如，图像和视频的宽度和高度，默认单位为像素。
- 有的属性（如 href 和 src）用于引用其他文件，它们的值必须是 URL 形式的字符串。
- 还有一种特殊的属性称为布尔属性，其值是可选的，因为只要该属性出现，就表示其值为真。例如：

```
<input type="email" required />
```

上面的代码提供了一个让用户输入电子邮件的输入框。其中，属性 required 表示用户必须填写该输入框。布尔属性不需要属性值，如果一定要加上属性值，则可以编写为 required="required"或 required=""。

1.4.3 认识网页内容

网页内容包括纯文本内容和超文本内容，具体介绍如下。

1. 纯文本内容

网页中显示的纯文本内容就是元素中包含的文本，它是网页中最基本的构成部分。在 HTML 的早期版本中，只能使用 ASCII 字符。

ASCII 字符仅包括英语字母、数字和少数几个常用符号。开发人员必须使用特殊的字符引用来创建很多日常使用的符号，如 表示空格，©表示版权符号©，®表示注册商标符号®等。

> **注意**
> 在 HTML 页面中，浏览器通常会把文本内容中的多个空格或制表符压缩成单个空格，并将回车符和换行符转换成单个空格或忽略。此外，字符引用也替换成对应的符号，如把©显示为©。
> Unicode 字符集极大缓解了特殊字符的显示问题。使用 UTF-8 对页面进行编码，并用同样的编码保存 HTML 文件已成为一种标准做法。推荐将 charset 的值设置为 UTF-8。在 HTML5 中，不区分大小写，因此 UTF-8 和 utf-8 的结果是相同的。

2. 超文本内容

在网页中，除了有大量的文本内容外，还有很多非文本内容，如链接、图像、视频、音频等。从网页外导入图像和其他非文本内容时，浏览器会将这些内容与文本一起显示。

外部文件实际上并没有存储在 HTML 文件中，而是单独保存，页面只是简单地引用了这些文件。例如：

```
<article>
    <h1>小白自语</h1>
    <img src="images/xiaobai.jpg" width="50" alt="小白者，我也" />
    <p>我是<em>小白</em>，现在准备学习<a href="https://www.w3.org/TR/html5/" rel="external" title="HTML5 参考手册">HTML5</a></p>
</article>
```

HTML 文档通过 img 元素的 src 属性引用图像文件 xiaobai.jpg，浏览器在加载页面的同时显示该图像。另外，a 元素的 href 属性还包括一个指向关于 HTML5 参考页面的链接。

1.4.4 简化 HTML5 文档

HTML5 允许对网页文档结构进行简化，下面结合一个示例进行说明。

```
<!DOCTYPE html>
<meta charset="UTF-8">
<title>HTML5 基本语法</title>
<h1>HTML5 的目标</h1>
<p>HTML5 的目标是能够创建更简单的 Web 程序，书写出更简洁的 HTML 代码。
<br/>例如，为了使 Web 应用程序的开发变得更容易，提供了很多 API；为了使 HTML 变得更简洁，开发出了新的属性、新的元素等。总体来说，为下一代 Web 平台提供了许许多多新的功能。
```

运行结果如图 1.3 所示。

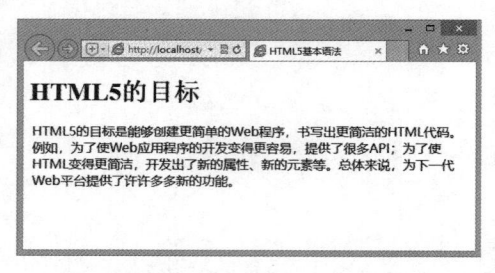

图 1.3 编写 HTML5 文档

本例文档中，省略了<html>、<head>和<body>等标签，使用 HTML5 的 DOCTYPE 声明文档类型，简化了<meta>的 charset 属性设置，省略了<p>标签的结束标记、使用<元素/>的方式来结束<meta>和
标签等。这充分说明了 HTML5 语法的简洁性。

第一行代码如下：

```
<!DOCTYPE HTML>
```

不需要包括版本号,仅告诉浏览器需要一个 DOCTYPE 来触发标准模式,可谓简明扼要。接下来说明文档的字符编码。

```
<meta charset="UTF-8">
```

同样也很简单，HTML5 不区分大小写，不需要标记结束符，也不介意属性值是否加引号，即下列代码是等效的。

```
<meta charset="UTF-8">
<META charset="UTF-8"/>
<META charset=UTF-8>
```

在主体中，可以省略主体标记，直接编写需要显示的内容。虽然在编写代码时省略了<html>、<head>和<body>标签，但在进行解析时，浏览器将会自动解析这些没有写明的标签。考虑到代码的可维护性，在编写代码时，应该尽量写明这些基本结构标签。

1.5 案例实战：制作学习卡片

本节将制作一张学习卡片，通过本节练习 HTML5 文档的创建过程和基本操作步骤。

（1）新建 HTML5 文档，将其保存为 test.html。构建网页基本框架，主要内容包括<html>、<head>、<body>、字符编码和网页标题等。

（2）在头部位置使用<link>标签导入第三方字体图标库 font-awesome.css。将使用该库的字体图标来定义微博、微信和 QQ 链接等。

```
<link rel="stylesheet" href="https://cdn.staticfile.org/font-awesome/4.7.0/css/font-awesome.min.css">
```

（3）在主体区域使用<h2>标签定义卡片标题。

```
<h2 style="text-align:center">学习卡片</h2>
```

（4）使用<div class="card">标签定义卡片包含框。其中，包含个人头像（<img>）和个人信息框（<div class="container">）。

```
<h2 style="text-align:center">学习卡片</h2>
<div class="card">
    <img src="img_avatar.png" alt="小白" style="width:100%">
    <div class="container"></div>
</div>
```

（5）完善个人信息的内容，可以自由发挥，代码如下：

```
<div class="container">
    <h1>江小白</h1>
    <p class="title">现在是开始，也是毕业的倒计时。</p>
    <p>上课不走神，练习不打折，我是江小白，学习赛道上的战斗机！耶！</p>
</div>
```

（6）定义字体图标，设计社交超链接、互动按钮。最终效果如图 1.4 所示。有关 CSS 的代码就不再说明，读者可以参考本小节示例源代码。

```
<div class="container">
    ...
    <div style="margin: 24px 0; "> <a href="#"><i class="fa fa-weibo"></i> </a> <a href="#"><i class="fa fa-weixin"></i></a> <a href="#"><i class="fa fa-qq"></i></a></div>
    <p><button>打卡</button></p>
</div>
```

图 1.4　学习卡片设计效果

本 章 小 结

本章首先介绍了 HTML5 的历史和特性；然后介绍了 HTML5 的语法特点，以及学习网页设计需要熟悉的工具。最后详细讲解了 HTML5 文档的创建过程，了解了 HTML5 文档的基本结构和简化结构。

课 后 练 习

一、填空题

1. 2014 年 10 月，W3C 的 HTML 工作组发布了_____的正式推荐标准。
2. 要了解主流浏览器对于 HTML5 API 的支持，可以访问_____网站。
3. HTML5 文件扩展名为_____或_____，内容类型为_____。
4. HTML5 文档一般包括_____和_____两部分。
5. 网页文档的主体信息包括_____和_____两部分。

二、判断题

1. HTML 从诞生至今经历了 10 年左右的发展。　　　　　　　　　　　　（　　）
2. 2019 年 W3C 正式放弃发布 HTML 和 DOM 标准。　　　　　　　　　（　　）
3. HTML5 文档类型的声明方法为<!DOCTYPE html>。　　　　　　　　（　　）
4. 使用 HTML5 的 DOCTYPE 会触发浏览器以标准模式显示页面。　　　（　　）
5. HTML5 要求所有标记都应包含结束标记。　　　　　　　　　　　　　（　　）

三、选择题

1. 在 HTML5 中，以下哪一个元素不允许写结束标记？（　　）

A．p　　　　　　B．br　　　　　　C．div　　　　　　D．h1

2．在 HTML5 中，以下哪一个元素可以省略全部标记？（　　）

A．p　　　　　　B．li　　　　　　C．body　　　　　D．dd

3．下面四种书写方法中哪一项表示复选框未被选中？（　　）

A．<input type="checkbox" checked>

B．<input type="checkbox">

C．<input type="checkbox" checked="checked">

D．<input type="checkbox" checked="">

4．下面四种书写方法中哪一项合法？（　　）

A．<input type="text">　　　　　　B．<input type='text'>

C．<input type=text>　　　　　　　D．<input type="text'>

5．下面哪一项不是超文本内容？（　　）

A．特殊字符　　　B．图像　　　　　C．超链接　　　　D．视频

四、简答题

1．网页内容包括纯文本内容和超文本内容，请具体说明。

2．如何理解 HTML5 放宽了对标记的语法约束？

五、上机题

1．新建 HTML5 文档，使用一级标题标签、段落文本标签和有序列表标签，设计一个简单的页面，如图 1.5 所示。

图 1.5　设计简单页面

2．在网页中输入古诗《长歌行》，古诗名使用<h1>标签，作者使用<h2>标签，诗句使用<p>标签，其中"少壮不努力，老大徒伤悲。"一句使用<strong>标签进行强调，如图 1.6 所示。

3．针对上一题示例，使用一个<p>标签标记 5 行诗句，然后使用
标签强制每句换行显示，如图 1.7 所示。

图 1.6　在网页中输入古诗　　　　　　图 1.7　强制换行显示

4．美化页面，使用 bgcolor="ivory"属性设置页面背景色为象牙白，使用 align="center"属

性设置古诗居中显示，如图1.8所示。

5．使用<pre>标签代替<p>标签，标记5行诗句，然后依次缩进显示每行诗句，使其呈现阶梯状排列效果，如图1.9所示。

图1.8　格式化古诗　　　　　　　　图1.9　预定义格式古诗

拓 展 阅 读

第 2 章　HTML5 文档结构

【学习目标】
- 正确设计网页基本结构。
- 定义页眉、页脚和导航区。
- 定义主要区域和区块。
- 定义文章块、附栏。

定义清晰、一致的文档结构不仅方便后期维护和拓展，还能降低 CSS 和 JavaScript 的应用难度。为了提高搜索引擎的检索率，适应智能化处理，设计符合语义的结构显得尤为重要。本章主要介绍设计 HTML5 文档结构所需的 HTML 元素及其使用技巧。

2.1 头部结构

在 HTML 文档的头部区域，存储着各种网页元信息，这些元信息主要为浏览器所用，一般不会直接显示在网页中。另外，搜索引擎也会检索这些元信息，因此，重视并准确设置这些头部消息非常重要。

2.1.1 定义网页标题

使用<title>标签可以定义网页标题。例如：

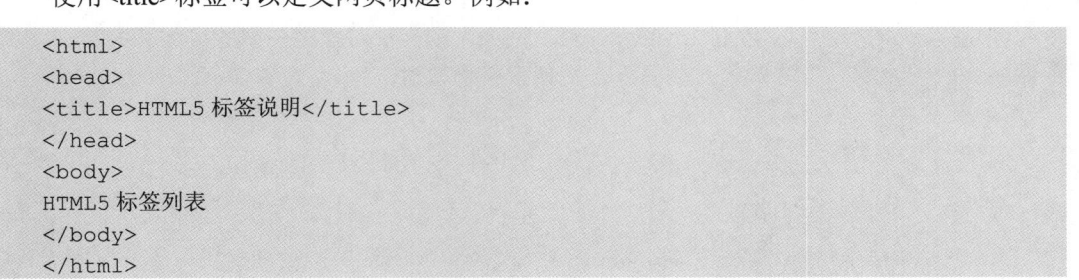

```
<html>
<head>
<title>HTML5 标签说明</title>
</head>
<body>
HTML5 标签列表
</body>
</html>
```

浏览器会将网页标题放在窗口的标题栏或状态栏中显示，如图 2.1 所示。当把文档加入用户的链接列表、收藏夹或书签列表时，此标题将作为该文档链接的默认名称。

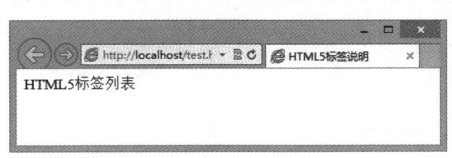

图 2.1　显示网页标题

<title>标签必须位于<head>标签中。页面标题会被 Google、百度等搜索引擎采用，从而能够大致了解页面内容，将页面标题作为搜索结果中的链接显示，如图 2.2 所示。这也是判断搜索结果中页面相关度的重要因素。

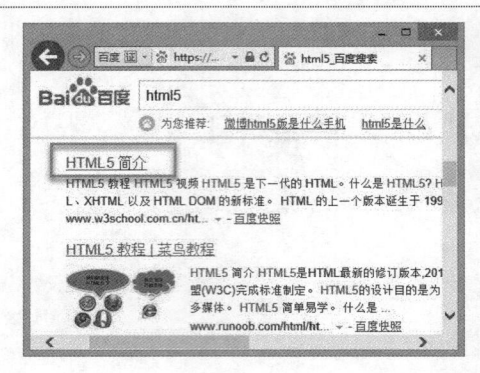

图 2.2　网页标题在搜索引擎中的作用

> **提示**
>
> <title>标签是必需的，在<title>中不能包含任何格式、HTML、图像或指向其他页面的链接。一般网页编辑器会预先为页面标题填上默认文字，要确保用自己的标题替换它们。
>
> 使每个页面的<title>是唯一的，从而提升搜索引擎结果的排名，让访问者获得更好的体验。同时，页面标题也会出现在访问者的 History 面板、收藏夹列表以及书签列表中。
>
> 很多开发人员往往忽视<title>标签文字的重要性，仅简单地输入网站名称，并将其复制到全站的每个网页中。如果流量是网站追求的指标之一，那么这样做会给网站带来很大的损失。不同搜索引擎确定网页排名和内容索引规则的算法是不一样的。但<title>标签通常都扮演着重要角色。搜索引擎会将<title>标签作为判断页面主要内容的指标，并将页面内容按照与之相关的文字进行索引。
>
> 建议将<title>标签的核心内容放在前 60 个字符中，因为搜索引擎通常会截断超过此数目（作为基准）的字符。不同浏览器对标题栏中的字符数限制不同，而浏览器标签页由于空间有限，会截得更短。

2.1.2　定义网页元信息

使用<meta>标签可以定义网页的元信息。例如，定义针对搜索引擎的描述和关键词，一般网站都必须设置以下这两条元信息以方便搜索引擎检索。

▶ 定义网页的描述信息：

```
<meta name="description" content="标准网页设计专业技术资讯"/>
```

▶ 定义页面的关键词：

```
<meta name="keywords" content="HTML,DHTML, CSS, XML, XHTML, JavaScript"/>
```

<meta>标签位于文档的头部，<head>标签内不包含任何内容。使用<meta>标签的属性可以定义与文档相关联的名称/值对。<meta>标签的可用属性说明见表 2.1。

表 2.1　<meta>标签的可用属性及说明

属　　性	说　　明
content	必需的，定义与 http-equiv 或 name 属性相关联的元信息
http-equiv	将 content 属性关联到 HTTP 头部。取值包括 content-type、expires、refresh、set-cookie 等
name	将 content 属性关联到一个名称。取值包括 author、description、keywords、generator、revised 等
scheme	定义用于翻译 content 属性值的格式
charset	定义文档的字符编码

【示例】下面列举常用元信息的设置代码，更多元信息的设置可以参考 HTML 手册。

使用 http-equiv="content-type"，可以设置网页的编码信息。
- 设置 UTF-8 编码：

```
<meta http-equiv="content-type" content="text/html; charset=UTF-8"/>
```

> **注意**
> HTML5 简化了字符编码设置方式：<meta charset="UTF-8">，其作用是相同的。

- 设置简体中文 gb2312 编码：

```
<meta http-equiv="content-type" content="text/html; charset=gb2312"/>
```

> **注意**
> 每个 HTML 文档都需要设置字符编码类型，否则可能会出现乱码。其中，UTF-8 是国家通用编码，独立于任何语言，因此都可以使用。

使用 content-language 属性值可以定义页面语言的代码。如设置中文版本语言：

```
<meta http-equiv="content-language" content="zh-CN"/>
```

使用 refresh 属性值可以设置页面刷新时间或跳转页面，如 5 秒钟之后刷新页面：

```
<meta http-equiv="refresh" content="5"/>
```

5 秒钟之后跳转到百度首页：

```
<meta http-equiv="refresh" content="5; url= https://www.baidu.com/"/>
```

使用 expires 属性值设置网页缓存时间：

```
<meta http-equiv="expires" content="Sunday 20 October 2024 10:00 GMT"/>
```

也可以使用如下方式设置页面不缓存：

```
<meta http-equiv="pragma" content="no-cache"/>
```

类似的设置还有很多，再举几例。

```
<meta name="author" content="https://www.baidu.com/"/>   <!--设置网页作者-->
<meta name="copyright" content=" https://www.baidu.com/"/> <!--设置网页版权-->
<meta name="date" content="2024-10-12T20:50:30+00:00"/>  <!--设置创建时间-->
<meta name="robots" content="none"/>                     <!--设置禁止搜索引擎检索-->
```

2.1.3 定义文档视口

在移动设备上进行网页重构或开发，首先需要理解视口（viewport）的概念，以及如何使用<meta name="viewport">标签，使网页适配或响应各种不同分辨率的移动设备。

移动端浏览器的宽度通常是 240～640px，而大多 PC 端网页宽度至少为 800px，如果仍以 PC 端浏览器窗口作为视口，则网页内容在移动端浏览器中看起来会非常窄。因此，引入了视口的概念，使移动端浏览器的页面显示与 PC 端浏览器宽度不再关联。视口又包括布局视口、视觉视口和理想视口 3 个概念。

<meta name="viewport">标签的设置代码如下：

```
<meta id="viewport" name="viewport" content="width=device-width; initial-scale=1.0; maximum-scale=1; user-scalable=no;">
```

<meta name="viewport">标签的属性说明见表 2.2。

表 2.2 <meta name="viewport">标签的属性说明

属性	取值	说明
width	正整数或 device-width	定义视口的宽度，单位为像素
height	正整数或 device-height	定义视口的高度，单位为像素，一般不使用
initial-scale	[0.0-10.0]	定义初始缩放值
minimum-scale	[0.0-10.0]	定义缩小最小比例，它必须小于或等于 maximum-scale 设置
maximum-scale	[0.0-10.0]	定义放大最大比例，它必须大于或等于 minimum-scale 设置
user-scalable	yes/no	定义是否允许用户手动缩放页面，默认值为 yes

1. 布局视口

布局视口使视口与移动端浏览器屏幕宽度完全独立，CSS 布局将会根据布局视口进行计算，并被它约束。布局视口的宽度/高度可以通过 document.documentElement.clientWidth/Height 属性获取。默认的布局视口宽度为 980px，如果要显式设置布局视口，可以按如下方式设置：

```
<meta name="viewport" content="width=400">
```

2. 视觉视口

视觉视口是用户当前看到的区域，可以通过缩放来操作视觉视口，同时不会影响布局视口。当用户放大时，视觉视口将会变小，CSS 像素将跨越更多的物理像素。

3. 理想视口

布局视口的默认宽度并不是一个理想的宽度，于是 Apple 和其他浏览器厂商引入了理想视口的概念，它对设备而言是最理想的布局视口尺寸。显示在理想视口中的网页具有最理想的宽度，用户无须进行缩放。

以下方法可以使布局视口与理想视口的宽度一致，这就是响应式布局的基础。

```
<meta name="viewport" content="width=device-width">
```

【示例】下面示例是在页面中输入一个标题和两段文本，如果没有设置文档视口，则在移动设备中所呈现的效果如图 2.3 所示。而设置了文档视口后，所呈现的效果如图 2.4 所示。

```
<!doctype html>
<html>
<head>
<meta charset="UTF-8">
<title>设置文档视口</title>
<meta name="viewport" content="width=device-width, initial-scale=1">
</head>
<body>
<h1>width=device-width, initial-scale=1</h1>
<p>width=device-width 将 layout viewport（布局视口）的宽度设置为 ideal viewport（理想视口）的宽度。</p>
<p>initial-scale=1 将 layout viewport（布局视口）的宽度设置为 ideal viewport（理想视口）的宽度。</p>
</body>
</html>
```

图 2.3　默认被缩小的页面视图　　　　　　　图 2.4　保持正常的布局视图

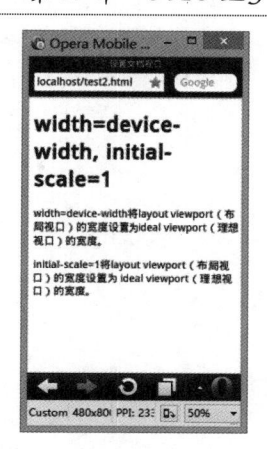

> **提示**
> ideal viewport（理想视口）就是我们通常所说的设备的屏幕分辨率。

2.2　主体基本结构

HTML 文档的主体部分包含要在浏览器中显示的所有信息。这些信息需要在特定的结构中呈现，下面将介绍网页通用结构的设计方法。

2.2.1　定义文档结构

HTML5 包含 100 多个标签，大部分继承自 HTML4，新增加 30 多个标签。这些标签基本上都被放置在主体区域内（<body>），将在后面各章节中逐一进行说明。

正确选用 HTML5 标签可以避免代码冗余。在设计网页时不仅需要使用<div>标签来构建网页通用结构，还需要使用下面几类标签完善网页结构。

- <h1>、<h2>、<h3>、<h4>、<h5>、<h6>：定义文档标题，1 表示一级标题，6 表示六级标题，常用标题包括一级、二级和三级。
- <p>：定义段落文本。
- <ul>、<ol>、<li>等：定义信息列表、导航列表、榜单结构等。
- <table>、<tr>、<td>等：定义表格结构。
- <form>、<input>、<textarea>等：定义表单结构。
- <span>：定义行内包含框。

【示例】下面示例是一个简单的 HTML 页面，使用了少量 HTML 标签。它演示了一个简单的文档应该包含的内容，以及主体内容是如何在浏览器中显示的。

（1）新建文本文件，输入以下代码。

```
<html>
    <head>
        <meta charset="UTF-8">
        <title>一个简单的文档包含内容</title>
    </head>
```

```
        <body>
            <h1>我的第一个网页文档</h1>
            <p>HTML 文档必须包含三个部分：</p>
            <ul>
                <li>html——网页包含框</li>
                <li>head——头部区域</li>
                <li>body——主体内容</li>
            </ul>
        </body>
</html>
```

（2）保存文本文件，命名为 test，并设置扩展名为.html。
（3）使用浏览器打开这个文件，则可以看到如图 2.5 所示的效果。

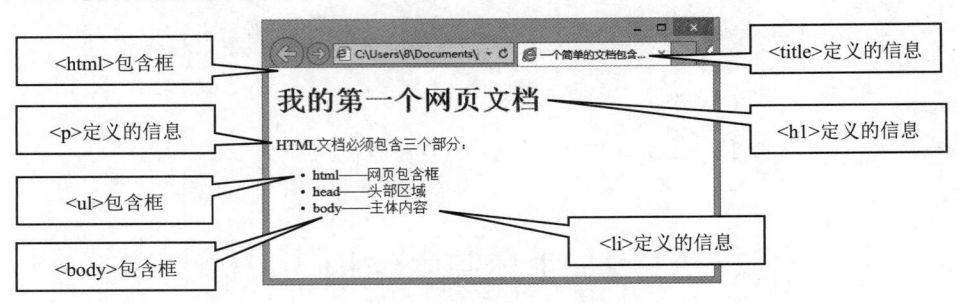

图 2.5　网页文档演示效果

为了更好的选用标签，读者可以参考 w3school 网站的页面信息。

2.2.2　使用 div 和 span

有时需要在一块内容外包裹一层容器，方便为其应用 CSS 样式或 JavaScript 脚本。在评估该块内容时，应优先考虑使用 article、section、aside、nav 等结构化语义元素，但是从语义上来分析发现它们都不合适。这时真正需要的是一个通用容器，即一个没有任何语义的容器。

<div>是一个通用标签，用于设计不包含任何语义的结构块。与 header、footer、main、article、section、aside、nav、h1～h6、p 等元素一样，在默认情况下，div 元素自身没有任何默认样式，其包含的内容会占据一行显示。

在 HTML4 中，div 是使用频率最高的元素，是网页设计的主要工具。而在 HTML5 中，div 的重要性有所下降，开始使用语义化的结构元素，但是 div 仍然不可缺少。它与 CSS 和 JavaScript 配合使用，主要用于进行结构化的样式和脚本设计。

【示例 1】下面示例在为页面内容加上 div 后，就可以添加更多样式的通用容器。

```
<div>
    <article>
        <h1>文章标题</h1>
        <p>文章内容</p>
        <footer>
            <p>注释信息</p>
            <address><a href="#">W3C</a></address>
        </footer>
    </article>
</div>
```

现在就可以使用 CSS 为该块内容添加样式。div 对使用 JavaScript 实现一些特定的交互行为或效果也是有帮助的。例如，在页面中展示一张照片或一个对话框，同时可以让背景页面覆盖一个半透明的层（这个层通常是一个 div）。

div 并不是唯一没有语义的元素，span 是与 div 对应的一个元素：div 是块级内容的通用容器，而 span 则是行内对象的无语义通用容器。span 呈现为行内显示，不会像 div 一样占据一行，从而破坏行内文本流。

【示例 2】下面示例为段落文本中的部分信息进行分隔显示，以便应用不同的类样式。

```
<h1>新闻标题</h1>
<p>新闻内容</p>
<p>...</p>
<p>发布于<span class="date">2024 年 12 月</span>，由<span class="author">张三</span>编辑</p>
```

在 HTML 结构化元素中，div 是除了 h1～h6 外唯一早于 HTML5 出现的元素。在 HTML5 之前，div 是包裹大块内容的首选元素，如页眉、页脚、主要内容、文章块、区块、附栏、导航等；然后通过 id 为其定义富有语义化的名称，如 header、footer、main、article、section、aside、nav 等；最后再使用 CSS 为其添加样式。

2.2.3 使用 id 和 class

id 和 class 是 HTML5 标签的基础属性，在网页中是最有效的"钩子"，实现与 CSS 和 JavaScript 进行绑定的功能。使用 id 可以标识元素，标识的名称在页面中必须是唯一的。使用 class 可以定义类样式，与 id 不同，同一个 class 可以应用于任意数量的元素。因此，class 非常适合标识样式相同的对象。例如，设计一个新闻页面，其中包含每条新闻的日期，此时不必给每条新闻的日期分配不同的 id，而是统一一个类名 date。

【示例】下面示例构建一个简单的列表结构，并分配一个 id，自定义导航模块。同时，为新增的菜单项目添加一个类样式。

```
<ul id="nav">
    <li><a href="#">首页</a></li>
    <li><a href="#">新闻</a></li>
    <li class="new_hot"><a hzef="#">互动</a></li>
</ul>
```

提示

id 和 class 的名称一定要保持语义性，并与表现分离。例如，可以给导航元素分配 id 名为 right_nav，即希望它出现在右边。但是，如果以后将它的位置改到左边，那么 CSS 和 HTML 就会发生歧义。所以，将导航元素命名为 sub_nav 或 nav_main 更适合，这种名称不涉及如何表现。对于 class 的名称，也是如此。例如，如果定义所有错误消息以红色显示，不要使用类名 red，而应该选择更有语义的名称，如 error。

注意

class 和 id 名称要区分大小写，虽然 CSS 不区分大小写，但是 JavaScript 脚本是区分大小写的。最好的方式是保持一致的命名约定，如果在 HTML 中使用驼峰命名法，那么在 CSS 中最好也采用这种形式。

2.2.4 使用 title

使用 title 属性可以添加提示信息，屏幕阅读器能够朗读 title 文本。因此，使用 title 可以提升无障碍访问功能。

【示例】下面示例可以为任何元素添加 title，而应用最多的是超链接。

```
<ul title="列表提示信息">
    <li><a href="#" title="链接提示信息">列表项目</a></li>
</ul>
```

如果 img 元素同时设置 title 和 alt 属性，则显示的提示信息为 title 文本，而不是 alt 文本。

2.2.5 使用 role

role 是 HTML5 的新增属性，用于说明当前元素在页面中所扮演的角色，以增强元素的可读性和语义化。常用 role 值说明如下。

- role="banner"（横幅）：面向全站的内容，通常包含网站标志、网站赞助者标志、全站搜索工具等。横幅通常显示在页面的顶端，而且通常横跨整个页面的宽度。
  使用方法：将其添加到页面级的 header 元素中，且该属性每个页面仅使用一次。
- role="navigation"（导航）：文档内不同部分或相关文档的导航性元素的集合。
  使用方法：与 nav 元素是对应关系。将其添加到每个 nav 元素中，或其他包含导航性链接的容器中。该属性可在每个页面上使用多次，但是与 nav 一样，不要过度使用该属性。
- role="main"（主体）：文档的主要内容。
  使用方法：与 main 元素的功能是一样的。对于 main 元素来说，建议也应该设置 role="main"属性，其他结构元素更应该设置 role="main"属性，以便让浏览器能够识别它是网页主体内容。该属性在每个页面仅使用一次。
- role="complementary"（补充性内容）：文档中作为主体内容补充的支撑部分，它对区分主体内容是有意义的。
  使用方法：与 aside 元素是对应关系。将其添加到 aside 或 div 元素（前提是该 div 仅包含补充性内容）中。该属性在一个页面里可以包含多个 complementary 值，但不要过度使用。
- role="contentinfo"（内容信息）：包含关于文档信息的可感知区域。这类信息的示例包括版权声明和指向隐私权声明的链接等。
  使用方法：将其添加至整个页面的页脚（通常为 footer 元素），且该属性每个页面仅使用一次。

【示例】下面示例演示了在文档结构中如何应用 role。

```
<div class="container">                              <!-- 开始页面容器 -->
    <header role="banner">
        <nav role="navigation">[包含多个链接的列表]</nav>
    </header>
    <main role="main">                               <!-- 应用 CSS 后的第一栏 -->
        <article></article>
    </main>                                          <!-- 结束第一栏 -->
```

```html
        <div class="sidebar">                              <!-- 应用 CSS 后的第二栏 -->
            <aside role="complementary"></aside>
        </div>                                             <!-- 结束第二栏 -->
        <footer role="contentinfo"></footer>
    </div>                                                 <!-- 结束页面容器 -->
```

> **注意**
> 即使不使用 role 属性，页面看起来也没有任何差别，但是当使用 role 属性可以提升使用辅助设备的用户的体验。出于这个理由，推荐使用它们。
> 对表单元素来说，form 角色是多余的；search 用于标记搜索表单；application 则属于高级用法。当然，不要在页面上过多地使用 role 属性。过多地使用 role 属性会让屏幕阅读器用户感到累赘，从而降低 role 的作用，影响整体体验。

2.2.6　HTML 注释

包含在 "<!--" 和 "-->" 标签内的文本就是 HTML 注释信息，该信息只在源代码中可见，在浏览器中不会显示出来。

【示例】 下面示例定义了 6 处注释信息。

```html
<div class="container">                                    <!-- 开始页面容器 -->
    <header role="banner"></header>
    <!-- 应用 CSS 后的第一栏 -->
    <main role="main"></main>                              <!-- 结束第一栏 -->
    <!-- 应用 CSS 后的第二栏 -->
    <div class="sidebar"></div>                            <!-- 结束第二栏 -->
    <footer role="contentinfo"></footer>
</div>                                                     <!-- 结束页面容器 -->
```

在主要区块的开头和结尾处添加注释是一种常见的做法，这样可以让一起合作的开发人员在将来修改代码时变得更加容易。

在发布网站前，应该使用浏览器查看一下添加了注释的页面。这样能够避免由于写错注释格式导致注释内容直接暴露给访问者的情况。

2.3　主体语义化结构

HTML5 新增了多个结构化元素，以方便用户创建更友好的页面主体框架，详细介绍如下。

2.3.1　定义页眉

header 表示页眉，用于标识标题栏，是具引导和导航作用的结构元素，通常用于定义整个页面的标题栏，或者一个内容块的标题区域。

一个页面可以有任意数量的 header 元素，具体含义可以根据其上下文而有所不同。例如，位于页面顶端的 header 元素代表整个页面的页眉（页头），位于栏目区域内的 header 元素代表栏目的标题。

通常，页眉可以包含网站 Logo、主导航、搜索框等，也可以包含其他内容，如数据表格、表单或相关的 Logo 信息。一般整个页面的标题应该放在页面的前面。

【示例 1】下面示例的 header 元素代表整个页面的页眉，它包含一组导航的链接（在 nav 元素中）。此处的 role="banner"明确定义该页眉为页面级页眉，以此来提高访问权重。

```html
<header role="banner">
    <nav>
        <ul>
            <li><a href="#">公司新闻</a></li>
            <li><a href="#">公司业务</a></li>
            <li><a href="#">关于我们</a></li>
        </ul>
    </nav>
</header>
```

【示例 2】下面示例是个人博客首页的头部区域，整个头部内容都放在 header 元素中。

```html
<header>
    <hgroup>
        <h1>LOGO</h1>
        <a href="#">[URL]</a> <a href="#">[订阅]</a> <a href="#">[手机订阅]</a> </hgroup>
    <nav>
        <ul>
            <li>首页</li>
            <li><a href="#">目录</a></li>
            <li><a href="#">社区</a></li>
            <li><a href="#">微博</a></li>
        </ul>
    </nav>
</header>
```

上面示例的页眉形式在网上很常见，其包含网站名称（通常为一个标识）、指向网站主要板块的导航链接，或者也可以包含一个搜索框。

在 HTML5 中，header 元素内部可以包含 h1~h6 元素，也可以包含 table、form、nav 等元素，只要应该显示在头部区域的标签，都可以包含在 header 元素中。

【示例 3】header 元素也适合设计一个区块的目录。

```html
<main role="main">
    <article>
        <header>
            <h1>客户反馈</h1>
            <nav>
                <ul>
                    <li><a href="#answer1">新产品什么时候上市？</a>
                    <li><a href="#answer2">客户电话是多少？</a>
                    <li> ...
                </ul>
            </nav>
        </header>
        <article id="answer1">
            <h2>新产品什么时候上市？</h2>
            <p>5月1日上市</p>
        </article>
```

```
            <article id="answer2">
                <h2>客户电话是多少？</h2>
                <p>010-6666××××</p>
            </article>
        </article>
    </main>
```

如果使用 h1～h6 元素能够满足需求，就不再使用 header 元素。header 元素与 h1～h6 元素中的标题是不能互换的，它们都有各自的语义目的。

不能在 header 元素中嵌套 footer 元素或另一个 header 元素，也不能在 footer 元素或 address 元素中嵌套 header 元素。当然，不一定要像示例中那样包含一个 nav 元素。不过在大多数情况下，如果 header 元素包含导航性链接，就可以使用 nav 元素，它表示页面内的主要导航组。

2.3.2 定义导航

nav 表示导航条，用于标识页面导航的链接组。一个页面中可以拥有多个 nav 元素，作为页面整体或不同部分的导航。具体应用场景如下：

- 主菜单导航。一般网站都设置有不同层级的导航条，其作用是在站内快速切换，如主菜单、置顶导航条、主导航图标等。
- 侧边栏导航。现在的主流博客网站及商品网站中都有侧边栏导航，其作用是将页面从当前文章或当前商品跳转到相关文章或商品页面中。
- 页内导航。是指页内锚点链接，其作用是在本页面几个主要的组成部分之间进行跳转。
- 翻页操作。是指在多个页面的前后页或博客网站的前后篇文章之间滚动。

并不是所有的链接组都要被放进 nav 元素中，只需要将主要的、基本的链接组放进 nav 元素中即可。例如，页脚中通常会有一组链接，包括服务条款、首页、版权声明等，这时使用 footer 元素是最恰当的。

【示例 1】在 HTML5 中，只要是具有导航性质的链接，就可以很方便地将其放入 nav 元素中。该元素可以在一个文档中多次出现，作为页面或部分区域的导航。

```
<nav draggable="true">
    <a href="index.html">首页</a>
    <a href="book.html">图书</a>
    <a href="bbs.html">论坛</a>
</nav>
```

上述代码创建了一个可以拖动的导航区域，nav 元素中包含了 3 个用于导航的超链接，即"首页""图书"和"论坛"。该导航可用于全局导航，也可放在某个段落中作为区域导航。

【示例 2】下面示例中的页面由多部分组成，每部分都带有链接，但是只将最主要的链接放入了 nav 元素中。

```
<h1>技术资料</h1>
<nav>
    <ul>
        <li><a href="/">主页</a></li>
        <li><a href="/blog">博客</a></li>
    </ul>
</nav>
```

```html
<article>
    <header>
        <h1>HTML5+CSS3</h1>
        <nav>
            <ul>
                <li><a href="#HTML5">HTML5</a></li>
                <li><a href="#CSS3">CSS3</a></li>
            </ul>
        </nav>
    </header>
    <section id="HTML5">
        <h1>HTML5</h1>
        <p>HTML5 特性说明</p>
    </section>
    <section id="CSS3">
        <h1>CSS3</h1>
        <p>CSS3 特性说明</p>
    </section>
    <footer>
        <p> <a href="?edit">编辑</a> | <a href="?delete">删除</a> | <a href="?add">添加</a> </p>
    </footer>
</article>
<footer>
    <p><small>版权信息</small></p>
</footer>
```

在该示例中，第一个 nav 元素用于页面导航，将页面跳转到其他页面中，如跳转到网站主页或博客页面；第二个 nav 元素放置在 article 元素中，表示在文章中进行导航。除此之外，nav 元素也可以用于其他所有觉得是重要的、基本的导航链接组中。

在 HTML5 中，一般习惯使用 ul 或 ol 元素对链接进行结构化，然后在外围简单地包裹一个 nav 元素。nav 元素能够帮助不同设备和浏览器识别页面的主导航，并允许用户通过键盘直接跳转至这些链接。这可以提高页面的可访问性，提升访问者的体验。

HTML5 不推荐对辅助性的页脚链接使用 nav 元素，如"使用隐私""联系信息""关于我们"等。不过，有时页脚会再次显示顶级全局导航，或者包含"首页""新闻"等重要链接。在大多数情况下，推荐将页脚中的此类链接放入 nav 元素。同时，HTML5 不允许将 nav 元素嵌套在 address 元素中。

当然，在页面中插入一组链接并非意味着都要将它们包含在 nav 元素中。例如，在一个新闻页面中包含一篇文章和四个链接列表，其中只有两个链接列表比较重要，则可以将这两个链接列表包含在 nav 元素中；而位于 aside 元素中的次级导航和 footer 元素里的链接可以忽略。

如何判断是否对一组链接使用 nav 元素？这取决于内容的组织情况。一般应该将网站全局导航标记为 nav，让用户可以跳转至网站各个主要部分的导航。这种 nav 通常出现在页面级的 header 元素中。

2.3.3 定义主要区域

main 表示主要区域，用于标识网页中的主要内容。main 中的内容对于文档来说是唯一的，它不应包含网页中重复出现的内容，如侧边栏、导航栏、版权信息、站点标志或搜索表单等。

简单来说，在一个页面中，不能出现一个以上的 main 元素，它也不能被放在 article、aside、footer、header 或 nav 元素中。由于 main 元素不对页面内容进行分区或分块，不会对网页大纲产生影响。

【示例】下面示例中的页面是一个完整的主体结构。main 元素包裹着代表页面主体的内容。

```html
<header role="banner">
    <nav role="navigation">[包含多个链接的 ul]</nav>
</header>
<main role="main">
    <article>
        <h1 id="gaudi">主要标题</h1>
        <p>[页面主要区域的其他内容]
    </article>
</main>
<aside role="complementary">
    <h1>侧边标题</h1>
    <p>[附注栏的其他内容]
</aside>
<footer role="info">[版权]</footer>
```

main 元素在一个页面中仅使用一次。在 main 元素中添加 role="main"属性，可以帮助屏幕阅读器定位页面的主要区域。如果创建的是 Web 应用，则应该使用 main 元素包裹其主要的功能。

2.3.4　定义文章块

article 表示文章块，用于标识页面中一块完整的、独立的、可以被转发的内容，如报纸文章、论坛帖子、用户评论、博客条目等。

> **提示**
> 一些交互式小部件或小工具，或任何其他可独立的内容，原则上都可以作为 article 块，如日期选择器组件等。

【示例 1】下面示例演示了 article 元素的应用。

```html
<header role="banner">
    <nav role="navigation">[包含多个链接的 ul]</nav>
</header>
<main role="main">
    <article>
        <h1 id="news">区块链"时代号"列车驶来</h1>
        <p>对于精英们来说，这个春节有点特殊。</p>
        <p>他们身在曹营心在汉，他们被区块链搅动得燥热难耐，在兴奋、焦虑、恐慌、质疑中度过一个漫长的春节。</p>
        <h2 id="sub1">1. 三点钟无眠</h2>
        <p><img src="images/0001.jpg" width="200"/>春节期间，一个大佬云集的区块链群建立，该群被封上了"市值万亿"的称号。这个名为"三点钟无眠区块链"的群，搅动了一池春水。</p>
        <h2 id="sub2">2. 被碾压的春节</h2>
        <p>...</p>
```

```
        </article>
    </main>
```

为了精简，本示例对文章内容进行了缩写，略去了与2.3.3小节相同的nav元素代码。尽管在这个示例中只有段落和图像，但article元素可以包含各种类型的内容。

可以将article元素嵌套在另一个article元素中，只要里面的article元素与外面的article元素是部分与整体的关系。一个页面可以有多个article元素。例如，博客的主页通常包括几篇最新的文章，其中每一篇都是其自身的article。一个article元素可以包含一个或多个section元素。在article元素中包含独立的h1～h6元素。

【示例2】下面示例展示了嵌套在父元素article元素中的article元素。该示例中嵌套的article元素是用户提交的评论，就像在博客或新闻网站中见到的评论部分。该示例还显示了section元素和time元素的用法。这些只是使用article元素及有关元素的几种常见方式。

```
<article>
    <h1 id="news">区块链"时代号"列车驶来</h1>
    <p>对于精英们来说，这个春节有点特殊。</p>
    <section>
        <h2>读者评论</h2>
        <article>
            <footer>发布时间
                <time datetime="2024-02-20">2024-02-20</time>
            </footer>
            <p>评论内容</p>
        </article>
        <article>[下一则评论]</article>
    </section>
</article>
```

每条读者评论都包含在一个article元素中，这些article元素则嵌套在主article元素中。

2.3.5 定义区块

section表示区块，用于标识文档中的节，多用于对内容进行分区。例如，章节、页眉、页脚或文档中的其他部分。

> **注意**
> section元素用于定义通用的区块，但不要将它与div元素混淆。从语义上讲，section元素标记的是页面中的特定区域，而div元素则不传达任何语义。div元素关注结构的独立性，而section元素则关注内容的独立性。section元素包含的内容可以单独存储到数据库中，或输出到Word文档中。当一个容器需要被直接定义样式或通过脚本定义行为时，推荐使用div元素，而非section元素。

【示例1】下面示例把主体区域划分为三个独立的区块。

```
<main role="main">
    <h1>主要标题</h1>
    <section>
        <h2>区块标题1</h2>
        <ul>[标题列表]</ul>
    </section>
    <section>
        <h2>区块标题2</h2>
```

```html
            <ul>[标题列表]</ul>
        </section>
        <section>
            <h2>区块标题 3</h2>
            <ul>[标题列表]</ul>
        </section>
</main>
```

【示例 2】通常,新闻网站都会对新闻进行分类,每个类别都可以标记为一个 section。

```html
<h1>网页标题</h1>
<section>
    <h2>区块标题 1</h2>
    <ol>
        <li>列表项目 1</li>
        <li>列表项目 2</li>
        <li>列表项目 3</li>
    </ol>
</section>
<section>
    <h2>区块标题 2</h2>
    <ol>
        <li>列表项目 1</li>
    </ol>
</section>
```

可以将 section 元素嵌套在 article 元素中,从而显式地标识出报告、故事、手册等文章的不同部分或不同章节。例如,可以在本示例中使用 section 元素包裹不同的内容。

2.3.6 定义附栏

aside 表示附栏,用于标识所在内容之外的内容。aside 元素中的内容应该与所在的附近内容相关,如当前页面或文章的附属信息部分。aside 元素可以包含与当前页面或主要内容相关的引用、侧边栏、导航条,以及其他类似的区别于主要内容的部分。

aside 元素主要有以下两种用法。

(1) 作为主体内容的附属信息部分,包含在 article 元素中,aside 元素中的内容可以是与当前内容有关的参考资料、名词解释等。

(2) 作为页面或站点辅助功能部分,在 article 元素之外使用。最典型的形式是侧边栏,其中的内容可以是友情链接、最新文章列表、最新评论列表、历史存档、日历等。

【示例 1】下面示例设计了一篇文章,文章标题放置在 header 元素中,在 header 元素后面将所有关于文章的部分放置在了一个 article 元素中,并将文章正文放置在一个 p 元素中。该文章包含一个名词解释的附属部分,因此在正文下面放置了一个 aside 元素,用于存放名词解释的内容。

```html
<header>
    <h1>HTML5</h1>
</header>
<article>
    <h1>HTML5 历史</h1>
    <p>HTML5 草案的前身名为 Web Applications 1.0,于 2004 年被 WHATWG 提出,于 2007 年被 W3C 接纳,并成立了新的 HTML 工作团队。HTML5 的第一份正式草案已于 2008 年 1 月 22 日公布。
```

2014年10月28日，W3C 的 HTML 工作组正式发布了 HTML5 的官方推荐标准。</p>
```
        <aside>
            <h1>名词解释</h1>
            <dl>
                <dt>WHATWG</dt>
                <dd>Web Hypertext Application Technology Working Group（HTML 工作开发组的简称），目前与 W3C 组织同时研发 HTML5。</dd>
            </dl>
            <dl>
                <dt>W3C</dt>
                <dd>World Wide Web Consortium（万维网联盟），它是国际著名的标准化组织。1994 年成立后，至今已发布近百项相关万维网的标准，对万维网发展作出了杰出的贡献。</dd>
            </dl>
        </aside>
</article>
```

上述代码中的 aside 元素被放置在一个 article 元素内部，因此搜索引擎将这个 aside 元素中的内容理解为与 article 元素中的内容相关联。

【示例 2】下面示例使用 aside 元素为个人博客添加一个友情链接辅助板块。

```
<aside>
    <nav>
        <h2>友情链接</h2>
        <ul>
            <li> <a href="#">网站 1</a></li>
            <li> <a href="#">网站 2</a></li>
            <li> <a href="#">网站 3</a></li>
        </ul>
    </nav>
</aside>
```

友情链接在博客网站中比较常见，一般放在左右两侧的侧边栏中，因此可以使用 aside 元素实现。但是这个板块又具有导航作用，因此嵌套了一个 nav 元素，该侧边栏的标题是"友情链接"，放在 h2 元素中，在标题后使用了一个 ul 列表，用于存放具体的导航链接列表。

2.3.7 定义页脚

footer 表示页脚，用于标识文档或节的页脚，可以用在 article、aside、blockquote、body、details、fieldset、figure、nav、section 或 td 结构的页脚中。页脚通常包含关于它所在区块的信息，如指向相关文档的链接、版权信息、作者及其他类似条目。页脚并不一定要位于所在元素的末尾。

当 footer 元素作为 body 元素的页脚时，一般位于页面底部，作为整个页面的页脚，包含版权信息、使用条款链接、联系信息等。

【示例 1】下面示例中，footer 元素代表页面的页脚，因为它最近的祖先是 body 元素。

```
<header role="banner">
    <nav role="navigation">链接列表</nav>
</header>
<main role="main">
    <article>
        <h1 id="gaudi">主要标题</h1>
        <h2>次标题</h2>
```

```
        </article>
</main>
<aside role="complementary">
    <h1>次标题</h1>
</aside>
<footer>
    <p><small>版权信息</small></p>
</footer>
```

footer 元素本身不会为文本添加任何默认样式。这里,"版权信息"的字号比普通文本的小,是因为它嵌套在 small 元素中。

【示例 2】下面示例中,第 1 个 footer 元素包含在 article 元素内,因此属于该 article 元素的页脚;第 2 个 footer 元素是页面级的页脚,因此只能对页面级的 footer 元素使用 role="contentinfo",且一个页面只能使用一次。

```
<article>
    <h1>文章标题</h1>
    <p>文章内容</p>
    <footer>
        <p>注释信息</p>
        <address><a href="#">W3C</a></address>
    </footer>
</article>
<footer role="contentinfo">版权信息</footer>
```

> **注意**
> 不能在 footer 元素里嵌套 header 元素或另一个 footer 元素。同时,也不能将 footer 元素嵌套在 header 元素或 address 元素中。

2.4 案例实战:构建 HTML5 个人网站

本例将使用 HTML5 新结构标签构建一个个人网站,整个页面包含 3 行 2 列:第 1 行为页眉区域<header>,第 2 行为主体区域<main>,第 3 行为页脚区域<footer>。主体区域包含 2 列:第 1 列为侧边导航区域<aside>,第 2 列为文章显示区域<article>。结构示意图如图 2.6 所示。

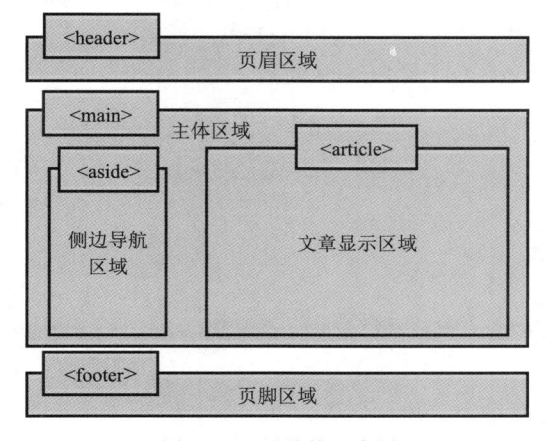

图 2.6 网站结构示意图

根据结构布局思路，编写网站基本框架结构。为了方便网页居中显示，为整个页面嵌套了一层<div id="wrapper">包含框。

```html
<div id="wrapper">
    <header class="SiteHeader">...</header>
    <main>
        <aside class="NavSidebar">
            <nav>
                <h2>HTML5</h2>
                <ul>...</ul>
                <h2>CSS3</h2>
                <ul>...</ul>
                <h2>JS</h2>
                <ul>...</ul>
            </nav>
            <section>
                <h2>关于我们</h2>
                <p>...</p>
            </section>
        </aside>
        <article class="Content">
            <header class="ArticleHeader">...</header>
            <p>...</p>
            <h3>进阶图谱</h3>
            <p>...</p>
            <h3>推荐手册</h3>
            <p>...</p>
        </article>
    </main>
    <footer>...</footer>
</div>
```

本 章 小 结

本章首先讲解了 HTML5 文档的头部结构，主要包括网页标题、网页元信息和文档视口；然后讲解了 HTML5 文档的主体结构，从基本结构开始介绍，重点包括 div、span 元素，以及 id、class、title、role 等通用属性；接着重点讲解了 HTML5 新增的语义化结构元素，包括 header、nav、main、article、section、aside 和 footer 元素。

课 后 练 习

一、填空题

1. 在 HTML 文档的头部区域，存储着各种_____，这些信息主要为浏览器所用，一般不会显示在网页中。

2. 使用_____标签可定义网页标题。。

3. 使用_____标签可以定义网页的元信息。

4．使用 http-equiv 等于"content-type"，可以设置网页的_____信息。

5．使用_____标签可以设置文档视口。

二、判断题

1．使用<meta name="description">标签可以定义页面的关键词。　（　　）

2．使用<meta charset="UTF-8">标签可以定义简体中文编码。　（　　）

3．使用<h1>可以定义网页标题。　（　　）

4．<div>是一个通用标签，用于设计不包含任何语义的结构块。　（　　）

5．<span>可以为行内对象定义类样式，是一个无语义通用标签。　（　　）

三、选择题

1．下面哪一个标签不可以用于表格结构？（　　）
   A．<table>　　　B．<tr>　　　C．<td>　　　D．<tt>

2．下列选项中，哪个标签可以定义标题栏？（　　）
   A．<h1>　　　B．<div>　　　C．<header>　　　D．<span>

3．下面哪一项不适合使用 nav 导航？（　　）
   A．主菜单　　　B．便签　　　C．翻页操作　　　D．页内导航

4．main 块可以放置在以下哪个标签中？（　　）
   A．div　　　B．article　　　C．aside　　　D．nav

5．下面哪一项内容不能放置在 article 块中？（　　）
   A．报纸文章　　　B．论坛帖子　　　C．博客条目　　　D．菜单列表

四、简答题

1．简述 section 元素的作用，以及与 div 元素的区别。

2．footer 表示什么语义，可以用在什么地方？

五、上机题

1．使用 HTML5 新结构标签设计图 2.7 所示的页面，包括标题栏<header>、导航条<nav>、文章<article>、页脚<footer>4 个部分；文章块又包括标题、侧边栏提示<aside>和主要内容区域<section>。

图 2.7　使用 HTML5 新结构标签设计的页面

2. 根据图 2.8 所示的 HTML5 文档结构示意图，设计一个简单页面，效果如图 2.9 所示。

图 2.8　HTML5 文档结构示意图（1）

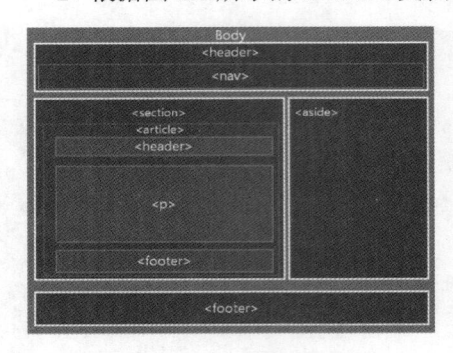

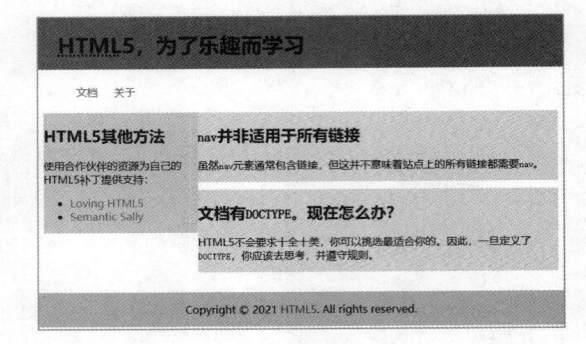

图 2.9　HTML5 页面效果

3. 参考图 2.10 所示的设计效果，尝试设计一个 4 行 2 列的 HTML5 文档结构，包括标题栏、广告栏、主体区域和页脚栏，主体区域又包括侧边栏和文章区。

图 2.10　HTML5 文档结构示意图（2）

拓 展 阅 读

第 3 章 HTML5 文本

【学习目标】
- 正确定义标题文本和段落文本。
- 熟练使用常用描述性文本。
- 了解各种特殊用途的文本。
- 在网页设计中能够根据语义化需求正确标记不同文本。

文本是网页中最主要的信息源。网页文本内容丰富，形式多样，为用户提供直接、快捷的信息。HTML5 新增了很多文本标签，用于表达特殊的语义。正确使用这些标签，可以让网页文本更加语义化，方便传播和处理。本章将介绍各种 HTML5 文本标签的使用方法，帮助读者准确标记不同的文本信息。

3.1 基础文本

在网页中，通常第一眼看到的就是标题和正文内容，它们构成了网页的主体。另外，列表和超链接也是占比较高的文本内容，将在第 5 章详细讲解。

3.1.1 标题文本

标题是网页信息的纲领，因此无论是浏览者，还是搜索引擎都比较重视标题所要传达的信息。HTML5 将标题分为 6 级，分别使用<h1>、<h2>、<h3>、<h4>、<h5>、<h6>标签进行标识。按语义轻重从高到低分别为 h1、h2、h3、h4、h5、h6，它们包含的信息依据重要性逐级递减。其中 h1 表示最重要的信息，而 h6 表示最次要的信息。

【示例 1】标题代表文档大纲。当设计网页内容时，可以根据需要为内容的每个主要部分指定一个标题和任意数量的子标题，以及三级子标题等。

```
<h1>唐诗欣赏</h1>
<h2>春晓</h2>
<h3>孟浩然</h3>
<p>春眠不觉晓，处处闻啼鸟。</p>
<p>夜来风雨声，花落知多少。</p>
```

在上面示例中，标记为 h2 的"春晓"是标记为 h1 的顶级标题"唐诗欣赏"的子标题，而标记为 h3 的"孟浩然"则是"春晓"的子标题，也是 h1 的三级子标题。如果继续编写页面其余部分的代码，则相关的内容（如段落、图像、视频等）就要紧跟在对应的标题后面。

对任何页面来说，分级标题都是最重要的 HTML 元素。由于标题通常传达的是页面的主题，因此，对搜索引擎而言，如果标题与搜索词匹配，那么这些标题就会被赋予很高的权重，尤其是等级最高的 h1 元素。当然，并不是说页面中的 h1 元素越多越好，搜索引擎能够智能判断出哪些 h1 元素是可用的，哪些 h1 元素是凑数的。

【示例 2】使用标题组织内容。在下面示例中，产品指南有 3 个主要的部分，每个部分都有不同层级的子标题。标题之间的空格和缩进只是为了让层级关系显示得更清楚一些，它们不会影响最终的显示效果。

```
<h1>所有产品分类</h1>
    <h2>进口商品</h2>
        <h2>食品饮料</h2>
            <h3>糖果/巧克力</h3>
                <h4>巧克力 果冻</h4>
                <h4>口香糖 棒棒糖 软糖 奶糖 QQ 糖</h4>
            <h3>饼干糕点</h3>
                <h4>饼干 曲奇</h4>
                <h4>糕点 蛋卷 面包 薯片/膨化</h4>
        <h2>粮油副食</h2>
            <h3>大米面粉</h3>
            <h3>食用油</h3>
```

默认情况下，浏览器会从 h1 到 h6 逐级减小标题的字号。所有的标题都以粗体显示，每个标题之间的间隔也是由浏览器默认的 CSS 定制的，它们并不代表 HTML 文档中有空行。

在创建分级标题时，要避免跳过某些级别，如从 h3 直接跳到 h5。不过，HTML5 允许在创建标题时从低级别跳到高级别。例如，在"<h4>糕点 蛋卷 面包 薯片/膨化</h4>"后面紧跟着"<h2>粮油副食</h2>"是没有问题的，因为包含"<h4>糕点 蛋卷 面包 薯片/膨化</h4>"的"<h2>食品饮料</h2>"在这里结束了，而"<h2>粮油副食</h2>"的内容开始了。

h1、h2 和 h3 比较常用，h4、h5 和 h6 较少使用，因为一般文档的标题层次在三级左右。标题文本一般位于栏目或文章的前面，显示在正文的顶部。

不要使用 h1～h6 标记副标题、标语和无法成为独立标题的子标题。例如，有一篇新闻报道，它的主标题后面紧跟着一个副标题，这时，这个副标题就应该使用段落，或其他非标题元素。

```
<h1>××超市</h1>
<p>在乎每件生活小事</p>
```

提示

曾有人提议在 HTML5 中引入 subhead 元素，用于对子标题、副标题、标语、署名等内容进行标记，但是未被 W3C 采纳。

HTML5 曾经也新增了一个名为 hgroup 的元素，用于将连续的标题组合在一起，后来 W3C 将该元素从 HTML5.1 规范中移除了。

3.1.2 段落文本

网页正文主要通过段落文本来表现。HTML5 使用<p>标签定义段落文本。个别用户习惯使用<div>或
等标签对文本进行分段，这不符合语义，妨碍了搜索引擎的检索。

【示例】下面示例设计一首唐诗，使用<article>标签包裹，使用<h1>标签定义唐诗的名称，使用<h2>标签提示作者，使用<p>标签显示具体诗句。

```
<article>
    <h1>枫桥夜泊</h1>
    <h2>张继</h2>
```

```
        <p>月落乌啼霜满天，江枫渔火对愁眠。</p>
        <p>姑苏城外寒山寺，夜半钟声到客船。</p>
</article>
```

默认情况下，段落文本前后合计显示约一个字符的间距，用户可以根据需要使用 CSS 重置这些样式，为段落文本添加字体、字号、颜色、对齐等样式。

3.2 描述性文本

HTML5 强化了文本标签的语义性，弱化了其修饰性，对于纯样式文本标签不再建议使用，如 acronym（首字母缩写）、basefont（基本字体样式）、center（居中对齐）、font（字体样式）、s（删除线）、strike（删除线）、tt（打印机字体）、u（下划线）、xmp（预格式）等。

3.2.1 强调文本

HTML5 提供了两个强调内容的语义标签。
- <strong>：表示重要。
- <em>：表示着重，语气弱于<strong>。

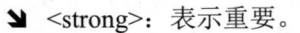

根据内容需要，这两个标签既可以单独使用，也可以一起使用。

【示例 1】下面示例使用 strong 元素设计一段强调文本，意在引起浏览者的注意，同时再使用 em 元素着重强调了特定区域。

```
<h2>游客注意</h2>
<p><strong>请不要随地吐痰，特别是在<em>景区或室内</em>！</strong></p>
```

默认情况下，浏览器将 strong 元素文本以粗体显示，而将 em 元素文本以斜体显示。如果 em 元素嵌套在 strong 元素中，将同时以斜体和粗体显示文本。

【示例 2】strong 元素和 em 元素都可以嵌套使用，目的是使文本的重要程度递增。

```
<h2>注册反馈</h2>
<p>你好，请记住<strong>登录密码（<strong>11111111</strong>）</strong></p>
```

其中，"11111111"文本要比其他 strong 元素文本更重要。

> **提示**
> 可以使用 CSS 重置 strong 元素和 em 元素文本的默认显示样式。
> 在 HTML4 中，b 元素等效于 strong 元素，i 元素等效于 em 元素，它们的默认显示效果是一样的。但在 HTML5 中，不再使用 b 元素替代 strong 元素，也不再使用 i 元素替代 em 元素。
> 在 HTML4 中，strong 元素表示强调的程度比 em 元素要高，两者语义只有轻重之分。而在 HTML5 中，em 元素表示强调，而 strong 元素表示重要，两者语义进行了细微分工。

3.2.2 注解文本

HTML5 重新定义了 small 元素，由通用展示性元素变为更具体的、专门用来标识所谓"小字印刷体"的元素，通常用于表示细则一类的旁注，如免责声明、注意事项、法律限制、版权信息等。有时还可以用来表示署名、许可要求等。

> **注意**
> small 元素不允许被应用在页面主体内容中，只允许被当作辅助信息以 inline 的方式内嵌在页面中。同时，small 元素也不意味着元素中内容字体会变小，要将字体变小，需要配合使用 CSS 样式。

【示例1】small 通常是行内文本中的一小块，而不是包含多个段落或其他元素的大块文本。

```
<dl>
    <dt>单人间</dt>
    <dd>399 元<small>含早餐，不含税</small></dd>
    <dt>双人间</dt>
    <dd>599 元<small>含早餐，不含税</small></dd>
</dl>
```

一些浏览器会将 small 元素包含的文本显示为小字号。不过一定要在符合内容语义的情况下使用该元素，而不是为了减小字号而使用。

【示例2】在下面示例中，第 1 个 small 元素表示简短的提示声明，第 2 个 small 元素表示包含在页面级 footer 元素中的版权声明，这是一种常见的用法。

```
<p>现在订购免费送货。<small>（仅限于五环以内）</small></p>
<footer role="contentinfo">
    <p><small>&copy; 2021 Baidu 使用百度前必读</small></p>
</footer>
```

small 元素只适用于短语，因此不要使用它标记长的法律声明，如"使用条款"和"隐私政策"等。根据需要，应该用段落或其他语义标签标记这些内容。

> **提示**
> HTML5 还支持 big 元素，用于定义大号字体。big 元素包含的文本字体比周围的文本要大一号，如果文本已经是最大号字体，则 big 元素将不起任何作用。用户可以嵌套使用 big 元素逐步放大文本，每个 big 元素都可以使字体大一号，直到上限 7 号文本。

3.2.3 备选文本

b 和 i 是 HTML4 遗弃的两个元素，分别用于将文本定义为粗体和斜体。HTML5 重新启用这两个元素，作为其他语义元素都不适应的场景，即作为最后备选项使用。

（1）b 元素。HTML5 将 b 元素重新定义为：表示出于实用目的提醒读者需要注意的一块文字，不传达任何额外的重要性，也不表示其他的语态和语气，用于如文档摘要里的关键词、评论中的产品名、基于文本的交互式软件中指示操作的文字、文章导语等。例如：

```
<p>这是一个<b>红</b>房子，那是一个<b>蓝</b>盒子</p>
```

b 元素包含的文本默认显示为粗体。

（2）i 元素。HTML5 将 i 元素重新定义为：表示一块不同于其他文字的文字，具有不同的语态或语气，或其他不同于常规之处，用于如分类名称、技术术语、外语里的惯用词、翻译的散文、西方文字中的船舶名称等。例如：

```
<p>这块<i class="taxonomy">玛瑙</i>来自西亚</p>
```

```
<p>这篇<i>散文</i>已经发表。</p>
<p>There is a certain <i lang="fr">je ne sais quoi</i> in the air.</p>
```

i 元素包含的文本默认显示为斜体。

3.2.4 上标和下标文本

在传统印刷中,上标和下标是很重要的排版格式。HTML5 使用 sup 元素和 sub 元素定义上标和下标文本。上标和下标文本比主体文本稍高或稍低。常见的上标包括注册商标符号、指数和脚注编号等;常见的下标包括化学符号等。

【示例】下面示例使用 sup 元素标识脚注编号。根据从属关系,将脚注放在 article 元素的 footer 元素中,而不是整个页面的 footer 元素中。

```
<article>
    <h1>王维</h1>
    <p>王维参禅悟理,学庄信道,精通诗、书、画、音乐等,以诗名盛于开元、天宝间,尤长五言,多咏山水田园,与孟浩然合称"王孟",有"诗佛"之称<a href="#footnote-1" title="参考注释"><sup>[1]</sup></a>。</p>
    <footer>
        <h2>参考资料</h2>
        <p id="footnote-1"><sup>[1]</sup>孙昌武·《佛教与中国文学》第二章:"王维的诗歌受佛教影响是很显著的。因此早在生前,就得到'当代诗匠,又精禅理'的赞誉。后来,更得到'诗佛'的称号。"</p>
    </footer>
</article>
```

上述代码为文章中每个脚注编号创建了链接,指向 footer 元素内对应的脚注,从而让访问者更容易找到它们。同时,注意链接中的 title 属性也提供了一些提示。

> **提示**
>
> sub 元素和 sup 元素会轻微地增大行高。不过使用 CSS 可以修复这个问题。修复样式的代码如下:
>
> ```
> <style type="text/css">
>     sub, sup {font-size: 75%; line-height: 0; position: relative; vertical-align: baseline;}
>     sup {top: -0.5em;}
>     sub {bottom: -0.25em;}
> </style>
> ```

用户还可以根据内容的字号对以上 CSS 样式代码做一些调整,使各行行高保持一致。

3.2.5 术语

HTML5 使用 dfn 元素标识专用术语,同时规定:如果一个段落、描述列表或区块是 dfn 元素最近的祖先,那么该段落、描述列表或区块必须包含该术语的定义。即 dfn 元素及其定义必须放在一起,否则便是错误的用法。

【示例】下面示例演示了 dfn 元素的两种常用形式。一种是在段落文本中定义术语,另一种是在描述列表中定义术语。

```
<p><dfn id="def-internet">Internet</dfn>是一个全球互联网络系统,使用因特网协议套件(TCP/IP)为全球数十亿用户提供服务。</p>
```

```
<dl>
    <!--定义"万维网"和"因特网"的参考定义-->
    <dt> <dfn> <abbr title="World-Wide Web">WWW</abbr> </dfn> </dt>
    <dd>万维网（WWW）是一个互联的超文本文档访问系统，它建立在<a href="#def-internet">Internet</a>之上。</dd>
</dl>
```

dfn 元素中的内容默认以斜体显示，可以使用 CSS 重置其样式。

dfn 元素可以包含其他短语元素，如 abbr。

```
<dt> <dfn> <abbr title="World-Wide Web">WWW</abbr> </dfn> </dt>
```

如果在 dfn 元素中添加可选的 title 属性，则其值应与 dfn 术语一致。如果只在 dfn 元素中嵌套一个单独的 abbr 元素，dfn 元素本身没有文本，那么可选的 title 属性只能出现在 abbr 元素中。

3.2.6 代码文本

使用 code 元素可以标记代码或文件名。例如：

```
<code>
p{ margin:2em; }
</code>
```

如果代码需要显示"<"或">"字符，则应分别使用<和>表示。如果直接使用"<"或">"字符，浏览器会将这些代码当作 HTML 标签处理，而不是当作文本处理。

【示例】要显示单独的一块代码，可以用 pre 元素包裹住 code 元素以保持其格式。

```
<pre>
    <code>
        p{
        margin:2em;
        }
    </code>
</pre>
```

> **提示**
> 除了 code 元素外，其他与计算机相关的元素还包括 kbd、samp 和 var。这些元素极少使用，不过可能会在内容中用到它们。下面对它们作简要说明。

（1）kbd 元素。kbd 元素用于标记用户输入指示。例如：

```
<ol>
    <li>使用<kbd>TAB</kbd>键，切换到提交按钮</li>
    <li>点按<kbd>RETURN</kbd>或<kbd>ENTER</kbd>键</li>
</ol>
```

与 code 元素一样，kbd 元素中的内容默认以等宽字体显示。

（2）samp 元素。samp 元素用于指示程序或系统的示例输出。例如：

```
<p>一旦在浏览器中预览，则显示<samp>Hello,World</samp></p>
```

samp 元素中的内容也默认以等宽字体显示。

（3）var 元素。var 元素表示变量或占位符的值。例如：

```
<p>爱因斯坦被称为是最好的 <var>E</var>=<var>m</var><var>c</var><sup>2</sup>.</p>
```

var 元素也可以作为内容中占位符的值。例如，在填词游戏的答题纸上可以加入 <var>adjective</var>、<var>verb</var>。

var 元素中的内容默认以斜体显示。可以在 HTML5 页面中使用 math 等 MathML 元素表示高级的数学相关的标记。

（4）tt 元素。tt 元素表示打印机字体。

3.2.7 预定义文本

使用 pre 元素可以定义预定义文本。使用预定义文本能够保持文本固有的换行和空格格式。

【示例】下面示例使用 pre 元素显示 CSS 样式代码，效果如图 3.1 所示。

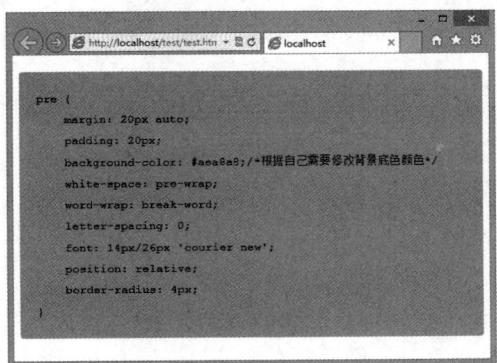

```
<pre>
pre {
    margin: 20px auto;
    padding: 20px;
    background-color: #aea8a8;       /*根据自己需要修改背景底色颜色*/
    white-space: pre-wrap;
    word-wrap: break-word;
    letter-spacing: 0;
    font: 14px/26px 'courier new';
    position: relative;
    border-radius: 4px;
}
</pre>
```

图 3.1 定制 pre 元素预定义格式效果

预定义文本默认以等宽字体显示，可以使用 CSS 改变字体样式。如果要显示包含 HTML 标签的文本，则应将包围元素名称的"<"和">"字符分别替换为<和>。

pre 元素默认为块显示，即从新的一行开始显示，浏览器通常会对 pre 元素文本关闭自动换行。因此，如果包含的内容很长，就会影响页面的布局或产生横向滚动条。使用下面的 CSS 样式代码可以对 pre 元素包含的内容进行自动换行。

```
pre {white-space: pre-wrap;}
```

不要使用 CSS 的 white-space:pre 代替 pre 元素的效果，这会破坏预定义文本的语义性。

3.2.8 缩写词

使用 abbr 元素可以标记缩写词并解释其含义，同时可以使用 title 属性提供缩写词的全称。另外，也可以将全称放在缩写词后面的括号里，或混用这两种方式。如果使用复数形式的缩写词，则全称也要使用复数形式。

abbr 元素的使用场景：仅在缩写词在视图中第一次出现时使用。使用括号提供缩写词的全称是解释缩写词最直接的方式，能够让访问者更直观地看到这些内容。例如，使用智能手机和平板电脑等触摸屏设备的用户可能无法移到 abbr 元素上查看 title 的提示框。因此，如果要提供缩写词的全称，应该尽量将它放在括号里。

【示例】部分浏览器对于设置了 title 属性的 abbr 元素文本，会显示为下划虚线样式，如果看不到，可以为 abbr 元素的包含框添加 line-height 样式。下面使用 CSS 设计下划虚线样式，以兼容所有浏览器。

```
<style>
    abbr[title] {
    border-bottom: 1px dotted #000;
    }
</style>
<p><abbr title=" HyperText Markup Language">HTML</abbr>是一门标识语言。</p>
```

当访问者将鼠标指针移至 abbr 元素上时，浏览器都会以提示框的形式显示 title 文本，类似于 a 元素的 title 属性。

> **提示**
>
> 在 HTML5 之前有 acronym（首字母缩写词）元素，但设计和开发人员常常分不清楚缩写词和首字母缩写词，因此 HTML5 废除了 acronym 元素，使 abbr 元素适用于所有的场合。

3.2.9 编辑和删除文本

HTML5 使用以下两个元素标记内容编辑的操作。
- ins：已添加的内容。
- del：已删除的内容。

这两个元素可以单独使用，也可以搭配使用。

【示例 1】在下面示例中，对于已经发布的信息，使用 ins 元素又增加了一条项目，同时使用 del 元素移除了两条项目。使用 ins 元素时不一定要使用 del 元素，反之亦然。浏览器通常会让它们看起来与普通文本不一样。

```
<ul>
    <li><del>删除项目</del></li>
    <li>列表项目</li>
    <li><del>删除项目</del></li>
    <li><ins>插入项目</ins></li>
</ul>
```

浏览器通常对已删除的文本加上删除线，对插入的文本加上下划线。可以使用 CSS 重置这些样式。

【示例 2】del 元素和 ins 元素不仅可以标识短语内容，还可以包裹块级内容。

```
<ins>
    <p>文本 1</p>
</ins>
<del>
    <ul>
        <li><del>删除项目</del></li>
        <li>列表项目</li>
        <li><del>删除项目</del></li>
        <li><ins>插入项目</ins></li>
    </ul>
</del>
```

在 HTML5 之前，短语内容被称为行内元素。

【示例 3】del 元素和 ins 元素包含两个重要属性：cite 和 datetime。下面示例演示了这两个属性的用法，显示效果如图 3.2 所示。

```
<p> <cite>因为懂得，所以慈悲</cite>。<ins cite="http://news.sanwen8.cn/a/2014-07-13/9518.html" datetime="2018-8-1">这是张爱玲对胡兰成说的话</ins>。</p>
<p> <cite>笑，全世界便与你同笑；哭，你便独自哭</cite>。<del datetime="2018-8-8">出自冰心的《遥寄印度哲人泰戈尔》</del>，<ins cite="http://news.sanwen8.cn/a/2014-07-13/9518.html" datetime="2018-8-1">出自张爱玲的小说《花凋》</ins> </p>
```

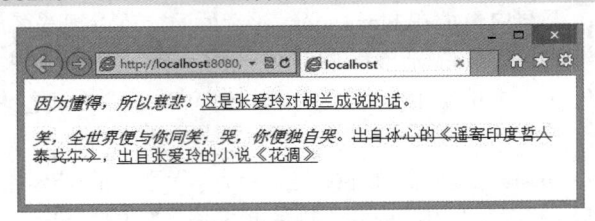

图 3.2　插入和删除信息的语义结构效果

cite 属性（不同于 cite 元素）提供一个 URL，指向说明编辑原因的页面。datetime 属性提供编辑的时间。浏览器不会将这两个属性的值显示出来，不过可以为内容提供一些背景信息，用户或搜索引擎可以通过脚本提取这些信息，以供参考。

> **提示**
>
> s 元素可以标注不再准确或不再相关的内容，一般不用于标注编辑内容。要标记文档中一块已移除的文本，应使用 del 元素。del 元素和 s 元素之间的差异是很微妙的，只能根据具体情况选择更符合内容语义的元素。仅在有语义价值时使用 del、ins 和 s 元素。如果只是出于装饰的原因要给文字添加下划线或删除线，可以使用 CSS 实现这些效果。

3.2.10　引用文本

使用 cite 元素可以定义作品的标题，以指明对某内容源的引用或参考。例如，戏剧、脚本或图书的标题，歌曲、电影、照片或雕塑的名称，演唱会或音乐会，规范、报纸或法律文件等。

【示例】在下面示例中，cite 元素标记的是音乐专辑、电影、图书和艺术作品的标题。

```
<p>他正在看<cite>红楼梦</cite></p>
```

对于要从引用来源中引述内容的情况，可以使用 blockquote 元素或 q 元素标记引述的文本。cite 元素只用于参考源本身，而不是从中引述内容。

> **注意**
>
> HTML5 声明，不应使用 cite 元素作为对人名的引用，但 HTML4 允许这样做，而且很多设计和开发人员仍在这样做。HTML4 的规范有以下示例：
>
> ```
> <cite>鲁迅</cite>说过：<q>地上本没有路，走的人多了就成了路。</q>
> ```
>
> 除了这些示例，有的网站经常使用 cite 元素标记在博客和文章中发表评论的访问者的名字（WordPress 的默认主题就是这样做的）。很多开发人员表示他们将继续对与页面中引文有关的名称使用 cite 元素，因为 HTML5 没有提供可接受的其他元素。

3.2.11 引述文本

HTML5 支持以下两种引述第三方内容的元素。
- blockquote：引述独立的内容，一般比较长，默认显示在新的一行。
- q：引述短语，一般比较短，用于句子中。

如果要添加署名，署名应该放在 blockquote 元素外面。可以把署名放在 p 元素内，不过建议使用 figure 元素和 figcaption 元素能够更好地将引述文本与其来源关联起来。如果 blockquote 元素中仅包含一个单独的段落或短语，则可以不必将其包含在 p 元素中再放入 blockquote 元素。

默认情况下，blockquote 元素中的文本缩进显示，q 元素中的文本自动加上引号，但不同浏览器的效果并不相同。q 元素引用的内容不能跨越多段，在这种情况下应使用 blockquote 元素。不要仅仅因为需要在字词两端添加引号就使用 q 元素。

【示例】下面示例综合展示了 cite、q 和 blockquote 元素以及 cite 引文属性的用法，演示效果如图 3.3 所示。

```
<div id="article">
    <h1>挫折是成长的养分</h1>
    <h2>励志文学摘录</h2>
    <blockquote cite="http://www.szbf.net/Article_Show.asp?ArticleID=1249">
        <p>挫折并非灾难，而是成长的宝贵养分。爱迪生在发明电灯的过程中，经历了无数次失败。但他把每一次失败都当作向成功靠近的一步，最终为世界带来了光明。</p>
    </blockquote>
    <p>我们在成长中也会遇到各种挫折，比如<cite>比赛落选、努力被否定</cite>。</p>
    <div id="dialog">
        <p>然而，正是这些挫折让我们看到自己的不足，促使我们反思与改进。</p>
        <p><q>就像破茧成蝶，只有经历挣扎与磨难，才能拥有绚丽的翅膀。</q></p>
        <p><q>把挫折当作成长的必修课，从中汲取力量</q>。</p>
        <p >我们就能在挫折中变得更加坚强、成熟，以更强大的姿态迎接未来的挑战。</p>
    </div>
</div>
```

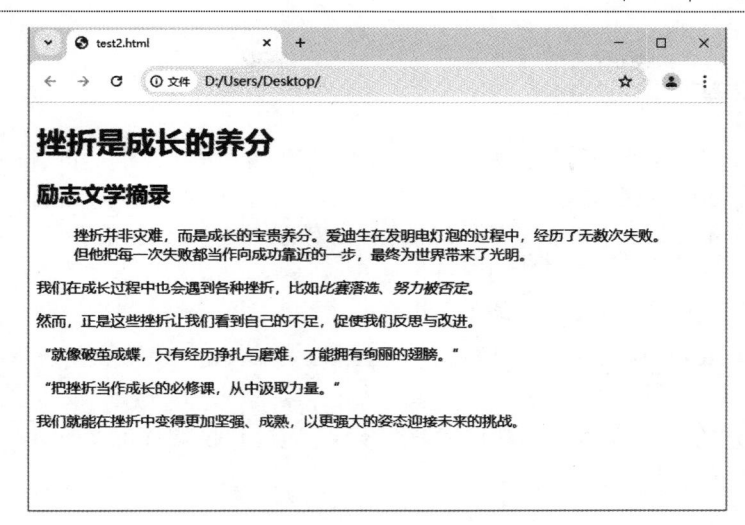

图 3.3　引用信息的语义结构效果

> **提示**
>
> blockquote 元素和 q 元素都有一个可选的 cite 属性，提供引述内容来源的 URL。该属性对搜索引擎或其他收集引述文本及其引用的脚本而言是有用的。cite 属性值默认情况下不会显示出来，如果要让访问者看到这个 URL，则可以在内容中使用链接（a 元素）重复这个 URL。也可以使用 JavaScript 将 cite 属性的值暴露出来，但这样做的效果稍差一些。
>
> blockquote 元素和 q 元素可以嵌套。嵌套的 q 元素应该自动加上正确的引号。由于内外引号在不同语言中的处理方式不一样，因此要根据需要在 q 元素中加上 lang 属性，不过浏览器对嵌套 q 元素和非嵌套 q 元素的支持程度并不同。

3.2.12　修饰文本

span 元素是没有任何语义的行内元素，适合包含短语、流动对象等内容，而 div 元素适合包含块级内容。如果希望为行内对象应用到以下项目，则可以考虑使用 span 元素。

- HTML5 标签属性，如 class、dir、id、lang、title 等。
- CSS 样式。
- JavaScript 脚本。

【示例】下面示例使用 span 元素为行内文本"HTML"应用 CSS 样式，设计其显示为红色。

```
<style type="text/css">.red { color: red; }</style>
<p><span class="red">HTML</span>是通向 Web 技术世界的钥匙。</p>
```

在上面示例中，想对一小块文字指定不同的颜色，但从句子的上下文来看，没有一个语义上适合的 HTML 元素，因此额外添加了 span 元素，定义一个样式类。

> **提示**
>
> span 元素没有语义，也没有任何默认格式，用户可以使用 CSS 添加样式类。可以对一个 span 元素同时添加 class 和 id 属性，两者区别在于，class 属性用于一组元素，而 id 属性用于标识页面中单独的、唯一的元素。在 HTML5 中，没有提供合适的语义化元素时，微格式经常使用 span 元素为内容添加语义化类名，以填补语义上的空白。

3.2.13 非文本注解

在 HTML4 中，u 是纯样式元素，为文本添加下划线。与 b、i、s 和 small 元素一样，HTML5 重新定义了 u 元素，使之不再是无语义、仅用于表现的元素。u 元素可以为一块文字添加明显的非文本注解，如在中文中将文本标记为专有名词（即中文的专名号①），或者标明文本拼写有误。

【示例】下面示例演示了 u 元素的应用。

```
<p>When they <u class="spelling"> recieved</u> the package, they put it with <u class="spelling">there</u></p>
```

class 是可选的，u 元素文本默认以下划线显示，通过 title 属性可以为该元素包含的内容添加注释。

> **提示**
> 只有在 cite、em、mark 等其他元素语义上不适用的情况下才使用 u 元素。同时，建议重新设计 u 元素文本的样式，以免与同样默认为下划线的链接文本混淆。

3.3 特殊文本

HTML5 新增了很多实用型功能标记，满足日益丰富的 Web 应用的特殊需求。

3.3.1 高亮文本

HTML5 使用新的 mark 元素实现突出显示文本。可以使用 CSS 对 mark 元素中的文字应用样式（不应用样式也可以），但应仅在合适的情况下使用该元素。无论何时使用 mark 元素，该元素总是用于提起浏览者对特定文本的注意。

最能体现 mark 元素作用的应用：在网页中检索某个关键词时呈现出的检索结果。现在许多搜索引擎都用其他方法实现了 mark 元素的功能。

【示例 1】下面示例使用 mark 元素高亮显示对"HTML5"关键词的搜索结果，演示效果如图 3.4 所示。

```
<article>
    <h2><mark>HTML5</mark>中国:中国最大的<mark>HTML5</mark>中文门户 - Powered by Discuz!官网</h2>
    <p><mark>HTML5</mark>中国，是中国最大的<mark>HTML5</mark>中文门户。为广大<mark>HTML5</mark>开发者提供<mark>HTML5</mark>教程、<mark>HTML5</mark>开发工具、<mark>HTML5</mark>网站示例、<mark>HTML5</mark>视频、js 教程等多种<mark>HTML5</mark>在线学习资源。</p>
    <p>www.html5cn.org/ - 百度快照 - 86%好评</p>
</article>
```

mark 元素还可以用于标识引用原文，为了某种特殊目的而把原文作者没有重点强调的内容标识出来。

【示例 2】下面示例使用 mark 元素将唐诗中的韵脚特意高亮显示出来，效果如图 3.5 所示。

```
<article>
    <h2>静夜思 </h2>
    <h3>李白</h3>
    <p>床前明月<mark>光</mark>，疑是地上<mark>霜</mark>。</p>
    <p>举头望明月，低头思故<mark>乡</mark>。</p>
</article>
```

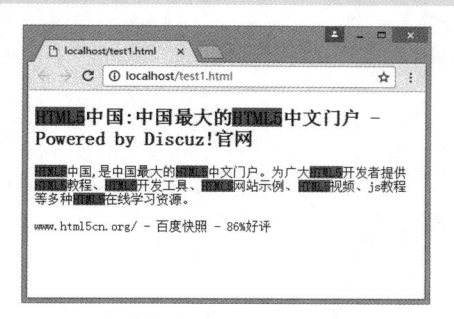

图 3.4　使用 mark 元素高亮显示关键字　　　　图 3.5　使用 mark 元素高亮显示韵脚

> **注意**
> 在 HTML4 中，用户习惯使用 em 元素或 strong 元素突出显示文字，但是 mark 元素的作用与这两个元素的作用是有区别的，不能混用。
> mark 元素的标识目的与原文作者无关，或者说它不是被原文作者用来标识文字的，而是后来被引用时添加上去的。它的目的是吸引当前用户的注意，供用户参考，希望能够对用户有所帮助。而 strong 元素是原文作者用来强调一段文字的重要性的，如错误信息等；em 元素是作者为了突出文章重点文字而使用的。

3.3.2　进度信息

progress 是 HTML5 的新元素，它指示某项任务的完成进度。可以用它表示一个进度条，就像在 Web 应用中看到的指示保存或加载大量数据操作进度的那种组件。

支持 progress 元素的浏览器会根据属性值自动显示一个进度条，并根据值对其进行着色。<progress>和</progress>之间的文本不会显示出来。例如：

```
<p>安装进度： <progress max="100" value="35">35%</progress></p>
```

一般只能通过 JavaScript 动态地更新 value 属性值和 progress 元素中的文本以指示任务进程。通过 JavaScript（或直接在 HTML 中）将 value 属性设置为 35（假定 max="100"）。

progress 元素支持 3 个属性：max、value 和 form，它们都是可选的。max 属性指定任务的总工作量，其值必须大于 0。value 属性是任务已完成的量，值必须大于 0、小于或等于 max 属性值。如果 progress 元素没有嵌套在 form 元素中，又需要将它们联系起来，则可以添加 form 属性并将其值设为该 form 元素的 id。

【示例】下面示例简单演示了如何使用 progress 元素，演示效果如图 3.6 所示。

```
<section>
    <p>百分比进度： <progress id="progress" max="100"><span>0</span>%</progress></p>
    <input type="button" onclick="click1()" value="显示进度"/>
</section>
<script>
```

```
function click1(){
    var progress = document.getElementById('progress');
    progress.getElementsByTagName('span')[0].textContent ="0";
    for(var i=0;i<=100;i++)
        updateProgress(i);
}
function updateProgress(newValue){
    var progress = document.getElementById('progress');
    progress.value = newValue;
    progress.getElementsByTagName('span')[0].textContent = newValue;
}
</script>
```

图 3.6　使用 progress 元素

> **注意**
> progress 元素不适合用于表示度量衡，如磁盘空间使用情况或查询结果等。如需表示度量衡，应使用 meter 元素。

3.3.3　刻度文本

meter 也是 HTML5 的新元素，它与 progress 元素相似。可以使用 meter 元素表示分数的值或已知范围的测量结果，如已售票数（如共 850 张，已售 811 张）、考试分数（如百分制的 90 分）、磁盘使用量（如 256GB 中的 74GB）等测量数据。

HTML5 建议浏览器在呈现 meter 元素时，在旁边显示一个类似温度计的图形，一个表示测量值的横条，测量值的颜色与最大值的颜色有所区别（相等除外）。作为当前少数几个支持 meter 元素的浏览器，Firefox 正是这样显示的。对于不支持 meter 元素的浏览器，可以通过 CSS 对 meter 元素添加一些额外的样式，或使用 JavaScript 进行改进。

【示例】下面示例简单演示了如何使用 meter 元素，演示效果如图 3.7 所示。

```
<p>项目的完成状态：<meter value="0.80">80%完成</meter></p>
<p>汽车损耗程度：<meter low="0.25" high="0.75" optimum="0" value="0.21">21%</meter></p>
<p>十公里竞走里程:<meter min="0" max="13.1" value="5.5" title="Miles">4.5</meter></p>
```

图 3.7　使用 meter 元素显示测量值

支持 meter 元素的浏览器（如 Firefox）会自动显示测量值，并根据属性值进行着色。

<meter>和</meter>之间的文字不会显示出来。如上面示例所示，如果包含 title 文本，就会在鼠标悬停在横条上时显示出来。虽然并非必需，但最好在 meter 元素里包含一些反映当前测量值的文本，供不支持 meter 元素的浏览器显示。

IE 浏览器不支持 meter 元素，它会将 meter 元素中的文本内容显示出来，而不是显示一个彩色的横条。可以通过 CSS 改变其外观。

meter 元素不提供定义好的单位，但可以使用 title 属性指定单位，如上面示例所示。通常，浏览器会以提示框的形式显示 title 文本。meter 元素并不适用于标识没有范围的普通测量值，如高度、宽度、距离、周长等。

meter 元素包含 7 个属性，简单说明如下。

- value：在元素中特别标识出来的实际值。该属性值默认为 0，可以为该属性指定一个浮点小数值。唯一必须包含的属性。
- min：设置规定范围时，允许使用的最小值，默认为 0，设定的值不能小于 0。
- max：设置规定范围时，允许使用的最大值。如果该属性值小于 min 属性的值，那么把 min 属性的值视为最大值。max 属性的默认值为 1。
- low：设置范围的下限值，必须小于或等于 high 属性的值。同样，如果该属性值小于 min 属性的值，那么把 min 属性的值视为 low 属性的值。
- high：设置范围的上限值。如果该属性值小于 low 属性的值，那么把 low 属性的值视为 high 属性的值，同样，如果该属性值大于 max 属性的值，那么把 max 属性的值视为 high 属性的值。
- optimum：设置最佳值，该属性值必须在 min 属性值与 max 属性值之间，可以大于 high 属性值。
- form：设置 meter 元素所属的一个或多个表单。

3.3.4 时间

使用 time 元素标记时间、日期或时间段，这是 HTML5 新增的元素。呈现这些信息的方式有多种。例如：

```
<p>我们在每天早上 <time>9:00</time> 开始营业。</p>
<p>我在 <time datetime="2024-02-14">情人节</time> 有个约会。</p>
```

time 元素最简单的用法是不包含 datetime 属性。在忽略 datetime 属性的情况下，它们提供了具备有效的机器可读格式的时间和日期。如果提供了 datetime 属性，那么 time 元素中的文本可以不严格使用有效的格式；如果忽略 datetime 属性，则文本内容就必须是合法的日期或时间格式。

time 元素中包含的文本内容会出现在屏幕上，对用户可见，而可选的 datetime 属性则是为机器准备的。该属性需要遵循特定的格式。浏览器只显示 time 元素中的文本内容，而不会显示 datetime 属性的值。

datetime 属性不会单独产生任何效果，但是可以用于在 Web 应用（如日历应用）之间同步日期和时间。这就是必须使用标准的机器可读格式的原因，这样程序之间就可以使用相同的"语言"来共享信息。

不能在 time 元素中嵌套另一个 time 元素，也不能在没有 datetime 属性的 time 元素中包含其他元素（只能包含文本）。

在早期的 HTML5 说明中，time 元素可以包含一个名为 pubdate 的可选属性。不过后来 pubdate 属性已不再是 HTML5 的一部分。

> **提示**
>
> datetime 属性（或者没有 datetime 属性的 time 元素）必须提供特定的机器可读格式的日期和时间。可以简化为如下形式：
>
> ```
> YYYY-MM-DDThh:mm:ss
> ```
>
> 例如（当地时间）：
>
> ```
> 2024-11-03T17:19:10
> ```
>
> 表示"当地时间 2024 年 11 月 3 日下午 5 时 19 分 10 秒"。小时部分使用 24 小时制，因此，表示下午 5 点应使用 17，而非 05。如果包含时间，则秒参数是可选的。也可以使用 hh:mm:ss.sss 格式提供时间的毫秒数。毫秒数之前的符号是一个点。
>
> 如果要表示时间段，则格式稍有不同。有几种语法，最简单的形式如下：
>
> ```
> nh nm ns
> ```
>
> 其中，3 个 n 分别表示小时数、分钟数和秒数。
>
> 也可以将日期和时间表示为世界时。在末尾加上字母 Z，就成了 UTC(Universal Time Coordinated，全球标准时间）。UTC 是主要的全球时间标准。例如（使用 UTC 的世界时）：
>
> ```
> 2024-11-03T17:19:10Z
> ```
>
> 也可以通过相对 UTC 时差的方式表示时间。这时不写字母 Z，写上"–"或"+"及时差即可。例如（含相对 UTC 时差的世界时）：
>
> ```
> 2024-11-03T17:19:10-03:30
> ```
>
> 表示"纽芬兰标准时（NST）2024 年 11 月 3 日下午 5 时 19 分 10 秒"（NST 比 UTC 晚 3 个半小时）。如果确实要包含 datetime 属性，则不必提供时间的完整信息。

3.3.5 联系信息

HTML4 没有专门用于标记通信地址的元素，HTML5 新增了 address 元素，用于定义与 HTML 页面或页面一部分（如一篇报告或新文章）有关的作者、相关人士或组织的联系信息，通常位于页面底部。至于 address 元素具体表示的是哪一种信息，取决于该元素出现的位置。

【示例】下面是一个简单的联系信息演示示例。

```html
<main role="main">
    <article>
        <h1>文章标题</h1>
        <p>文章正文</p>
        <footer>
            <p>说明文本</p>
            <address>
                <a href="mailto:zhangsan@163.com">zhangsan@163.com</a>.
            </address>
        </footer>
    </article>
</main>
<footer role="contentinfo">
    <p><small>&copy; 2024 baidu, Inc.</small></p>
    <address>
```

```
北京 8 号<a href="index.html">首页</a>
    </address>
</footer>
```

在上面示例中，页面有两个 address 元素：一个用于 article 元素的作者，另一个位于页面级的 footer 元素中，用于整个页面的维护者。article 元素的 address 元素只包含联系信息。尽管 article 元素的 footer 元素中也有关于作者的背景信息，但这些信息位于 address 元素外面。

大多数时候，联系信息的形式是作者的电子邮件地址或指向联系信息页的链接。联系信息也有可能是作者的通信地址，这时将地址用 address 元素标记就是有效的。但是用 address 元素标记公司网站"联系我们"页面中的办公地点，则是错误的用法。

address 元素中的文字默认以斜体显示。如果 address 元素嵌套在 article 元素里，则属于其所在的最近的 article 元素；否则属于页面的 body 元素。说明整个页面的作者的联系信息时，通常将 address 元素放在 footer 元素里。article 元素里的 address 元素提供的是该 article 作者的联系信息，而不是嵌套在该 article 元素里的其他任何 article（如用户评论）的作者的联系信息。

address 元素只能包含作者的联系信息，不能包括其他内容，如文档或文章的最后修改时间。此外，HTML5 禁止在 address 元素里包含以下元素：h1～h6、article、address、aside、footer、header、hgroup、nav 和 section。

3.3.6 显示方向

如果在 HTML 页面中混合了从左到右书写的字符（如大多数语言所用的拉丁字符）和从右到左书写的字符（如阿拉伯语或希伯来语字符），就可能要用到 bdi 和 bdo 元素。

要使用 bdo 元素，必须包含 dir 属性，取值包括 ltr（由左至右）或 rtl（由右至左），指定希望呈现的显示方向。

bdo 元素适用于段落里的短语或句子，不能用它包裹多个段落。bdi 元素是 HTML5 新增加的元素，用于内容的显示方向未知的情况，不必包含 dir 属性，因为默认已设为自动判断。

【示例】下面示例设置用户名根据语言不同自动调整显示顺序。

```
<ul>
    <li><bdi>jcranmer</bdi></li>
    <li><bdi>hober</bdi></li>
    <li><bdi> ﺏﺏ </bdi></li>
</ul>
```

3.3.7 换行

使用 br 元素可以实现文本换行显示。要确保使用 br 元素是最后的选择，因为该元素将表现样式带入了 HTML，而不是让所有的呈现样式都交由 CSS 控制。例如，不要使用 br 元素模拟段落之间的距离。相反，应该用 p 元素标记两个段落并通过 CSS 的 margin 属性规定两段之间的距离。

【示例】对于诗歌、街道地址等应该紧挨着出现的短行，都适合用 br 元素。

```
<p>北京市<br />
海淀区<br />
北京大学<br />
32 号楼</p>
```

每个 br 元素强制让接下来的内容在新的一行显示。如果没有 br 元素，则整个地址都会显示在同一行，除非浏览器窗口太窄导致内容换行。可以使用 CSS 控制段落中的行间距以及段落之间的距离。在 HTML5 中，输入
或
都是有效的。

3.3.8 换行断点

HTML5 为 br 元素引入了一个相近的元素：wbr。它代表"一个可换行处"。可以在一个较长的无间断短语（如 URL）中使用该元素，表示此处可以在必要时进行换行，从而让文本在有限的空间内更具可读性。因此，与 br 元素不同，wbr 元素不会强制换行，而是让浏览器知道哪里可以根据需要进行换行。

【示例】下面示例为 URL 字符串添加换行符标签，这样当窗口宽度发生变化时，浏览器会自动根据断点确定换行位置，效果如图 3.8 所示。

```
<p>本站旧地址为：https:<wbr>//<wbr>www.old_site.com/，新地址为：https:<wbr>//<wbr>www.new_site.com/。</p>
```

（a）IE 浏览器中换行断点无效　　（b）Chrome 浏览器中换行断点有效

图 3.8　定义换行断点

3.3.9 旁注

旁注标记是东亚语言（如中文和日文）中的一种惯用符号，通常用于表示生僻字的发音。这些小的注解字符出现在它们标注的字符的上方或右方，常简称为旁注（ruby 或 rubi）。日文中的旁注字符称为振假名。

ruby 元素及子元素 rt 和 rp 是 HTML5 中为内容添加旁注标记的机制。rt 元素指明对基准字符进行注解的旁注字符。可选的 rp 元素用于在不支持 ruby 的浏览器中的旁注文本周围显示括号。

【示例】下面示例演示如何使用 ruby 元素和 rt 元素为唐诗诗句注音，效果如图 3.9 所示。

```
<style type="text/css">
    ruby { font-size: 40px; }
</style>
<ruby>少<rt>shào</rt>小<rt>xiǎo</rt>离<rt>lí</rt>家<rt>jiā</rt>老<rt>lǎo</rt>大<rt>dà</rt>回<rt>huí</rt></ruby>，
<ruby>乡<rt>xiāng</rt>音<rt>yīn</rt>无<rt>wú</rt>改<rt>gǎi</rt>鬓<rt>bìn</rt>毛<rt>máo</rt>衰<rt>cuī</rt></ruby>。
```

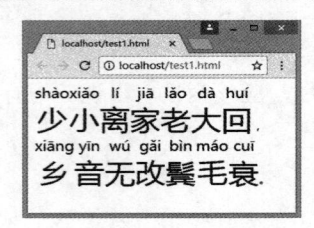

图 3.9　给唐诗注音

支持旁注标记的浏览器会将旁注文本显示在基准字符的上方（也可能在旁边），不显示括号。不支持旁注标记的浏览器会将旁注文本显示在括号里，就像普通的文本一样。

3.3.10 展开/收缩

HTML5 新增了 details 元素和 summary 元素，允许用户创建一个可展开、折叠的元件，让一段文字或标题包含一些隐藏的信息。

一般情况下，details 元素用于对显示在页面的内容作进一步的解释，details 元素内并不仅限于放置文字，也可以放置表单、插件或对一个统计图提供详细数据的表格。

details 元素有一个布尔型的 open 属性，当该属性值为 true 时，details 元素包含的内容会展开显示；当该属性值为 false（默认值）时，其包含的内容被收缩起来不显示。

summary 元素从属于 details 元素，当单击 summary 元素包含的内容时，details 元素包含的其他所有从属子元素将会展开或收缩。如果 details 元素内没有 summary 元素，则浏览器会提供默认文字以供单击，同时还会提供一个类似上下箭头的图标，提示 details 元素的展开或收缩状态。

当 details 元素的状态从展开切换为收缩，或者从收缩切换为展开时，均将触发 toggle 事件。

【示例】下面示例设计一个商品的详细数据展示，演示效果如图 3.10 所示。

```
<details>
    <summary>HUAWEI Mate 40 Pro 5G</summary>
    <p>商品详情：</p>
    <dl>
        <dt>电池</dt>
        <dd>4400mAh</dd>
        ...
    </dl>
</details>
```

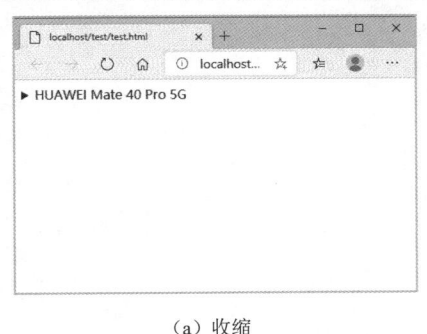

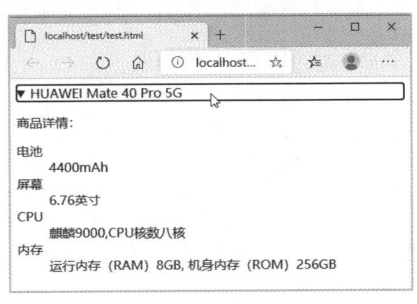

(a) 收缩　　　　　　　　　　　　　　(b) 展开

图 3.10　展开信息效果

3.3.11 对话框

HTML5 新增了 dialog 元素，用于定义一个对话框或窗口。dialog 元素在界面中默认为隐藏状态，可以设置 open 属性，定义默认显示对话框或窗口，也可以在脚本中使用该元素的 show() 或 close() 方法动态控制对话框的显示或隐藏。

【示例 1】下面是一个简单的演示示例，效果如图 3.11 所示。

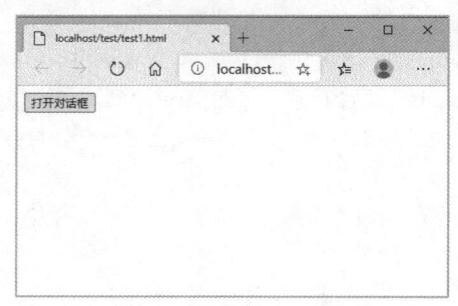

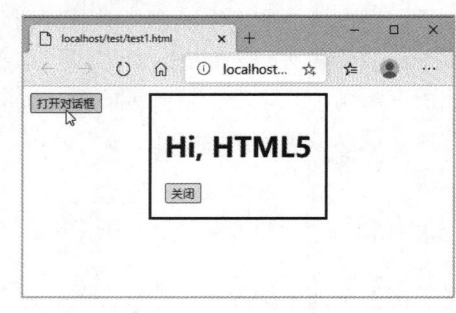

```
<dialog>
    <h1>Hi, HTML5</h1>
    <button id="close">关闭</button>
</dialog>
<button id="open">打开对话框</button>
<script>
    var d = document.getElementsByTagName("dialog")[0],
        openD = document.getElementById("open"),
        closeD = document.getElementById("close");
    openD.onclick = function() {d.show();}              //打开对话框
    closeD.onclick = function() {d.close();}            //关闭对话框
</script>
```

(a) 隐藏状态　　　　　　　　　　　　　(b) 打开对话框状态

图 3.11　打开对话框效果

在脚本中，设置 dialog.open="open"或 true 可以打开对话框，设置 dialog.open=""或 false 可以关闭对话框。

【示例 2】 如果调用 dialog 元素的 showModal()方法可以以模态对话框的形式打开，效果如图 3.12 所示。可以使用::backdrop 伪类设计模态对话框的背景样式。

```
<style>
::backdrop{background-color:black;}
</style>
<input type="button" value="打开对话框" onclick=" document.getElementById('dg').showModal(); ">
<dialog id="dg" onclose="alert('对话框被关闭')"oncancel="alert('在模式窗口中按下 Esc 键')">
    <h1>Hi, HTML5</h1>
    <input type="button" value="关闭" onclick="document.getElementById('dg').close();"/>
</dialog>
```

图 3.12　以模态对话框的形式打开

3.4 案例实战

3.4.1 设计提示文本

在 Web 应用中常常需要用到提示文本。根据性质的不同，提示文本可以分为危险信息、警告信息、提示信息和成功信息。HTML 代码如下：

```html
<div class="danger">
    <p><strong>危险!</strong> 危险操作提示。</p>
</div>
<div class="success">
    <p><strong>成功!</strong> 操作成功提示。</p>
</div>
<div class="info">
    <p><strong>提示!</strong> 提示信息修改等。</p>
</div>
<div class="warning">
    <p><strong>警告!</strong> 提示当前操作要注意。</p>
</div>
```

<div class="..."\>定义信息框，<p>包含具体的信息，<strong>标记信息的类型，如图 3.13 所示。也可以添加一个关闭按钮<span class="closebtn">×</span>，代码如下，演示效果如图 3.14 所示。

```html
<div class="alert danger">
    <span class="closebtn">&times;</span>
    <strong>危险!</strong> 危险操作提示。
</div>
<div class="alert success">
    <span class="closebtn">&times;</span>
    <strong>成功!</strong> 操作成功提示。
</div>
<div class="alert info">
    <span class="closebtn">&times;</span>
    <strong>提示!</strong> 提示信息修改等。
</div>
<div class="alert warning">
    <span class="closebtn">&times;</span>
    <strong>警告!</strong> 提示当前操作要注意。
</div>
```

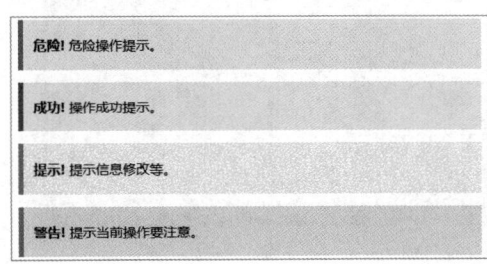

图 3.13　信息提示文本风格（1） 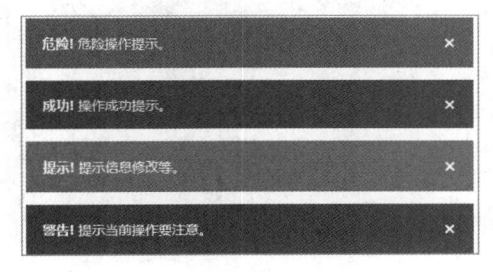　　　　图 3.14　信息提示文本风格（2）

3.4.2 设计网页文本

本小节设计一个完整的页面，包含页眉（<header>）、页脚（<footer>）、侧边栏（<nav>）和主体内容（<div class="contents">）。页面用到标题文本（包括一级、二级、三级标题）、段落文本、图标字体、超链接文本、代码文本、备注文本等。主要代码如下，完整代码请参考本小节示例源代码，演示效果如图 3.15 所示。

```html
<header>
    <h1>【纯CSS3应用】<span>粘性侧边栏菜单 </span></h1>
        <h3>在线支持，一个有用的课外支持和服务场所</h3>
</header>
<div class="flex">
    <nav>
        <a class="logo" href="#">
            <h2>在线支持</h2>
            <p>粘性侧边栏菜单</p>
        </a>
        <a href="#"> <i class="fa fa-home fa-lg"></i> <span>首页</span> </a>
        ...
    </nav>
    <div class="contents">
        <h1>粘性侧边栏</h1>
        <p>粘性侧边栏导航菜单组合运用相对位置和固定位置。通常情况下，侧边栏的行为类似于普通元素，其位置流动显示。但是，当我们向上滚动屏幕时，侧边栏会向上移动一部分，然后在到达阈值点时粘住，不再跟随滚动。为此，本例需要使用<code>position:sticky;</code>样式，这是 CSS3 新增的特性。</p>
        ...
    </div>
</div>
<footer>
    <div class="left"><small>Copyright ©2021 Online support | Powered by Online support </small></div>
    <div class="right"> <a href="#">首页</a> <a href="#">关于</a> <a href="#">联系</a> <a href="#">隐私约定</a> </div>
</footer>
```

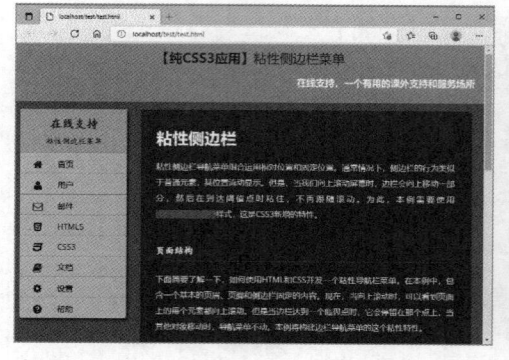

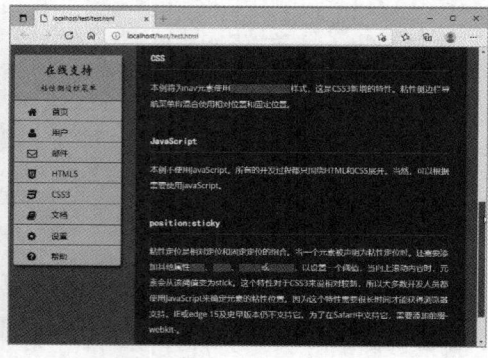

图 3.15　粘性侧边栏菜单应用效果

本章小结

本章首先讲解了网页中最主要的文本样式：标题和段落；然后讲解了多种修饰性文本样式，包括强调、注解、备选、上标、下标、术语、代码、预定义格式、缩写词、编辑、删除、引用、引述、修饰、非文本注解等；最后又详细讲解了各种特殊功能的文本，如高亮、进度、刻度、时间、联系信息、显示方向、换行、换行断点、旁注、展开/收缩、对话框等。

课后练习

一、填空题

1. 在网页中，基础文本主要包括_____和_____。
2. HTML5 把标题分为 6 级，分别使用_____、_____、_____、_____、_____和_____标签进行标识，其中，_____表示最重要的信息，而_____表示最次要的信息。
3. 网页正文主要通过_____文本来表现。HTML5 使用_____标签定义。
4. HTML5 提供了两个强调内容的语义标签：_____和_____。
5. HTML5 重新定义了_____元素，专门用来标识小字印刷体，表示细则一类的旁注。

二、判断题

1. 在 HTML5 中，b 元素和 i 元素分别表示粗体和斜体。（   ）
2. HTML5 使用 sup 元素和 sub 元素定义上标和下标。上标和下标文本比正文稍高或稍低。（   ）
3. HTML5 使用 dfn 元素标识专用术语。（   ）
4. HTML5 使用 small 元素可以标记代码或文件名。（   ）
5. HTML5 使用 pre 元素可以定义代码文本。（   ）

三、选择题

1. 使用下面哪个元素可以标记缩写词并解释其含义？（   ）
   A．abbr　　　　B．title　　　　C．acronym　　　　D．dfn
2. 使用下面哪个元素可以标记用户输入指示？（   ）
   A．tt　　　　　B．var　　　　　C．samp　　　　　D．kbd
3. 使用下面哪个元素可以标记已删除文本？（   ）
   A．tt　　　　　B．ins　　　　　C．del　　　　　　D．kbd
4. 使用下面哪个元素可以定义作品的标题，以指明对某内容源的引用或参考？（   ）
   A．tt　　　　　B．cite　　　　　C．del　　　　　　D．kbd
5. 使用下面哪个元素可以引述短语？（   ）
   A．blockquote　B．cite　　　　　C．q　　　　　　　D．kbd

四、简答题

1. HTML5 新增了很多实用型功能标记，请列举几个示例进行说明。
2. 结合本章内容简单说明对网页文本的认识，你觉得哪个文本标签有趣或更有价值？

五、上机题

1. 定义 5 段文本，包含粗体文本、大字体文本、斜体文本、输出文本和上/下标文本。
2. 有以下 CSS 样式代码，请使用预定义格式显示出来。

```
.warning {
    background-color: #ffffcc;
    border-left: 6px solid #ffeb3b;
}
```

3. 举例说明哪些标签可以用于显示计算机或程序代码。
4. 使用正确的标签输出你的家庭地址。
5. 块引用和短引用有什么区别，请使用代码表示出来。
6. 定义文本从右往左显示并使用代码表示出来。

拓 展 阅 读

第 4 章　HTML5 图像和多媒体

【学习目标】
- 在网页中添加图像。
- 可以设置图像的基本属性。
- 在网页中添加音频和视频。
- 可以设置音频和视频的基本属性。
- 设计简单的图文页面和多媒体页面。

在网页中，文本信息直观、明了，而多媒体信息更富内涵和视觉冲击力。恰当使用不同类型的多媒体对象可以展示个性，突出重点，吸引用户。HTML4 需要借助插件为网页添加多媒体，而 HTML5 引入原生的多媒体技术，使多媒体设计更简便，用户体验感更好。本章将详细讲解不同类型的多媒体对象在网页中的使用。

4.1　图　　像

HTML 5.1 新增了 picture 元素和 img 元素的 srcset、sizes 属性，使响应式图像的实现更为简单便捷。

4.1.1　使用 img 元素

在 HTML5 中，使用 img 元素可以把图像插入网页中，具体语法格式如下：

```
<img src="URL"　alt="替代文本" />
```

img 元素向网页中嵌入一幅图像，从技术上分析，img 元素并不会在网页中插入图像，而是从网页上链接图像，img 元素创建的是被引用图像的占位空间。

> **提示**
>
> img 元素有两个必需的属性：alt 属性和 src 属性，具体说明如下。
> - alt：设置图像的替代文本。
> - src：定义显示图像的 URL。

【示例】在下面示例中，在网页中插入一幅图像，在浏览器中预览，效果如图 4.1 所示。

```
<img src="images/1.jpg" width="400"　alt="读书女生"/>
```

HTML5 为 img 元素定义了多个可选属性，简单说明如下。
- height：定义图像的高度。取值单位为 px 或百分比。
- width：定义图像的宽度。取值单位为 px 或百分比。
- ismap：将图像定义为服务器端图像映射。
- usemap：将图像定义为客户器端图像映射。

→ longdesc：指向包含长的图像描述文档的 URL。

图 4.1　在网页中插入图像

其中，不再推荐使用 HTML4 中的部分属性，如 align（水平对齐方式）、border（边框粗细）、hspace（左右空白）、vspace（上下空白）。对于这些属性，HTML5 建议使用 CSS 属性代替。

4.1.2　使用 figure 元素

使用 figure 元素可以定义流内容。流内容可以是图表、照片、图形、插图、代码片段，以及其他类似的独立内容。使用可选的 figcaption 元素可以定义流内容的标题，figcaption 元素应该出现在 figure 元素内容的开头或结尾处。具体用法如下：

```
<figure>
    <figcaption>流标题</figcaption>
    <!-- 流内容 -->
</figure>
```

figure 元素可以包含多个内容块。但是不管 figure 元素包含多少内容块，只允许包含一个 figcaption 元素。figcaption 文本是对 figure 内容的简短描述，类似图片的描述文本。

【示例】在下面示例中，将包含新闻图片和标题的 figure 显示在 article 内容块的中间。figure 图片默认以缩进形式显示。

```
<article>
    <h1>我国首次实现月球轨道交会对接 嫦娥五号完成在轨样品转移</h1>
    <p>12 月 6 日，航天科技人员在北京航天飞行控制中心指挥大厅监测嫦娥五号上升器与轨道器返回器组合体交会对接情况。</p>
    <p>记者从国家航天局获悉，12 月 6 日 5 时 42 分，嫦娥五号上升器成功与轨道器返回器组合体交会对接，并于 6 时 12 分将月球样品容器安全转移至返回器中。这是我国航天器首次实现月球轨道交会对接。</p>
    <figure>
        <figcaption>新华社记者<b>金立旺</b>摄</figcaption>
        <img src="images/news.jpg" alt="嫦娥五号完成在轨样品转移" /> </figure>
    <p>来源：<a href="http://www.xinhuanet.com/">新华网</a></p>
</article>
```

> **注意**
>
> 不要简单地将 figure 元素作为在文本中嵌入的独立内容。在这种情况下，通常更适合用 aside 元素。

4.1.3 使用 picture 元素

使用 picture 元素可以设计响应式图片。<picture>标签仅作为容器,可以包含一个或多个 <source>子标签。<source>子标签可以加载多媒体源,它包含以下属性。

- srcset:必需项,设置图片文件路径,如 srcset=" img/minpic.png"。或者是逗号分隔的用像素密度描述的图片路径,如 srcset="img/minpic.png,img/maxpic.png 2x"。
- media:设置媒体查询,如 media=" (min-width: 320px) "。
- sizes:设置宽度,如 sizes="100vw;或者是媒体查询宽度,如 sizes="(min-width: 320px) 100vw";也可以是逗号分隔的媒体查询宽度列表,如 sizes="(min-width: 320px) 100vw, (min-width: 640px) 50vw, calc(33vw - 100px) "。
- type:设置 MIME 类型,如 type= "image/webp"或 type= "image/vnd.ms-photo"。

浏览器将根据 source 元素的列表顺序,使用第一个合适的 source 元素。根据该元素设置的属性,加载具体的图片源,同时忽略掉后面的 source 元素。

> **注意**
> 建议在 picture 元素尾部添加 img 元素,用于兼容不支持 picture 元素的浏览器。

【示例】使用 picture 元素设计在不同视图下加载不同的图片,演示效果如图 4.2 所示。

```
<picture>
    <source media="(min-width: 650px)" srcset="images/kitten-large.png">
    <source media="(min-width: 465px)" srcset="images/kitten-medium.png">
    <!--img 元素用于兼容不支持 picture 元素的浏览器 -->
    <img src="images/kitten-small.png" alt="a cute kitten" id="picimg">
</picture>
```

(a) 小屏　　　　　　　(b) 中屏　　　　　　　(c) 大屏

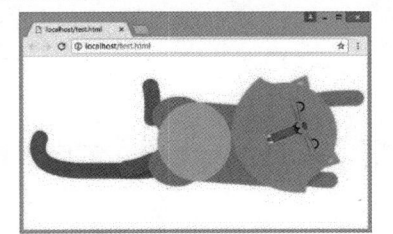

图 4.2　根据视图大小加载图片

4.1.4 设计横屏和竖屏显示

【示例】本示例利用 source 元素的 media 属性,以屏幕的方向作为条件,当屏幕显示为横屏方向时加载 kitten-large.png 的图片,当屏幕显示为竖屏方向时加载 kitten-medium.png 的图片,演示效果如图 4.3 所示。

```
<picture>
    <source media="(orientation: portrait)" srcset="images/kitten-medium.png">
    <source media="(orientation: landscape)" srcset="images/kitten-large.png">
    <!--img 元素用于兼容不支持 picture 元素的浏览器-->
    <img src="images/kitten-small.png" alt="a cute kitten" id="picimg">
</picture>
```

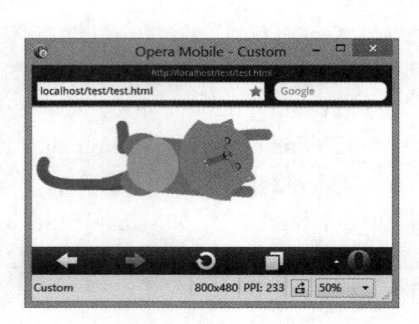

(a) 横屏　　　　　　　　　　　　(b) 竖屏

图 4.3　根据屏幕方向加载图片

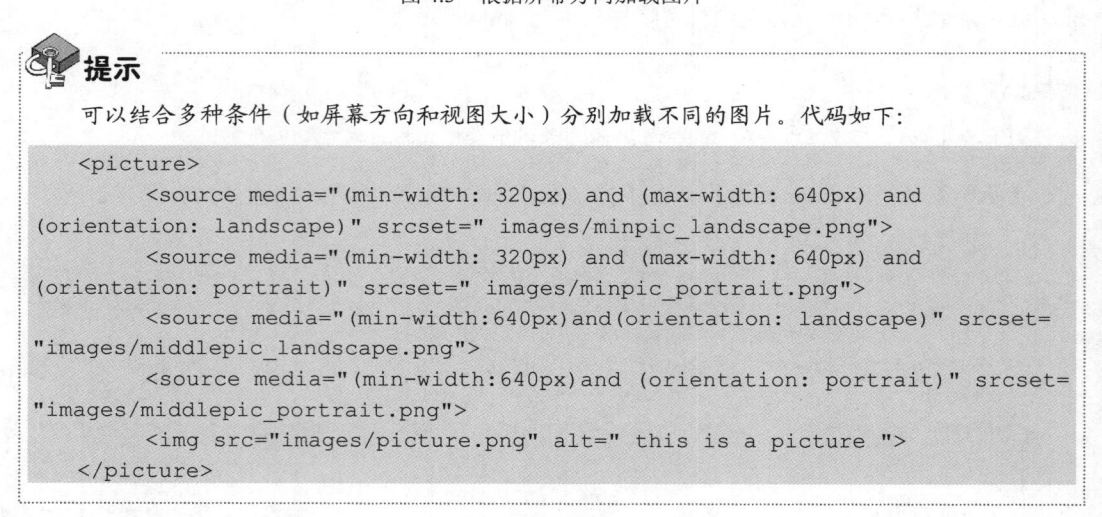

> **提示**
>
> 可以结合多种条件（如屏幕方向和视图大小）分别加载不同的图片。代码如下：
>
> ```
> <picture>
>         <source media="(min-width: 320px) and (max-width: 640px) and (orientation: landscape)" srcset=" images/minpic_landscape.png">
>         <source media="(min-width: 320px) and (max-width: 640px) and (orientation: portrait)" srcset=" images/minpic_portrait.png">
>         <source media="(min-width:640px)and(orientation: landscape)" srcset="images/middlepic_landscape.png">
>         <source media="(min-width:640px)and (orientation: portrait)" srcset="images/middlepic_portrait.png">
>         <img src="images/picture.png" alt=" this is a picture ">
> </picture>
> ```

4.1.5　根据分辨率显示不同的图像

【示例】本示例利用 source 元素的 srcset 属性，以屏幕像素密度作为条件，设计当像素密度为 2x 时，加载后缀为 _retina.png 的图像；当像素密度为 1x 时，加载无 retina 后缀的图像。

```
<picture>
        <source media="(min-width: 320px) and (max-width: 640px)" srcset="images/minpic_retina.png 2x">
        <source media="(min-width: 640px)" srcset="img/middle.png,img/middle_retina.png 2x">
        <img src="img/picture.png,img/picture_retina.png 2x" alt="this is a picture">
</picture>
```

有关 srcset 属性的详细说明请参考 4.1.7 小节的介绍。

4.1.6　根据格式显示不同的图像

【示例】本示例利用 source 元素的 type 属性，以图像的文件格式作为条件，当支持 webp

格式的图像时，加载 webp 格式图像；不支持时加载 png 格式图像。

```
<picture>
    <source type="image/webp" srcset="images/picture.webp">
    <img src="images/picture.png" alt=" this is a picture ">
</picture>
```

4.1.7 自适应像素比

除了 source 元素外，HTML5 为 img 元素也新增了 srcset 属性。srcset 属性是一个包含一个或多个源图像的集合，不同源图像用逗号分隔，每个源图像由以下两部分组成。

- 图像 URL。
- x（像素比）或 w（图像像素宽度）描述符。描述符需要与图像 URL 以一个空格进行分隔，w 描述符的加载策略是通过 sizes 属性里的声明进行计算选择的。

如果没有设置第二部分，则默认为 1x。在同一个 srcset 属性里，不能混用 x 描述符和 w 描述符；或者在同一个图像中，不能既使用 x 描述符，也使用 w 描述符。

sizes 属性的写法与 srcset 属性的写法相同，也是用逗号分隔的一个或多个字符串，每个字符串由以下两部分组成。

- 媒体查询。最后一个字符串不能设置媒体查询，作为匹配失败后的回退选项。
- 图像 size（大小）信息。不能使用百分比（%）来描述图像大小，如果想用百分比表示，应使用类似于 vm（100vm=100%设备宽度）这样的单位，其他的（如 px、em 等）可以正常使用。

sizes 属性中给出的不同媒体查询选择图像大小的建议，只对 w 描述符生效。也就是说，如果 srcset 属性中用的是 x 描述符，或根本没有定义 srcset 属性，则这个 sizes 属性是没有意义的。

【示例】设计屏幕 5 像素比（如高清 2k 屏）的设备使用 2500px×2500px 的图像，3 像素比的设备使用 1500px×1500px 的图像，2 像素比的设备使用 1000px×1000px 的图像，1 像素比（如普通笔记本显示屏）的设备使用 500px×500px 比的图像。对于不支持 srcset 属性的浏览器，显示 src 属性的图像。

（1）设计之前，先准备 5 张图像。
- 500.png：大小等于 500px×500px。
- 1000.png：大小等于 1000px×1000px。
- 1500.png：大小等于 1500px×1500px。
- 2000.png：大小等于 2000px×2000px。
- 2500.png：大小等于 2500px×2500px。

（2）新建 HTML5 文档，输入以下代码即可。然后在不同屏幕像素比的设备上进行测试。

```
<img width="500" srcset="
      images/2500.png 5x,
      images/1500.png 3x,
      images/1000.png 2x,
      images/500.png 1x  "
    src="images/500.png"
/>
```

对于 srcset 中没有给出像素比的设备，不同浏览器的选择策略不同。例如，如果没有给出 1.5 像素比的设备要使用哪张图像，则浏览器可以选择 2 像素比，也可以选择 1 像素比。

4.1.8 自适应视图宽

srcset 属性的 w 描述符可以简单理解为描述源图像的像素大小，无关宽度还是高度，大部分情况下可以理解为宽度。如果没有设置 sizes，则一般按照 100vm 选择加载图像。

【示例 1】设计如果视口宽度在 500px 及以下时，使用 500w 的图像；如果视口宽度在 1000px 及以下时，使用 1000w 的图像，以此类推。最后再设置如果媒体查询都满足，则使用 2000w 的图像。实现代码如下：

```
<img width="500" srcset="
    images/2000.png 2000w,
    images/1500.png 1500w,
    images/1000.png 1000w,
    images/500.png 500w
    "
    sizes="
    (max-width: 500px) 500px,
    (max-width: 1000px) 1000px,
    (max-width: 1500px) 1500px,
    2000px "
    src="images/500.png"
/>
```

如果没有对应的 w 描述符，则一般选择第一个大于它的。例如，如果有一个媒体查询是 700px，则一般加载 1000w 对应的源图像。

【示例 2】设计使用百分比设置视口宽度。

```
<img width="500" srcset="
    images/2000.png 2000w,
    images/1500.png 1500w,
    images/1000.png 1000w,
    images/500.png 500w
    "
    sizes="
    (max-width: 500px) 100vm,
    (max-width: 1000px) 80vm,
    (max-width: 1500px) 50vm,
    2000px "
    src="images/500.png"
/>
```

这里设计图像的选择：视口宽度乘以 1、0.8 或 0.5，根据得到的像素选择不同的 w 描述符。例如，如果视口宽度为 800px，对应 80vm，就是 800×0.8=640px，应该加载一个 640w 的源图像。但是 srcset 中没有 640w，这时会选择第一个大于 640w 的，即 1000w。如果没有设置，一般是按照 100vm 来选择加载图像。

4.2 音频和视频

HTML5 新增了 audio 和 video 元素，以实现对原生音频和视频的支持。

4.2.1 使用 audio 元素

audio 元素可以播放声音文件或音频流，支持 Ogg Vorbis、MP3、WAV 等格式，用法如下。

```
<audio src="samplesong.mp3" controls="controls"></audio>
```

其中，src 属性用于指定要播放的声音文件，controls 属性用于设置是否显示工具条。audio 元素可用的属性见表 4.1。

表 4.1　audio 元素可用的属性

属　　性	值	说　　明
autoplay	autoplay	如果出现该属性，则音频在就绪后马上播放
controls	controls	如果出现该属性，则向用户显示控件，如播放按钮
loop	loop	如果出现该属性，则每当音频结束时重新开始播放
preload	preload	如果出现该属性，则音频在页面加载时进行加载，并预备播放如果使用"autoplay"，则忽略该属性
src	URL	要播放的音频的 URL

提示

如果浏览器不支持 audio 元素，可以在<audio>与</audio>标签之间嵌入替换的 HTML 字符串，这样旧的浏览器就可以显示这些信息。例如：

```
<audio src=" test.mp3" controls="controls">
    您的浏览器不支持 audio 元素。
</audio>
```

替换内容可以是简单的提示信息，也可以是一些备用音频插件，或者是音频文件的链接等。

【示例 1】<audio>标签可以包裹多个<source>标签，用于导入不同的音频文件，浏览器会自动选择第一个可以识别的格式进行播放。

```
<audio controls>
    <source src="medias/test.ogg" type="audio/ogg">
    <source src="medias/test.mp3" type="audio/mpeg">
    <p>您的浏览器不支持 HTML5 audio，您可以<a href="piano.mp3">下载音频文件</a>
(MP3, 1.3 MB)</p>
</audio>
```

在浏览器中的运行结果如图 4.4 所示。Audio 元素（含默认控件集）定义了两个音频源文件，一个编码为 Ogg，另一个编码为 MP3。完整的过程同指定多个视频源文件的过程是一样的。浏览器会忽略它不能播放的，仅播放它能播放的。

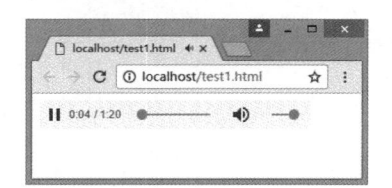

图 4.4　播放音频

支持 Ogg 的浏览器（如 Firefox 浏览器）会加载 piano.ogg。Chrome 浏览器同时理解 Ogg 和 MP3，但是会加载 Ogg 文件，因为在 audio 元素的代码中，Ogg 文件位于 MP3 文件之前。不支持 Ogg 格式，但支持 MP3 格式的浏览器（如 IE10）会加载 test.mp3，旧浏览器会显示备用信息。

> **提示**
>
> source 元素可以为 video 和 audio 元素定义多媒体资源，它必须包裹在<video>或<audio>标签内。source 元素包含 3 个可用属性。
> - media：定义媒体资源的类型。
> - src：定义媒体文件的 URL。
> - type：定义媒体资源的 MIME 类型。如果媒体类型与源文件不匹配，则浏览器可能会拒绝播放。可以省略 type 属性，让浏览器自动检测编码方式。

为了兼容不同浏览器，一般使用多个 source 元素包含多种媒体资源。对于数据源，浏览器会按照声明顺序进行选择，如果支持的不止一种，则浏览器会优先播放位置靠前的媒体资源。数据源列表的排放顺序应按照用户体验由高到低，或者服务器消耗由低到高列出。

【示例 2】下面示例演示了如何在页面中插入背景音乐。在 audio 元素中设置 autoplay 和 loop 属性，代码如下。

```
<audio autoplay loop>
    <source src="medias/test.ogg" type="audio/ogg">
    <source src="medias/test.mp3" type="audio/mpeg">
    您的浏览器不支持 audio 元素。
</audio>
```

4.2.2　使用 video 元素

video 元素可以播放视频文件或视频流，支持 Ogg、MPEG4、WebM 等视频格式，用法如下。

```
<video src="samplemovie.mp4" controls="controls"></video>
```

其中，src 属性用于指定要播放的视频文件，controls 属性用于提供播放、暂停和音量控件。video 元素可用的属性见表 4.2。

表 4.2　video 元素可用的属性

属性	值	说明
autoplay	autoplay	如果出现该属性，则视频在就绪后马上播放
controls	controls	如果出现该属性，则向用户显示控件，如播放按钮
height	pixels	设置视频播放器的高度
loop	loop	如果出现该属性，则当媒介文件完成播放后再次开始播放
muted	muted	设置视频的音频输出应该被静音
poster	URL	设置视频下载时显示的图像，或者在用户点击播放按钮前显示的图像
preload	preload	如果出现该属性，则视频在页面加载时进行加载，并预备播放。如果使用"autoplay"，则忽略该属性
src	URL	要播放的视频的 URL
width	pixels	设置视频播放器的宽度

> **提示**
>
> HTML5 的 video 元素支持三种常用的视频格式，简单说明如下。
> - Ogg：带有 Theora 视频编码和 Vorbis 音频编码的 Ogg 文件。
> - MPEG4：带有 H.264 视频编码和 AAC 音频编码的 MPEG4 文件。
> - WebM：带有 VP8 视频编码和 Vorbis 音频编码的 WebM 文件。

提示

如果浏览器不支持 video 元素，则可以在<video>与</video>标签之间嵌入替换的 HTML 字符串，这样旧的浏览器就可以显示这些信息。例如：

```
<video src=" test.mp4" controls="controls">
    您的浏览器不支持 video 元素。
</video>
```

【示例 1】下面示例使用 video 元素在页面中嵌入一段视频，然后使用 source 元素链接不同的视频文件，浏览器会自己选择第一个可以识别的格式。

```
<video controls>
    <source src="medias/trailer.ogg" type="video/ogg">
    <source src="medias/trailer.mp4" type="video/mp4">
    您的浏览器不支持 video 元素。
</video>
```

一个 video 元素中可以包含任意数量的 source 元素，因此为视频定义两种不同的格式十分简单。浏览器会加载第一个它支持的 source 元素引用的文件格式，并忽略其他的来源。

在浏览器中运行，当鼠标指针经过播放画面时，会出现一个比较简单的视频播放控制条，包含播放、暂停、位置、时间显示、音量控制等控件，如图 4.5 所示。

图 4.5　播放视频界面

当为 video 元素设置 controls 属性后，可以在页面上以默认方式进行播放控制。如果不设置 controls 属性，则在播放时就不会显示控制条界面。

【示例 2】下面示例通过设置 autoplay 属性，实现不需要播放控制条，音频或视频文件就会在加载完成后自动播放。

```
<video autoplay>
    <source src="medias/trailer.ogg" type="video/ogg">
    <source src="medias/trailer.mp4" type="video/mp4">
    您的浏览器不支持 video 元素。
</video>
```

也可以使用 JavaScript 脚本控制媒体播放，简单说明如下。
- load()：可以加载音频或视频文件。
- play()：可以加载并播放音频或视频文件，除非已经暂停，否则默认从开头播放。
- pause()：暂停处于播放状态的音频或视频文件。
- canPlayType(type)：检测 video 元素是否支持给定 MIME 类型的文件。

【示例 3】下面示例演示如何通过移动鼠标来触发视频的 play 和 pause 功能。设计当用户移动鼠标到视频界面上时，播放视频；如果鼠标移出界面，则暂停视频播放。

```
<video id="movies" onmouseover="this.play()" onmouseout="this.pause()" autobuffer="true"
    width="400px" height="300px">
    <source src="medias/trailer.ogv" type='video/ogg; codecs="theora, vorbis"'>
    <source src="medias/trailer.mp4" type='video/mp4'>
</video>
```

> **提示**
> 要实现循环播放，只需要使用 autoplay 和 loop 属性。如果不设置 autoplay 属性，则通常浏览器会在视频加载时显示视频的第一帧。用户可能想对此作出修改，指定自己的图像，这可以通过海报图像实现。

例如，以下代码设置自动播放和循环播放的单个 WebM 视频。如果这里不设置 controls 属性，则访问者就无法停止视频。因此，如果将视频指定为循环播放，最好包含 controls 属性。

```
<video src="paddle-steamer.webm" width="369" height="208" autoplay loop></video>
```

以下代码指定了海报图像的单个 WebM 视频（含控件）。

```
<video src="paddle-steamer.webm" width="369" height="208" poster="paddle-steamer-poster.jpg" controls></video>
```

其中，paddle-steamer.webm 指向视频文件，paddle-steamer-poster.jpg 是想用作海报的图像。

如果用户观看视频的可能性较低（如该视频并不是页面的主要内容），则可以告诉浏览器不要预先加载该视频。对于设置了 preload="none" 属性的视频，在初始化视频之前，浏览器显示视频的方式并不一样。

```
<video src="paddle-steamer.webm" preload="none" controls></video>
```

上面的代码在页面完全加载时也不会加载单个的 WebM 视频，仅在用户试着播放该视频时才会加载它。注意，这里省略了 width 和 height 属性。

preload 属性的默认值为 auto，这会让浏览器做好用户将要播放该视频的准备，使视频可以很快进入播放状态。浏览器会预先加载大部分视频甚至整个视频。因此，在视频播放的过程中对其进行多次开始、暂停的操作会变得更不容易，因为浏览器总是试着下载较多的数据让访问者观看。

在 none 和 auto 之间有一个不错的中间值，即 preload="metadata"。这样做会让浏览器仅获取视频的基本信息,如尺寸、时长甚至一些关键的帧。在开始播放之前,浏览器不会显示白色的矩形,而且视频的尺寸也会与实际尺寸一致。

使用 metadata 会告诉浏览器,用户的连接速度并不快,因此需要在不妨碍播放的情况下尽可能地保留带宽资源。

4.3 案例实战

4.3.1 自定义视频播放

HTML5 为 video 和 audio 元素提供了很多方法、属性和事件,读者可以参考本章扩展阅读部分。本例通过简单的 JavaScript 脚本演示如何控制视频的播放、暂停、放大和缩小。播放和暂停主要调用 play()和 pause()方法,视频缩放主要使用了 video 元素的 width 属性,效果如图 4.6 所示。

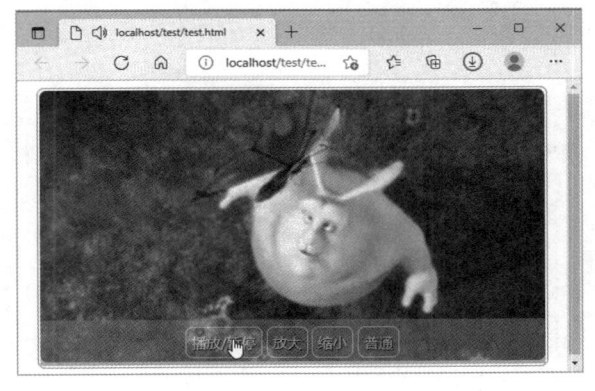

```
<div class="v_box">
    <video id="video1" width="420">
        <source src="mov_bbb.mp4" type="video/mp4">
        <source src="mov_bbb.ogg" type="video/ogg">
        您的浏览器不支持 HTML5 video 元素。</video>
    <div class="v_tool"><span onclick="playPause()">播放/暂停</span><span onclick="makeBig()">放大</span><span onclick="makeSmall()">缩小</span><span onclick="makeNormal()">普通</span> </div>
</div>
```

图 4.6 自定义视频播放

4.3.2 设计 MP3 播放条

本例设计一个 MP3 播放条,初始界面效果如图 4.7 所示。

图 4.7 MP3 播放条初始界面效果

在播放条中单击"展示"按钮■,即可展示歌曲列表。单击歌曲名称即可开始播放音乐,如图 4.8 所示。

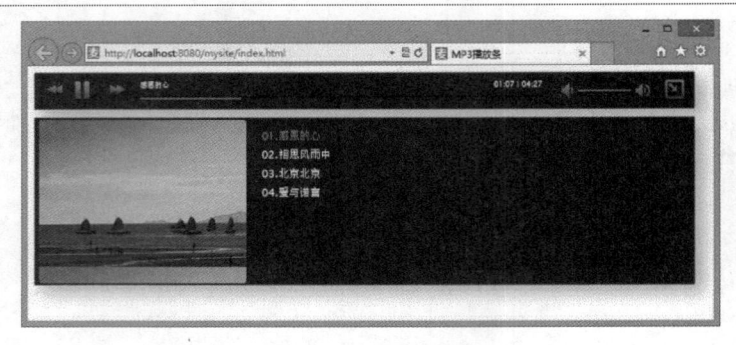

图 4.8 显示歌曲列表

本例设计思路和实现代码与 4.3.1 小节示例基本相同，只是重设了 HTML 结构。主体结构为上、中、下，顶部分布了多个播放按钮，中部为歌曲列表，底部为播放模式切换按钮。HTML 结构代码如下。

```html
<audio id="myMusic"> </audio>
<input id="PauseTime" type="hidden" />
<div class="musicBox">
    <div class="leftControl"></div>
    <div id="mainControl" class="mainControl"></div>
    <div class="rightControl"></div>
    <div class="processControl">
        <div class="songName">MY's Music!</div>
        <div class="songTime">00:00 | 00:00</div>
        <div class="process"></div>
        <div class="processYet"></div>
    </div>
    <div class="voiceEmp"></div>
    <div class="voidProcess"></div>
    <div class="voidProcessYet"></div>
    <div class="voiceFull"></div>
    <div class="showMusicList"></div>
</div>
<div class="musicList">
    <div class="author"></div>
    <div class="list">
        <div class="single"> <span kv="感恩的心">01.感恩的心</span> </div>
        ...
    </div>
</div>
```

在页面中通过<div class="musicBox">容器设计一个个性 MP3 播放条 UI，内部包含多个 div 元素，然后使用 CSS 分别设计播放条的各种控制按钮。

在 audio.js 脚本文件中为每个按钮绑定 click 事件，监听控制条的行为，并根据用户操作执行相应的命令。

<div class="musicList">容器包含一个歌曲列表，默认为隐藏显示。当在控制条内单击"展开"按钮时，显示<div class="musicList">容器。当用户选择一首歌曲时，则通过 JavaScript 脚本把歌曲的路径传递给 audio 元素进行播放。详细代码请参考本小节示例源代码。

本 章 小 结

本章首先讲解了如何在网页中插入图像、流内容，如何设计响应式图像，如横屏、竖屏、分辨率、图片格式、像素比、视图宽等；然后讲解了音频和视频的插入方法，并简单介绍了视频的控制方法。通过本章的学习，读者能够设计图文并茂的页面和简单的多媒体页面。

课 后 练 习

一、填空题

1. 在网页中，_____信息直观明了，而_____信息更富内涵和视觉冲击力。
2. 在 HTML5 中使用_____标签可以把图像插入网页中。
3. img 元素包含两个必需的属性：_____和_____。
4. 使用_____元素可以定义流内容，使用_____元素可以定义流内容的标题。
5. 使用_____元素可以设计响应式图片，该标签仅作为容器，可以包含一个或多个_____子标签。

二、判断题

1. img 元素的 alt 属性可以定义提示文本。（　　）
2. figcaption 文本是对 figure 内容的简短描述，类似图片的描述文本。（　　）
3. picture 元素可以定义响应式图片，它可以包含一个或多个<img>子标签。（　　）
4. audio 元素可以播放声音文件或音频流。（　　）
5. video 元素可以包裹多个 source 元素，用于导入不同的视频文件。（　　）

三、选择题

1. audio 元素不支持下面哪一种格式？（　　）
   A．Ogg　　　　B．Vorbis　　　　C．MP4　　　　D．Wav
2. 在 video 元素中，下面哪个属性可以定义视频静音播放？（　　）
   A．autoplay　　B．controls　　　C．loop　　　　D．muted
3. 在 video 元素中，下面哪个属性可以定义播放前显示的静态图片效果？（　　）
   A．preload　　B．poster　　　　C．loop　　　　D．muted
4. 在 img 元素的 srcset 属性中，x 描述符表示什么意思？（　　）
   A．像素比　　　B．宽度比　　　　C．密度比　　　D．倍数比
5. <source media="(orientation: portrait)" srcset="a.png">表示什么意思？（　　）
   A．横屏显示　　B．竖屏显示　　　C．倒立显示　　D．平方显示

四、简答题

1. 结合个人学习体会，简单说明使用网页图像的作用及注意问题。

2．根据个人浏览体验，说说视频设计要关注哪些问题。

五、上机题

1．模仿图4.9所示的效果设计一个卡片式图文版式。

图4.9　卡片式图文版式

2．使用video元素设计一个视频播放器，效果如图4.10所示。

图4.10　视频播放器

拓 展 阅 读

第 5 章　HTML5 列表和超链接

【学习目标】
- 正确使用各种列表标签。
- 根据网页设计需求合理设计列表结构。
- 能够正确定义各种类型的超链接。

在网页中，大部分信息都是列表结构，如菜单栏、图文列表、分类导航、新闻列表、栏目列表等。HTML5 定义了三套列表标签，通过列表结构实现对网页信息的合理组织。另外，网页中还包含了大量超链接，超链接能够把整个网站，甚至全球互联网都联系在一起。列表结构与超链接关系紧密，经常结合使用。本章将详细讲解列表的结构和超链接的应用形式。

5.1　列　　表

5.1.1　定义无序列表

无序列表是一种不分排序的列表结构，使用 ul 元素定义。在 ul 元素中，可以包含一个或多个 li 元素定义的列表项目。其结构关系与嵌套语法格式如下。

```
<ul>                            <!-- 标识列表框 -->
    <li>[包含项目信息]</li>      <!-- 标识列表项目 -->
    ...                         <!-- 省略的列表项目 -->
</ul>                           <!-- 结束列表框 -->
```

【示例 1】下面示例使用无序列表定义一元二次方程的求解方法，效果如图 5.1 所示。

```
<h1>解一元二次方程</h1>
<p>一元二次方程求解有四种方法：</p>
<ul>
    <li>直接开平方法 </li>
    <li>配方法 </li>
    <li>公式法 </li>
    <li>分解因式法</li>
</ul>
```

无序列表可以嵌套使用，即列表项目中可以再包含一个列表结构，因此列表结构可以分为一级无序列表和多级无序列表。一级无序列表在浏览器中解析后，会在每个列表项目前面添加一个小黑点修饰符，而多级无序列表则会根据级数调整列表项目修饰符。

【示例 2】下面示例在页面中设计了三层嵌套的多级列表结构，浏览器默认解析时的显示效果如图 5.2 所示。

```
<ul>
    <li>一级列表项目 1
```

```
            <ul>
                <li>二级列表项目 1</li>
                <li>二级列表项目 2
                    <ul>
                        <li>三级列表项目 1</li>
                        <li>三级列表项目 2</li>
                    </ul>
                </li>
            </ul>
        </li>
        <li>一级列表项目 2</li>
</ul>
```

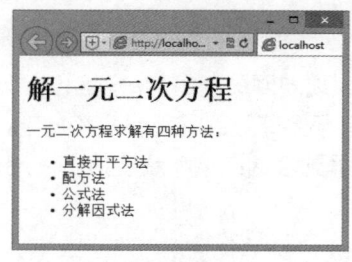

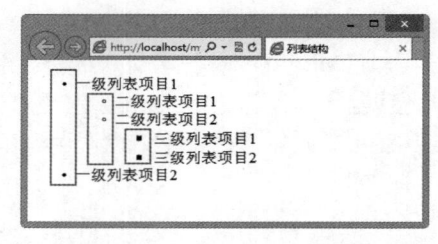

图 5.1 定义无序列表　　　　　　　　图 5.2 多级无序列表的默认解析效果

无序列表在嵌套结构中随着其所包含的列表级数的增加而逐渐缩进，而且随着列表级数的增加而改变不同的修饰符。合理使用列表结构能让页面的结构更加清晰。

5.1.2 定义有序列表

有序列表是一种在意排序位置的列表结构，使用 ol 元素定义。在 ol 元素中，可以包含一个或多个 li 元素定义的列表项目。在强调项目排序的栏目中，选用有序列表会更科学，如新闻列表（根据新闻时间排序）、排行榜（强调项目的名次）等。

【示例 1】列表结构在网页中比较常见，其应用范畴比较宽泛，可以是新闻列表、销售列表，也可以是导航、菜单、图表等。下面示例显示了三种列表应用样式，效果如图 5.3 所示。

```
<h1>列表应用</h1>
<h2>百度互联网新闻分类列表</h2>
<ol>
        <li>网友热论网络文学：渐入主流还是刹那流星？</li>
        <li>电信封杀路由器？消费者质疑：强迫交易</li>
        <li>大学生创业俱乐部为大学生自主创业助力</li>
</ol>
<h2>焊机产品型号列表</h2>
<ul>
        <li>直流氩弧焊机系列 </li>
        <li>空气等离子切割机系列</li>
        <li>氩焊/手弧/切割三用机系列</li>
</ul>
<h2>站点导航菜单列表</h2>
<ul>
        <li>微博</li>
        <li>社区</li>
```

```
        <li>新闻</li>
</ul>
```

【示例2】有序列表也可分为一级有序列表和多级有序列表，浏览器默认解析时都是将有序列表以阿拉伯数字表示，并增加缩进，如图 5.4 所示。

```
<ol>
    <li>一级列表项目 1
        <ol>
            <li>二级列表项目 1</li>
            <li>二级列表项目 2
                <ol>
                    <li>三级列表项目 1</li>
                    <li>三级列表项目 2</li>
                </ol>
            </li>
        </ol>
    </li>
    <li>一级列表项目 2</li>
</ol>
```

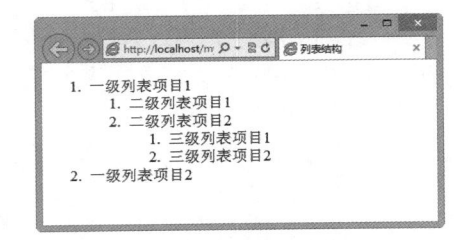

图 5.3　列表的应用形式

图 5.4　多级有序列表默认解析效果

ol 元素包含 3 个比较实用的属性，具体说明见表 5.1。

表 5.1　ol 元素属性

属　　性	取　　值	说　　明
reversed	reversed	定义列表顺序为降序，如 9、8、7……
start	number	定义有序列表的起始值
type	1、A、a、I、i	定义在列表中使用的标记类型

start 和 type 是两个重要的属性，建议始终使用数字排序，这对于用户和搜索引擎都比较友好。页面呈现效果可以通过 CSS 设计预期的标记样式。

【示例3】下面示例设计有序列表降序显示，序列的起始值为 5，类型为大写罗马数字，效果如图 5.5 所示。

```
<ol type="I" start="5" reversed >
    <li>黄鹤楼 <span>崔颢</span> </li>
```

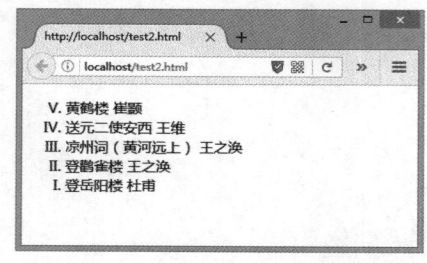

```
        <li>送元二使安西 <span>王维</span> </li>
        <li>凉州词（黄河远上） <span>王之涣</span> </li>
        <li> 登鹳雀楼 <span>王之涣</span> </li>
        <li> 登岳阳楼 <span>杜甫</span> </li>
</ol>
```

图 5.5　有序列表降序显示效果

li 属性也包含两个实用属性：type 和 value。其中，value 属性可以设置项目编号的值。使用 value 属性可以修改某个列表项目的编号，后续的列表项目会相应地重新编号。因此，可以使用 value 属性在有序列表中指定两个或两个以上位置相同的编号。例如，在分数排名的列表中，通常该列表会显示为 1、2、3、4、5，但如果存在两个并列第二名，则可以将第三个项目设置为<li value="2">，将第四个项目设置为<li value="4">，这时列表将显示为 1、2、2、4、5。

5.1.3　定义描述列表

描述列表是一种特殊的列表结构，它包括词条和解释两部分内容，使用 dl 元素可以定义描述列表。在 dl 元素中，可以包含一个或多个 dt（标识词条）和 dd（标识解释）元素。

描述列表内的 dt 和 dd 元素组合形式有多种，简单说明如下。

（1）单条形式。

```
<dl>
    <dt>描述标题</dt>
    <dd>描述内容</dd>
</dl>
```

（2）一带多形式。

```
<dl>
    <dt>描述标题</dt>
    <dd>描述内容 1</dd>
    <dd>描述内容 2</dd>
    ...
</dl>
```

（3）配对形式。

```
<dl>
    <dt>描述标题 1</dt>
    <dd>描述内容 1</dd>
    <dt>描述标题 2</dt>
    <dd>描述内容 2</dd>
    ...
</dl>
```

【示例 1】下面示例定义了一个中药词条列表。

```html
<h2>中药词条列表</h2>
<dl>
    <dt>丹皮</dt>
    <dd>为毛茛科多年生落叶小灌木植物牡丹的根皮。产于安徽、山东等地。秋季采收，晒干。生用或炒用。</dd>
</dl>
```

在上面的结构中，"丹皮"是词条，而"为毛茛科多年生落叶小灌木植物牡丹的根皮。产于安徽、山东等地。秋季采收，晒干。生用或炒用。"是对词条进行的描述（或解释）。

【示例 2】下面示例使用描述列表显示两个成语的解释。

```html
<h1>成语词条列表</h1>
<dl>
    <dt>知无不言，言无不尽</dt>
    <dd>知道的就说，要说就毫无保留。</dd>
    <dt>智者千虑，必有一失</dt>
    <dd>不管多聪明的人，在很多次的考虑中，也一定会出现个别错误。</dd>
</dl>
```

【示例 3】下面示例在描述列表中包含了两个词条，介绍花圃中花的种类。

```html
<div class="flowers">
    <h1>花圃中的花</h1>
    <dl>
        <dt>玫瑰花</dt>
        <dd>玫瑰花，又名赤蔷薇，为蔷薇科落叶灌木。茎多刺。花有紫、白两种，形似蔷薇和月季。一般用作蜜饯、糕点等食品的配料。花瓣、根均作药用，入药多用紫玫瑰。</dd>
        <dt>杜鹃花</dt>
        <dd>中国十大名花之一。在所有观赏花木之中，称得上花、叶兼美，地栽、盆栽皆宜，用途最为广泛。...</dd>
    </dl>
</div>
```

当列表包含内容集中时，可以适当添加一个标题，演示效果如图 5.6 所示。

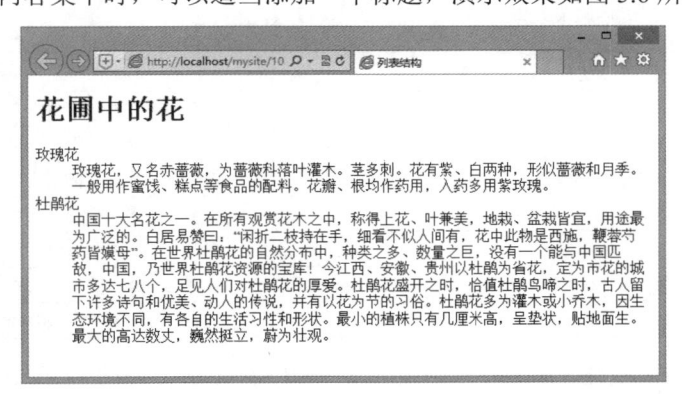

图 5.6　描述列表结构分析图

提示

描述列表不局限于定义词条解释关系，搜索引擎认为 dt 元素包含的是抽象、概括或简练的内容，对应的 dd 元素包含的内容是与 dt 元素相关联的具体、详细或生动的说明。例如：

```
<dl>
    <dt>软件名称</dt>
    <dd>小时代 2.6.3.10</dd>
    <dt>软件大小</dt>
    <dd>2431 KB</dd>
    <dt>软件语言</dt>
    <dd>简体中文</dd>
</dl>
```

5.2 超 链 接

超链接一般包括两部分内容：链接目标和链接对象。链接目标通过<a>标签的 href 属性设置，定义当访问者单击链接时会发生什么；链接对象是<a>标签包含的文本或图像等对象，是访问者在页面中看到的内容。

5.2.1 定义普通链接

使用<a>标签可以定义超链接，语法格式如下。

```
<a href="链接目标">链接文本</a>
```

其中，链接目标是目标网页的 URL，它可以是相对路径，也可以是绝对路径。链接文本默认显示下划线，单击后会跳转到目标页面。链接对象也可以是图像等内容。

【示例】创建指向另一个网站的链接。

```
<a href="http://www.w3school.com.cn" rel="external"> W3School</a>
```

rel 属性是可选的，可以对带有 rel="external"的链接添加不同的样式，从而告知访问者这是一个指向外部网站的链接。

<a>标签包含多个属性，其中被 HTML5 支持的属性见表 5.2。

表 5.2 <a>标签属性

属 性	取 值	说 明
download	filename	规定被下载的链接目标
href	URL	规定链接指向的页面的 URL
hreflang	language_code	规定被链接文档的语言
media	media_query	规定被链接文档是为何种媒介/设备优化的
rel	text	规定当前文档与被链接文档之间的关系
target	_blank、_parent、_self、_top、framename	规定在何处打开链接文档
type	MIME type	规定被链接文档的 MIME 类型

如果不使用 href 属性，则不可以使用 download、hreflang、media、rel、target 和 type 属性。默认状态下，链接页面会显示在当前窗口中，可以使用 target 属性改变页面显示的窗口。

提示

在 HTML4 中，<a>标签可以定义链接，也可以定义锚点。但是在 HTML5 中，<a>标签只能定义链接，如果不设置 href 属性，则<a>标签只是链接的占位符，而不再是一个锚点。

5.2.2 定义块链接

在 HTML4 中，链接中只能包含图像、短语，以及标记文本短语的行内元素，如 em、strong、cite 等。HTML5 允许在链接内包含任何类型的元素或元素组，如段落、列表、整篇文章和区块，这些元素大部分为块级元素，所以也称为块链接。

链接内不能包含其他链接、音频、视频、表单控件、iframe 等交互式内容。

【示例】下面示例以文章的一小段内容为链接，指向完整的文章。可以通过 CSS 让部分文字显示下划线，或者让所有的文字都不显示下划线。

```html
<a href="pages.html">
    <h1>标题文本</h1>
    <p>段落文本</p>
    <p>更多信息</p>
</a>
```

一般建议将最相关的内容放在链接的开头，而且不要在一个链接中放入过多内容。例如：

```html
<a href="pioneer-valley.html">
    <h1>标题文本</h1>
    <img src="images/1.jpg" width="143" height="131" alt="1"/>
    <img src=" images/2.jpg" width="202" height="131" alt="2"/>
    <p>段落文本</p>
</a>
```

不要过度使用块链接，尽量避免将一大段内容使用一个链接包裹起来。

5.2.3 定义锚点链接

锚点链接是定向同一页面或者其他页面中的特定位置的链接。例如，在一个很长的页面底部设置一个锚点链接，当浏览到页面底部时直接单击该链接，立即跳转到页面顶部，避免了上下滚动。

创建锚点链接的方法如下：

（1）定义锚点。任何被定义了 ID 值的元素都可以作为锚点标记。命名 ID 锚点时不要含有空格，同时不要置于绝对定位元素内。

（2）定义链接。为<a>标签设置 href 属性，值为"#+锚点名称"，如#p4。如果要链接到其他页面，如 test.html，则输入 test.html#p4，可以使用相对路径或绝对路径。锚点名称区分大小写。

【示例】下面示例定义一个锚点链接，链接到同一个页面的不同位置，效果如图 5.7 所示。当单击网页顶部的文本链接后，会跳转到页面底部的图片 4 所在的位置。

```html
<!doctype html>
<body>
    <p><a href="#p4">查看图片 4</a> </p>
    <h2>图片 1</h2>
    <p><img src="images/1.jpg" /></p>
    <h2>图片 2</h2>
    <p><img src="images/2.jpg" /></p>
    <h2>图片 3</h2>
    <p><img src="images/3.jpg" /></p>
```

```
        <h2 id="p4">图片 4</h2>
        <p><img src="images/4.jpg" /></p>
        <h2>图片 5</h2>
        <p><img src="images/5.jpg" /></p>
        <h2>图片 6</h2>
        <p><img src="images/6.jpg" /></p>
</body>
```

(a) 跳转前 (b) 跳转后

图 5.7 定义锚点链接

5.2.4 定义目标链接

链接指向的目标可以是网页、位置，也可以是一张图片、一个电子邮件地址、一个文件、FTP 服务器，甚至是一个应用程序、一段 JavaScript 脚本。

【示例 1】如果浏览器能够识别 href 属性指向链接的目标类型，则会直接在浏览器中显示；如果浏览器不能识别该类型，则会弹出"文件下载"对话框，允许用户下载到本地，如图 5.8 所示。

```
<p><a href="images/1.jpg">链接到图片</a> </p>
<p><a href="demo.html">链接到网页</a> </p>
<p><a href="demo.docx">链接到 Word 文档</a> </p>
```

图 5.8 下载 Word 文档

定义链接地址为邮箱地址即为电子邮件链接。通过电子邮件链接可以为用户提供方便的反馈与交流机会。当浏览者单击电子邮件链接时，会自动打开客户端浏览器默认的电子邮件处理程序，收件人邮件地址被电子邮件链接中指定的地址自动更新，浏览者不用手动输入。

创建电子邮件链接的方法如下：

为<a>标签设置 href 属性，值为"mailto:+电子邮件地址+?+subject=+邮件主题"。其中，subject 表示邮件主题，为可选项目，如 mailto:namee@mysite.cn?subject=意见和建议。

【示例 2】下面示例使用<a>标签创建电子邮件链接。

```
<a href="mailto:namee@mysite.cn">namee@mysite.cn</a>
```

如果将 href 属性设置为"#"，则表示一个空链接。单击空链接，页面不会发生变化。

```
<a href="#">空链接</a>
```

如果将 href 属性设置为 JavaScript 脚本，单击脚本链接，将会执行脚本。

```
<a href="javascript:alert(&quot;谢谢关注，投票已结束。&quot;);">我要投票</a>
```

5.2.5 定义下载链接

HTML5 新增了 download 属性，使用该属性可以强制浏览器执行下载操作，而不是直接解析并显示出来。

【示例】下面示例比较了链接使用 download 属性和不使用 download 属性的区别。

```
<p><a href="images/1.jpg" download >下载图片</a></p>
<p><a href="images/1.jpg" >浏览图片</a></p>
```

5.2.6 定义图像热点

图像热点就是为图像的局部区域定义链接，当单击热点区域时，会激活链接，并跳转到指定目标页面或位置。图像热点是一种特殊的链接形式，常用于在图像上设置多热点的导航。

使用<map>和<area>标签可以定义图像热点，具体说明如下。

➡ <map>：定义热点区域。包含 id 属性，定义热点区域的 ID，或者定义可选的 name 属性。也可以作为一个句柄，与热点图像进行绑定。

<img>标签中的 usemap 属性可引用<map>标签中的 id 或 name 属性（根据浏览器），所以应同时向<map>标签添加 id 和 name 属性。

➡ <area>：定义图像映射中的区域。<area>标签必须嵌套在<map>标签中。该标签包含一个必须设置的属性 alt，用于定义热点区域的替换文本。该标签还包含多个可选属性，具体说明见表 5.3。

表 5.3 <area>标签可选属性

属性	取值	说明
coords	坐标值	定义可单击区域（对鼠标敏感的区域）的坐标
href	URL	定义此区域的目标 URL
nohref	nohref	从图像映射排除某个区域
shape	default、rect（矩形）、circ（圆形）、poly（多边形）	定义区域的形状
target	_blank、_parent、_self、_top	规定在何处打开 href 属性指定的目标 URL

【示例】下面示例演示了如何为一幅图片定义多个热点区域。

```
<img src="images/china.jpg" width="618" height="499" border="0" usemap="#Map">
<map name="Map">
    <area shape="circle" coords="221,261,40" href="show.php?name=青海">
```

```
        <area shape="poly" coords="411,251,394,267,375,280,395,295,407,299,431,
307,436,303,429,284,431,271,426,255" href="show.php?name=河南">
        <area shape="poly" coords="385,336,371,346,370,375,376,385,394,395,403,
403,410,397,419,393,426,385,425,359,418,343,399,337" href="show.php?name=湖南">
    </map>
```

> **提示**
> 定义图像热点时，建议借助 Dreamweaver 可视化设计视图快速实现。

5.2.7 定义框架链接

HTML5 已经不支持 frameset 框架，但是仍然支持 iframe 浮动框架。浮动框架可以自由控制窗口大小，可以配合网页布局在任何位置插入窗口。

使用<iframe>标签创建浮动框架的用法如下：

```
<iframe src="URL">
```

其中，src 表示浮动框架中显示网页的路径，它可以是绝对路径，也可以是相对路径。

【示例】下面示例在浮动框架中链接到百度首页，显示效果如图 5.9 所示。

```
<iframe src="http://www.baidu.com"></iframe>
```

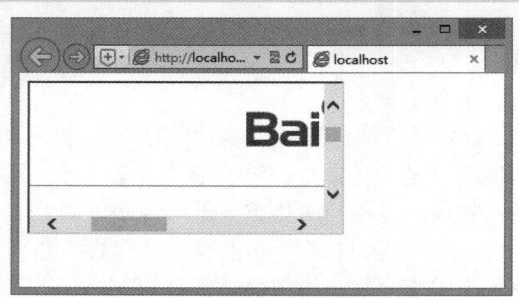

图 5.9 使用浮动框架

默认情况下，浮动框架的宽度和高度为 220px 和 120px。如果需要调整浮动框架的尺寸，则应该使用 CSS 样式。<iframe>标签包含多个属性，其中被 HTML5 支持或新增的属性见表 5.4。

表 5.4 <iframe>标签属性

属 性	取 值	说 明
frameborder	1、0	规定是否显示浮动框架周围的边框
height	pixels、%	规定浮动框架的高度
longdesc	URL	规定一个页面，该页面包含了有关浮动框架的较长描述
marginheight	pixels	定义浮动框架的顶部和底部的边距
marginwidth	pixels	定义浮动框架的左侧和右侧的边距
name	frame_name	规定浮动框架的名称
sandbox	allow-forms allow-same-origin allow-scripts allow-top-navigation	启用一系列对<iframe>标签中内容的额外限制

续表

属性	取值	说明
scrolling	yes、no、auto	规定是否在浮动框架中显示滚动条
seamless	seamless	规定<iframe>标签看上去像是包含文档的一部分
src	URL	规定在<iframe>标签中显示的文档的 URL
srcdoc	HTML_code	规定在<iframe>标签中显示的页面的 HTML 内容
width	pixels、%	定义浮动框架的宽度

5.3 案例实战

5.3.1 设计普通菜单

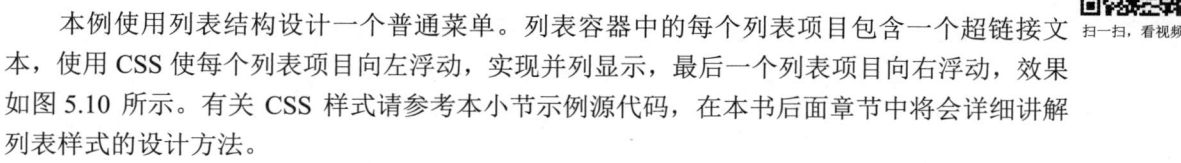

本例使用列表结构设计一个普通菜单。列表容器中的每个列表项目包含一个超链接文本，使用 CSS 使每个列表项目向左浮动，实现并列显示，最后一个列表项目向右浮动，效果如图 5.10 所示。有关 CSS 样式请参考本小节示例源代码，在本书后面章节中将会详细讲解列表样式的设计方法。

```
<ul>
    <li><a class="active" href="#home">主页</a></li>
    <li><a href="#news">相册</a></li>
    <li><a href="#contact">日志</a></li>
    <li style="float:right"><a class="active" href="#about">关于</a></li>
</ul>
```

图 5.10 普通水平菜单显示效果

5.3.2 设计二级菜单

在传统网页设计中，经常会看到二级菜单，很多 Web 应用也喜欢模仿桌面并应用大量二级菜单。在扁平化网页设计中，二级菜单设计风格才慢慢淡化。二级菜单是嵌套列表结构的典型应用，一般是在外层列表结构的项目中再包含一级列表结构，本例核心结构如下。

```
<div class="menuDiv">
    <ul>
        <li> <a href="#">菜单一</a>
            <ul>
                <li><a href="#">二级菜单</a></li>
                ...
            </ul>
        </li>
        ...
    </ul>
</div>
```

外层列表的<li>标签包含一个<a>标签和一个<ul>标签，<a>标签用于激活二级<ul>列表结构，显示下拉菜单，如图 5.11 所示。在此基础上，可以设计多层嵌套的列表结构。子菜单的显示和隐藏通过 CSS 控制。本例重点学习二级菜单的结构设计，有关示例的完整结构和样式代码请参考本小节示例源代码。

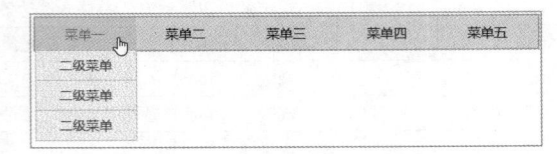

图 5.11　二级菜单显示效果

5.3.3　设计下拉菜单

下拉菜单是一种简化的菜单组件，应用比较广泛，可以使用任何 HTML 标签打开下拉菜单，如<span>、<a>、<button>等。使用容器标签（如<div>）可以创建下拉菜单中的内容，并放在页面内的任何位置；然后使用 CSS 设置下拉菜单的样式。本例设计的下拉菜单结构如下：

```
<div class="dropdown">
    <button class="dropbtn">下拉菜单</button>
    <div class="dropdown-content">
        <a href="#">菜单项目 1</a>
        <a href="#">菜单项目 2</a>
        <a href="#">菜单项目 3</a>
    </div>
</div>
```

.dropdown 类使用 position:relative 定义定位框，通过绝对定位设置下拉菜单的内容放置在下拉按钮的右下角位置。.dropdown-content 类默认隐藏下拉菜单，当鼠标指针移动到下拉菜单容器<div class="dropdown">包裹的下拉按钮上时，使用:hover 选择器显示容器包含的子容器（下拉菜单），效果如图 5.12 所示。

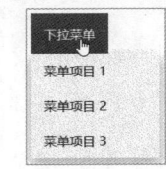

图 5.12　下拉菜单效果

5.3.4　设计选项卡

选项卡组件包含导航按钮容器和 Tab 面板容器两部分，单击不同的导航按钮，将显示对应的 Tab 面板容器内容，同时隐藏其他 Tab 面板容器内容。因此，标准的选项卡结构如下：

```
<div class="tab">
    <button class="tablinks" onclick="openCity(event, 'London')" id="defaultOpen">伦敦</button>
    <button class="tablinks" onclick="openCity(event, 'Paris')">巴黎</button>
    <button class="tablinks" onclick="openCity(event, 'Tokyo')">东京</button>
</div>
<div id="London" class="tabcontent">
    <h3>伦敦市</h3>
    <p>伦敦市介绍……</p>
</div>
<div id="Paris" class="tabcontent">
    <h3>巴黎市</h3>
    <p>巴黎市介绍……</p>
</div>
<div id="Tokyo" class="tabcontent">
    <h3>东京市</h3>
```

```
            <p>东京市介绍……</p>
        </div>
```

上面的示例代码定义了 3 个选项卡，并相对应地设计了 3 个 Tab 面板容器。默认状态下，使用 CSS 显示第 1 个选项卡和第 1 个 Tab 面板容器。当单击其他选项卡时，使用 JavaScript 动态显示当前选项卡和对应的 Tab 面板容器，同时隐藏其他 Tab 面板容器。效果如图 5.13 所示。

图 5.13　选项卡效果

5.3.5　设计便签

便签组件是一种吸附式侧边超链接集，当鼠标指针经过时会自动滑出超链接按钮，移开之后又会自动缩回并吸附在边框上，主要结构如下，效果如图 5.14 所示。

```
<div id="mySidenav" class="sidenav">
    <a href="#" id="about">关于</a>
    <a href="#" id="blog">博客</a>
    <a href="#" id="projects">产品</a>
    <a href="#" id="contact">联系</a>
</div>
```

图 5.14　便签效果

便签组件的结构比较简单，通过一个<div id="mySidenav" class="sidenav">容器包裹一组超链接<a>信息。主要通过 CSS 定位技术，让便签超链接都吸附在窗口边框上，当设计鼠标指针经过时，修改 left 定位值，实现滑出效果。

5.3.6　设计侧边栏

侧边栏组件在移动端打开网页中会经常看到，它能够在有限的屏幕空间中收纳更多的内容。用户使用手指划动，就能够从一侧端一个面板，不需要时可以关闭，实用而又不占用空间。本例针对桌面应用设计一个侧边栏，需要使用鼠标，单击主界面的按钮才能打开面板，主要结构如下：

```
<div id="mySidenav" class="sidenav">
    <a href="javascript:void(0)" class="closebtn" onclick="closeNav()">&times;</a>
    <a href="#">关于</a>
    <a href="#">服务</a>
    <a href="#">产品</a>
```

```
            <a href="#">联系</a>
        </div>
        <div id="main">
            <h2>左侧边栏</h2>
            <p>单击以下图标按钮,打开侧边栏,主体内容向右偏移。</p>
            <span style="font-size:30px;cursor:pointer" onclick="openNav()">&#9776;
打开</span>
        </div>
```

默认状态下,侧边栏面板<div id="mySidenav" class="sidenav">被隐藏。单击主界面的"☰打开"按钮,可以打开面板;而单击面板中的"×"按钮,可以收起面板,效果如图 5.15 所示。

图 5.15 侧边栏面板

侧边栏可以位于页面左侧、右侧、顶部或底部,具体形式可以根据应用需要而定。

5.3.7 设计手风琴

手风琴组件类似伸缩盒,其结构和功能与选项卡组件相似,但是显示形式不同。手风琴组件包含两部分:导航按钮容器和面板容器,这些按钮通常与对应的容器放在一起组合成一个紧凑的单元。结构如下:

```
<button class="accordion">选项 1</button>
<div class="panel">
    <p>内容一</p>
</div>
<button class="accordion">选项 2</button>
<div class="panel">
    <p>内容二</p>
</div>
<button class="accordion">选项 3</button>
<div class="panel">
    <p>内容三</p>
</div>
```

一般情况下,内容容器都隐藏显示,单击相应按钮可以展开对应的内容容器。手风琴组件有两种展开形式:一种是一次只能展开一个容器,类似单选按钮组,只能选中一个按钮;另一种是每个容器都可以任意展开和收起,类似复选框组。本例手风琴组件效果如图 5.16 所示。

图 5.16　手风琴组件效果

本 章 小 结

本章详细讲解了列表结构的设计，包括无序列表、有序列表和描述列表，另外还讲解了超链接的类型及其定义方法。在网页设计中，列表和超链接一般会配合使用，通过列表项目包含超链接设计完整的导航组件。导航组件的结构和样式多种多样，但其核心结构基本相同。

课 后 练 习

一、填空题

1. 无序列表是一种不分_____的列表结构，使用_____元素定义，其内包含多个_____元素。
2. 有序列表是一种在意排序位置的列表结构，使用_____元素定义。
3. 使用_____元素可以定义描述列表，其中可以包含一个或多个_____和_____元素。
4. 使用_____标签可以定义超链接。
5. 超链接一般包括两部分内容：_____和_____。链接目标通过_____属性设置。

二、判断题

1. 链接目标是目标网页的 URL，必须提供完整的路径。　　　　　　　　　（　　）
2. 链接对象是<a>标签包含的文本，是访问者在页面中看到的链接文本。　　（　　）
3. 链接内不能包含其他链接、音频、视频、表单控件、iframe 等内容。　　（　　）
4. 描述列表内的<dt>和<dd>标签必须配对使用。　　　　　　　　　　　　（　　）
5. 列表结构可以嵌套使用，即<ul>或<ol>标签中可以再包含一个列表结构。（　　）

三、选择题

1. 使用下面哪一个属性可以强制浏览器执行下载操作？（　　）
　　A．media　　　　B．download　　　C．rel　　　　　　D．target

2．链接内不能包含下列哪一项内容？（　　）
　　A．文本　　　　　B．图像　　　　　C．块元素　　　　D．视频
3．将<a>标签的 href 属性值设置为哪一项可以定义锚点链接？（　　）
　　A．#name　　　　B．@name　　　　C．?name　　　　D．%name
4．下面哪一项信息不可以使用列表结构？（　　）
　　A．菜单　　　　　B．新闻头条　　　C．文章正文　　　D．分类信息
5．设计一个站点导航菜单，应该使用下面哪一项标签组合？（　　）
　　A．<ul>和<li>　　B．<ol>和<li>　　C．<dl>和<dt>　　D．<dl>和<dd>

四、简答题

1．结合个人学习经历，简述设计超链接应该注意哪些问题。
2．简述列表结构有哪几种，以及它们的使用边界是什么。

五、上机题

1．图文列表结构是将列表内容以图片的形式显示，在图中展示的内容主要包含标题、图片和与图片相关的说明文字。请尝试设计一个图文列表结构，如图 5.17 所示。

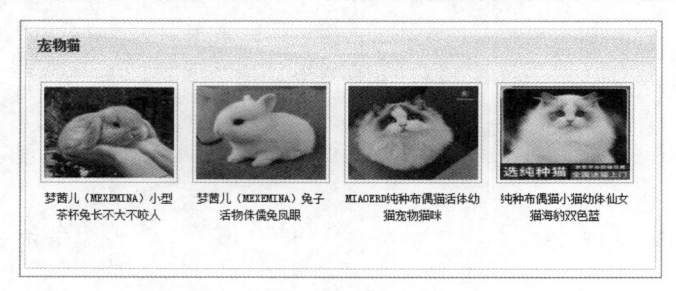

图 5.17　图文列表结构

2．新闻栏目多使用列表结构构建，然后通过 CSS 列表样式进行美化。请模仿图 5.18 设计一个分类新闻列表结构，主要使用描述列表和无序列表嵌套实现。

图 5.18　新闻分类列表

拓 展 阅 读

第 6 章 HTML5 表格

【学习目标】
- 正确使用与表格相关的标签。
- 正确设置表格与单元格属性。
- 根据数据显示的需求合理创建表格结构。

表格主要用于显示包含行、列结构的二维数据，如财务报表、日历表、时刻表、节目表等。在大多数情况下，这类信息由列标题或行标题结合多行多列数据构成。本章将详细介绍如何设计符合 HTML5 标准的表格结构，以及正确使用表格属性。

6.1 创建表格

6.1.1 定义普通表格

HTML5 表格一般由一个 table 元素，以及一个或多个 tr 元素和 td 元素组成，其中 table 元素负责定义表格框，tr 元素负责定义表格行，td 元素负责定义单元格。它们的结构关系与嵌套语法格式如下。

```html
<table>                         <!-- 标识表格框 -->
    <tr>                        <!-- 标识表格行，行的顺序与位置一致 -->
        <td>[包含数据]</td>      <!-- 标识单元格，默认顺序为从左到右并列显示 -->
        ...                     <!-- 省略单元格 -->
    </tr>                       <!-- 结束表格行 -->
    ...                         <!-- 省略的行与单元格 -->
</table>                        <!-- 结束表格框 -->
```

【示例】下面示例设计一个 HTML5 表格，包含两行两列，效果如图 6.1 所示。

```html
<article>
    <h1>《春晓》</h1>
    <table>
        <tr>
            <td>春眠不觉晓，</td>
            <td>处处闻啼鸟。</td>
        </tr>
        <tr>
            <td>夜来风雨声，</td>
            <td>花落知多少。</td>
        </tr>
    </table>
</article>
```

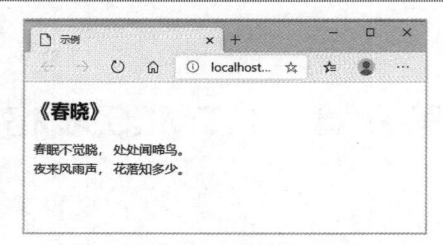

图 6.1 设计简单的表格

6.1.2 定义标题单元格

在 HTML 表格中，单元格分为以下两种类型。
- 标题单元格：包含列或行的标题，由 th 元素创建。
- 数据单元格：包含数据，由 td 元素创建。

默认状态下，th 元素包含的文本呈现居中、粗体显示，而 td 元素包含的文本呈现左对齐、正常字体显示。

【示例 1】下面示例设计一个包含标题信息的表格，效果如图 6.2 所示。

```
<table>
    <tr><th>用户名</th><th>电子邮箱</th></tr>
    <tr><td>张三</td><td>zhangsan@163.com</td></tr>
</table>
```

标题单元格一般位于表格的第一行，可以根据需要把标题单元格放在表格内的任意位置，如第一行或最后一行、第一列或最后一列等。也可以定义多重标题，如同时定义行标题和列标题。

【示例 2】下面示例设计一个简单的课程表，包含行标题和列标题，效果如图 6.3 所示。

```
<table>
    <tr><th> </th>
        <th>星期一</th><th>星期二</th><th>星期三</th><th>星期四</th><th>星期五</th>
    </tr>
    <tr><th>第 1 节</th>
        <td>语文</td><td>物理</td><td>数学</td><td>语文</td><td>美术</td>
    </tr>
    <tr><th>第 2 节</th>
        <td>数学</td><td>语文</td><td>体育</td><td>英语</td><td>音乐</td>
    </tr>
    <tr><th>第 3 节</th>
        <td>语文</td><td>体育</td><td>数学</td><td>英语</td><td>地理</td>
    </tr>
    <tr><th>第 4 节</th>
        <td>地理</td><td>化学</td><td>语文</td><td>语文</td><td>美术</td>
    </tr>
</table>
```

图 6.2 设计包含标题信息的表格

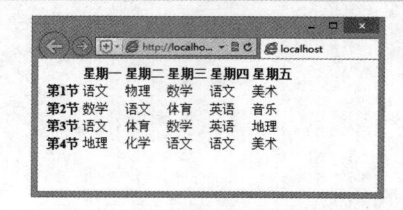

图 6.3 设计双标题的表格

6.1.3 定义表格标题

使用 caption 元素可以定义表格的标题。每个表格只能定义一个标题，且 caption 元素必须位于 table 元素后面，作为紧邻的子元素存在。

【示例】以上一小节示例为基础，为表格添加一个标题，效果如图 6.4 所示。默认状态下，标题位于表格上方居中显示。

```
<table>
    <caption>通讯录</caption>
    <tr><th>用户名</th><th>电子邮箱</th></tr>
    <tr><td>张三</td><td>zhangsan@163.com</td></tr>
</table>
```

图 6.4 设计带有标题的表格

在 HTML4 中，可以使用 align 属性设置标题的对齐方式；而在 HTML5 中已不建议使用，建议使用 CSS 设计表格的标题样式。

6.1.4 为表格行分组

在复杂的表格中，表格行可以分组，以便对表格结构进行功能分区。其中，使用 thead 元素定义表格的标题区域，使用 tbody 元素定义表格的数据区域，使用 tfoot 元素定义表格的页脚区域，如注释、数据汇总等。

【示例】下面示例使用表格行分组标签设计一个功能完备的表格结构。

```
<table>
    <caption>结构化表格标签</caption>
    <thead>
        <tr><th>标签</th><th>说明</th></tr>
    </thead>
    <tfoot>
        <tr><td colspan="2">* 在表格中，上述标签属于可选标签。</td></tr>
    </tfoot>
    <tbody>
        <tr><td>&lt;thead&gt;</td> <td>定义表头结构。</td></tr>
        <tr><td>&lt;tbody&gt;</td><td>定义表格主体结构。</td></tr>
        <tr><td>&lt;tfoot&gt;</td><td>定义表格的页脚结构。</td></tr>
    </tbody>
</table>
```

在上述代码中，<tfoot>标签放在<thead>标签和<tbody>标签之间，而最终在浏览器中会发现<tfoot>中的内容显示在表格底部。在<tfoot>标签中有一个 colspan 属性，该属性的主要功能是横向合并单元格，将表格底部的两个单元格合并为一个单元格。示例效果如图 6.5 所示。

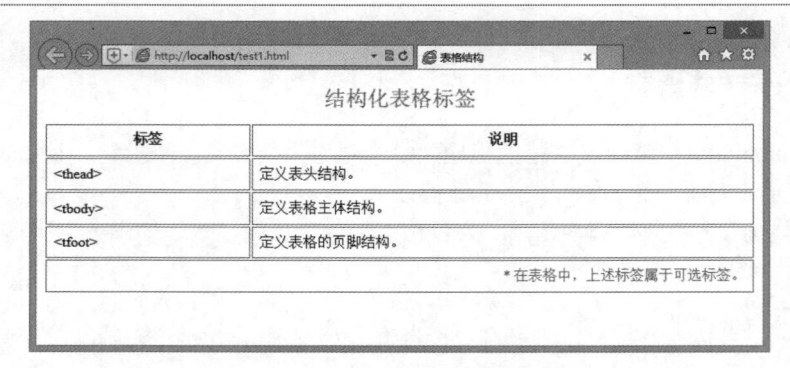

图 6.5　表格结构效果图

> **注意**
>
> thead、tfoot 和 tbody 元素必须结合使用，且位于 table 内部，排列顺序是：thead、tfoot、tbody，这样浏览器在接收到所有数据前会先呈现表格标题、脚部区域，即先渲染表格的整体面貌。默认情况下，这些元素不会影响表格的布局。

6.1.5　为表格列分组

col 和 colgroup 元素可以对表格列进行分组。它们可以组合使用，也可以单独使用，且都只能作为 table 的子元素使用。表格列分组的主要功能：对列单元格进行快速格式化，避免为列中的每个单元格逐一进行格式化，这对大容量的表格来说至关重要。

【示例 1】下面示例使用 col 元素为表格中的 3 列设置不同的对齐方式，效果如图 6.6 所示。

```html
<table width="100%" border="1">
    <col align="left" />                    <!-- 设置第 1 列格式 -->
    <col align="center" />                  <!-- 设置第 2 列格式 -->
    <col align="right" />                   <!-- 设置第 3 列格式 -->
    <tr><td>慈母手中线，</td><td>游子身上衣。</td><td>临行密密缝，</td></tr>
    <tr><td>意恐迟迟归。</td><td>谁言寸草心，</td><td>报得三春晖。</td></tr>
</table>
```

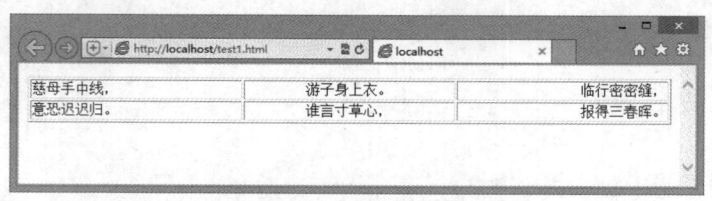

图 6.6　表格列分组样式

上面示例使用 align 属性设置对齐方式，建议使用 CSS 类样式会更为标准。

【示例 2】下面示例使用 colgroup 元素为表格中每列定义不同的宽度，效果如图 6.7 所示。

```html
<style type="text/css">
    .col1 { width:25%; color:red; font-size:16px; }
    .col2 { width:50%; color:blue; }
</style>
```

```html
<table width="100%" border="1">
    <colgroup span="2" class="col1"></colgroup>     <!-- 设置第 1、2 列样式 -->
    <colgroup class="col2"></colgroup>              <!-- 设置第 3 列样式 -->
    <tr><td>慈母手中线，</td><td>游子身上衣。</td><td>临行密密缝，</td></tr>
    <tr><td>意恐迟迟归。</td><td>谁言寸草心，</td><td>报得三春晖。</td></tr>
</table>
```

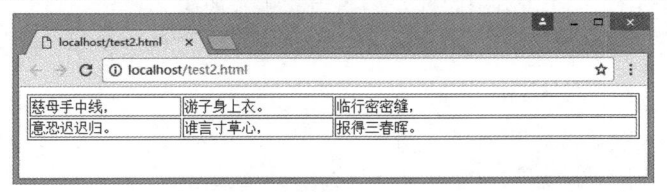

图 6.7 定义表格列分组样式

提示

span 是 colgroup 和 col 元素的专用属性，设置列组应该横跨的列数，取值为正整数。例如，在一个包含 6 列的表格中，第 1 组有 4 列，第 2 组有 2 列。

```html
<colgroup span="4"></colgroup>
<colgroup span="2"></colgroup>
```

浏览器将表格的单元格合成列时，会将每行前 4 个单元格合成第 1 个列组，将接下来的两个单元格合成第 2 个列组。如果没有 span 属性，则每个 colgroup 元素或 col 元素代表一列，并按顺序排列。

【示例 3】下面示例把 col 元素嵌入 colgroup 元素中使用。

```html
<table width="100%" border="1">
    <colgroup>
        <col span="2" class="col1" />
        <col class="col2" />
    </colgroup>
    <tr><td>慈母手中线，</td><td>游子身上衣。</td><td>临行密密缝，</td></tr>
    <tr><td>意恐迟迟归。</td><td>谁言寸草心，</td><td>报得三春晖。</td></tr>
</table>
```

如果没有对应的 col 元素，则列会从 colgroup 元素那里继承所有的属性。

提示

现代浏览器都支持 colgroup 和 col 元素，但是大部分浏览器，如 Firefox、Chrome 和 Safari 仅支持 col 和 colgroup 元素的 span 和 width 属性。因此，用户只能通过列分组为表格的列定义宽度，也可以定义背景色，但是其他 CSS 样式不支持。通过示例 2，也能看到 CSS 类样式中的 color:red;和 font-size:16px;都没有效果。

6.2 控 制 表 格

table、td 和 th 元素都包含多个属性，其中大部分属性可以使用 CSS 属性直接替代，因此不再建议使用。也有多个专用属性无法使用 CSS 属性实现，这些专用属性对于表格来说很重要,本节将重点讲解。

6.2.1 设置表格摘要

使用 table 元素的 summary 属性可以设置表格内容的摘要,该属性的值不会显示,但是屏幕阅读器或搜索引擎可以利用该属性对表格内容进行检索。

【示例】下面示例使用 summary 属性为表格添加一个简单的说明,以方便搜索引擎进行检索。

```
<table summary="rules 属性取值说明">
    <tr><th>值</th><th>说明</th></tr>
    <tr><td>none</td><td>没有线条。</td></tr>
    <tr><td>groups</td><td>位于行组和列组之间的线条。</td></tr>
    <tr><td>rows</td><td>位于行之间的线条。</td></tr>
    <tr><td>cols</td><td>位于列之间的线条。</td></tr>
    <tr><td>all</td><td>位于行和列之间的线条。</td></tr>
</table>
```

6.2.2 定义单元格跨列或跨行显示

colspan 和 rowspan 是两个重要的单元格属性,分别用于定义单元格可跨列或跨行显示。取值为正整数。

【示例】下面示例使用 colspan 属性定义单元格跨列显示,效果如图 6.8 所示。

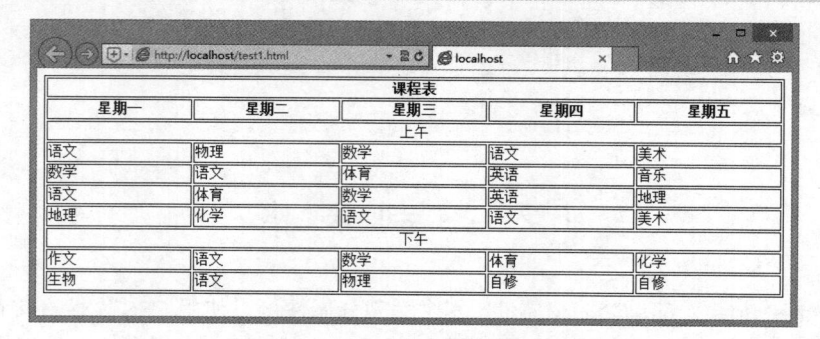

```
<table border=1>
    <tr><th align=center colspan=5>课程表</th></tr>
    <tr><th>星期一</th><th>星期二</th><th>星期三</th><th>星期四</th><th>星期五</th>
    </tr>
    <tr><td align=center colspan=5>上午</td></tr>
    <tr><td>语文</td><td>物理</td> <td>数学</td><td>语文</td><td>美术</td></tr>
    <tr><td>数学</td><td>语文</td><td>体育</td><td>英语</td><td>音乐</td></tr>
    <tr><td>语文</td><td>体育</td><td>数学</td><td>英语</td><td>地理</td></tr>
    <tr><td>地理</td><td>化学</td><td>语文</td><td>语文</td><td>美术</td></tr>
    <tr><td align=center colspan=5>下午</td></tr>
    <tr><td>作文</td><td>语文</td><td>数学</td><td>体育</td><td>化学</td></tr>
    <tr><td>生物</td><td>语文</td><td>物理</td><td>自修</td><td>自修</td></tr>
</table>
```

图 6.8 定义单元格跨列显示

6.2.3 将单元格设置为标题

使用 th 元素定义标题有一个缺陷,即无法确保每个 th 元素都是标题,这对于搜索引擎来说是不利的。因此 HTML5 使用 scope 属性为单元格显式设置标题。取值说明如下。

- row:设置为行标题。
- col:设置为列标题。
- rowgroup:设置为行组(由 thead、tbody 或 tfoot 元素定义)标题。
- colgroup:设置为列组(由 col 或 colgroup 元素定义)标题。

【示例】下面示例将第 2 个和第 3 个 th 元素标识为列的标题,这样搜索引擎就会忽略第 1 个 th 元素。同时,将第 2 行和第 3 行的第 1 个单元格标识为行的标题。

```
<table border="1">
    <tr><th></th><th scope="col">月份</th><th scope="col">金额</th></tr>
    <tr><td scope="row">第一组</td><td>1</td><td>$100.00</td></tr>
    <tr><td scope="row">第二组</td><td>2</td><td>$10.00</td></tr>
</table>
```

6.2.4 为单元格指定标题

由于单元格可以合并,同时使用 thead 元素可以设置多行标题,很容易让标题单元格与数据单元格之间的关系变得混乱,不是那么一目了然。使用 headers 属性可以为单元格指定标题,该属性的值是一个标题名称。这些名称可以通过标题单元格的 id 属性定义。

【示例】下面示例分别为表格中不同的数据单元格指定标题,演示效果如图 6.9 所示。

```
<table border="1" width="100%">
    <tr>
        <th id="name">姓名</th>
        <th id="Email">电子邮箱</th>
        <th id="Phone">电话</th>
        <th id="Address">地址</th>
    </tr>
    <tr>
        <td headers="name">张三</td>
        <td headers="Email">zhangsan@163.com</td>
        <td headers="Phone">13522228888</td>
        <td headers="Address">北京长安街 38 号</td>
    </tr>
</table>
```

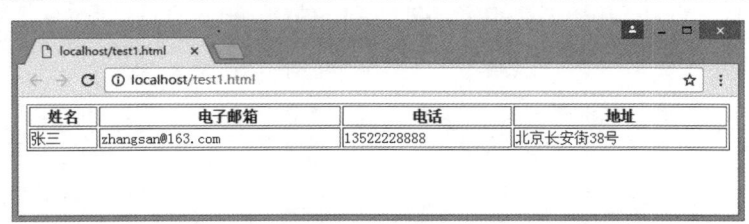

图 6.9 为单元格指定标题

6.2.5 定义信息缩写

使用 abbr 属性可以为单元格中的内容定义缩写，它不会在浏览器中产生任何视觉效果，主要用于机器检索服务。

【示例】下面示例演示了如何在 HTML 中使用 abbr 属性。

```html
<table border="1">
    <tr><th>名称</th><th>说明</th></tr>
    <tr>
        <td abbr="HTML">HyperText Markup Language</td>
        <td>超文本标记语言</td>
    </tr>
    <tr>
        <td abbr="CSS">Cascading Style Sheets</td>
        <td>层叠样式表</td>
    </tr>
</table>
```

6.2.6 为数据单元格分类

使用 axis 属性可以对单元格进行分类。在大型数据表格中，通常包含各种类型的数据。通过设置 axis 属性，浏览器可以快速检索同类信息。axis 属性的取值是类型名称，这些名称可以帮助搜索引擎快速查询相关内容。例如，在食品列表中使用 axis="meals" 来标记早餐类记录，浏览器就能根据该分类快速检索早餐单元格的信息，从而汇总计算早餐食品的总价和个数。

【示例】下面示例使用 axis 属性为表格中的每列数据进行分类。

```html
<table border="1" width="100%">
    <tr>
        <th axis="name">姓名</th>
        <th axis="Email">电子邮箱</th>
        <th axis="Phone">电话</th>
        <th axis="Address">地址</th>
    </tr>
    <tr>
        <td axis="name">张三</td>
        <td axis="Email">zhangsan@163.com</td>
        <td axis="Phone">13522228888</td>
        <td axis="Address">北京长安街 38 号</td>
    </tr>
</table>
```

6.3 案例实战

6.3.1 设计日历表

网页中经常会使用表格结构来设计日历表。本示例设计的日历表比较简单，包括当天日期状态和文字说明，并使用红色文字和浅灰色背景显示双休日，且将周日到周一的标题加粗显示。具体步骤如下。

(1）新建 HTML5 文档，在<body>标签内输入以下代码。

```
<table>
    <caption>2022 年 2 月 2 日</caption>
    <thead>
        <tr><th>日</th><th>一</th><th>二</th><th>三</th><th>四</th><th>五</th><th>六</th></tr>
    </thead>
    <tbody>
        <tr><td>30</td><td>31</td><td>1</td><td>2</td><td>3</td><td>4</td><td>5</td></tr>
        <tr><td>6</td><td>7</td><td>8</td><td>9</td><td>10</td><td>11</td><td>12</td></tr>
        <tr><td>13</td><td>14</td><td>15</td><td>16</td><td>17</td><td>18</td><td>19</td></tr>
        <tr><td>20</td><td>21</td><td>22</td><td>23</td><td>24</td><td>25</td><td>26</td></tr>
        <tr><td>27</td><td>28</td><td>1</td><td>2</td><td>3</td><td>4</td><td>5</td></tr>
        <tr><td>6</td><td>7</td><td>8</td><td>9</td><td>10</td><td>11</td><td>12</td></tr>
    </tbody>
</table>
```

使用表格结构创建日历表，不仅在结构上表达了日历是一种二维数据结构，而且能够在无 CSS 渲染的情况下，依然将日历表呈现为表格化效果。

（2）定义一个内部样式表，并设计表格框样式。为了方便控制表格列样式，在表格框<table>标签内部前面添加以下代码。

```
<table>
    <caption>2022 年 2 月 2 日</caption>
    <colgroup span="7">
    <col span="1" class="day_off">
    <col span="5">
    <col span="1" class="day_off">
    </colgroup>
...
```

使用<colgroup>标签将表格前后两列（即双休日）的日期定义为单独的样式，以区别其他单元格的样式。本示例重点练习表格标签的应用，CSS 样式不再详细说明，感兴趣的读者可以参考本小节示例源代码。在浏览器中预览，显示效果如图 6.10 所示。

（a）无样式表格　　　　　　　　　（b）添加样式的表格

图 6.10　设计日历表效果

6.3.2 设计个人简历表

个人简历一般比较简洁、明了且重点突出,信息组织有条理。使用表格来设计个人简历是最佳选择。在设计表格时,与申请工作无关的信息尽量不写,而与申请工作有关的个人经历和与特长相关的信息尽量不要漏写。本示例使用 HTML5 表格设计一份个人简历表,效果如图 6.11 所示。代码如下:

```
<h1 style="text-align: center">个人简历</h1>
<table class="tabtop" width="100%" border="1" cellpadding="1" cellspacing="2" align="center">
    <tr>
        <td>姓名</td><td width="10%">张三</td>
        <td width="10%">性别</td><td width="10%">男</td>
        <td width="10%">出生日期</td><td colspan="2"width="10%">2000 年 1 月
        1 日</td>
        <td colspan=""width="10%" rowspan="4"><img src="img_avatar.png"
        width="249" height="248" alt=""/></td>
    </tr><tr>
        <td>民族</td><td>汉族</td>
        <td>政治面貌</td><td>中共党员</td>
        <td>婚姻状况</td><td>已婚</td>
    </tr><tr>
        <td>现所在地</td><td>北京海淀清华大学</td>
        <td>籍贯</td><td>北京海淀</td>
        <td>学历</td><td>本科</td>
    </tr><tr>
        <td width="8%">毕业学校</td><td colspan="2" width="8%">清华大学</td>
        <td width="8%">专业</td><td colspan="2" width="8%">信息技术与计算机</td>
    </tr><tr>
        <td rowspan="5">学习经历</td><td colspan="2">起止年月</td>
        <td colspan="2">就读(培训)学校</td><td colspan="3">专业/课程</td></tr>
    <tr><td colspan="2"> </td><td colspan="2"></td><td colspan="3"></td></tr>
    <tr><td colspan="2"> </td><td colspan="2"></td><td colspan="3"></td></tr>
    <tr><td colspan="2"> </td><td colspan="2"></td><td colspan="3"></td></tr>
    <tr><td colspan="2"> </td><td colspan="2"></td><td colspan="3"></td></tr>
    <tr><td rowspan="5">工作经历</td><td colspan="2">起止年月</td><td colspan="2">
    工作单位</td><td colspan="3">职责</td></tr>
    <tr><td colspan="2"> </td><td colspan="2"></td><td colspan="3"></td></tr>
    <tr><td colspan="2"> </td><td colspan="2"></td><td colspan="3"></td></tr>
    <tr><td colspan="2"> </td><td colspan="2"></td><td colspan="3"></td></tr>
    <tr><td colspan="1" rowspan="2">求职意向</td><td colspan="7" rowspan="2">
</td></tr>
</table>
```

在制作表格时,由于有一些列没有添加内容,这时设计出来的表格在网页中显示的效果不佳,因为表格列的宽和高是由包含的子元素决定的,当其中不存在任何内容时会收缩显示,这时表格看起来是畸形的。因此,给单元格设定一个宽度,会让表格整体变得更好看。

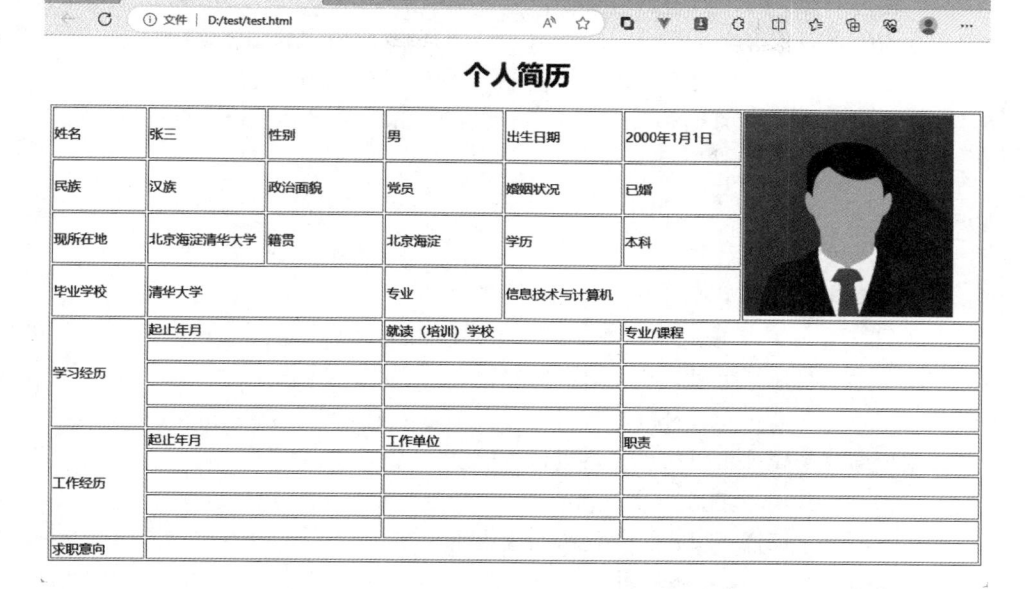

图 6.11 设计个人简历表效果

本 章 小 结

本章讲解了 HTML5 表格结构设计，主要包括 10 个标签，其中<table>、<tr>、<td>、<th>用于设计表格基本结构，<caption>用于定义表格标题，<thead>、<tbody>、<tfoot>、<col>、<colgroup>用于定义分组。另外，还讲解了表格、单元格的多个专用属性，正确使用它们对于设计结构合理、逻辑清晰的表格很重要。

课 后 练 习

一、填空题

1．表格主要用于显示包含_____结构的_____数据。
2．在表格结构中，_____元素负责定义表格框，_____元素负责定义表格行，_____元素负责定义单元格。
3．单元格分为两种类型：_____，由_____元素创建；_____，由_____元素创建。
4．使用_____元素可以定义表格的标题。
5．使用_____元素定义表格的标题区域，使用_____元素定义表格的数据区域，使用_____元素定义表格的脚部区域。

二、判断题

1．默认状态下，th 文本居中、粗体显示，而 td 文本左对齐、普通文本显示。（   ）

2．标题单元格必须位于表格内第一行。（　　）

3．每个表格可以定义多个标题，caption 可以放在 table 内的任意位置。（　　）

4．thead、tfoot 和 tbody 元素可以结合使用，且必须位于 table 内部。（　　）

5．col 和 colgroup 元素可以对表格列进行分组。它们既可以组合使用，也可以单独使用。（　　）

三、选择题

1．使用下面哪个属性可以对单元格进行分类？（　　）

A．axis　　B．abbr　　C．headers　　D．scope

2．使用下面哪个属性可以为单元格指定标题？（　　）

A．axis　　B．abbr　　C．headers　　D．scope

3．使用下面哪个属性可以将单元格设置为标题？（　　）

A．axis　　B．abbr　　C．headers　　D．scope

4．使用下面哪个属性可以定义单元格跨列显示？（　　）

A．colspan　　B．rowspan　　C．col　　D．span

5．使用下面哪个属性可以设置表格内容的摘要？（　　）

A．axis　　B．summary　　C．headers　　D．scope

四、简答题

1．简单介绍一下表格包含哪些标签，它们分别有什么作用？

2．表格包含很多属性，大部分属性都可以使用 CSS 属性替换，请结合 HTML 参考手册举几个例子？

五、上机题

1．模仿图 6.12 设计受理员业务统计表。

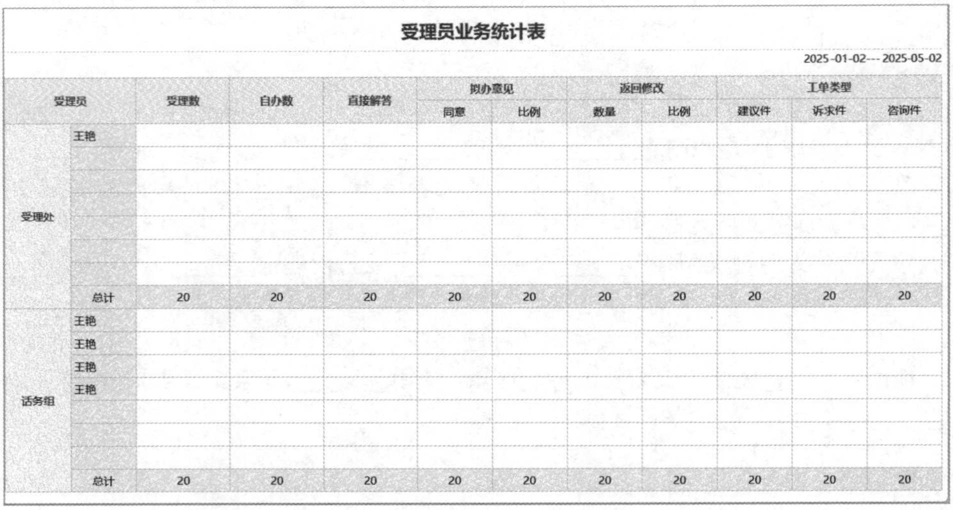

受理员业务统计表

2025-01-02---2025-05-02

受理员		受理数	自办数	直接解答	拟办意见		返回修改		工单类型		
					同意	比例	数量	比例	建议件	诉求件	咨询件
受理处	王艳										
	总计	20	20	20	20	20	20	20	20	20	20
话务组	王艳										
	王艳										
	王艳										
	王艳										
	总计	20	20	20	20	20	20	20	20	20	20

图 6.12　受理员业务统计表

2. 模仿图 6.13 设计部门管理表。提示：图标使用 font-awesome.css。

图 6.13　部门管理表

拓 展 阅 读

第 7 章　HTML5 表单

【学习目标】
- 定义完整的表单结构，合理组织表单控件。
- 正确使用文本框、文本区域等输入型表单控件。
- 正确选用单选按钮、复选框、选择框等选择性表单控件。
- 能够根据网站需求设计结构合理、用户体验好的表单。

HTML5 基于 Web Forms 2.0 标准对 HTML4 表单进行全面升级，在保持简洁、易用的基础上，新增了很多控件和属性，减轻了开发人员的负担。本章将重点介绍 HTML 表单的基本结构、常用表单控件的使用，以及 HTML5 表单的新功能应用。

7.1　认识表单

表单为访问者提供了与网站进行互动的途径，其主要功能是收集用户的信息，如姓名、地址、电子邮件地址等，这些信息可以通过各种表单控件来完成。

完整的表单一般由 HTML 控件和 JavaScript 脚本两部分组成。其中，HTML 控件提供用户交互界面，JavaScript 脚本提供表单验证和数据处理，本章将重点介绍前者。完善的表单结构通常包括表单标签、表单控件和表单按钮。表单标签用于定义采集数据的范围；表单控件包括文本框、文本区域、密码框、文件域、单选按钮、复选框、选择框和隐藏字段等，用于采集用户的输入或选择的数据；表单按钮包括提交按钮、重置按钮和普通按钮，提交按钮用于将数据传送到服务器端的程序中，重置按钮可以取消输入，普通按钮可以定义其他处理工作。

表单的交互状态可以分为 3 个阶段：交互前、交互中、交互后。交互前，表单处于初始化状态；交互中，用户开始输入信息，插入光标后输入框会聚焦，占位符消失；交互后，如果输入内容有误，则表单会反馈错误信息；如果输入内容正确，则数据会被提交到服务器。

7.2　定义表单

每个表单都以<form>标签开始，以</form>标签结束。两个标签之间是各种标签和控件。每个控件都有一个 name 属性，用于在提交表单时标识数据。访问者通过提交按钮提交表单，触发提交按钮时，填写的表单数据将被发送给服务器端的处理程序。

【示例】新建 HTML5 文档，保存为 test.html，在<body>标签内使用<form>标签设计一个简单反馈信息表单，主要用到：文本框<input type="text">、下拉列表<select>、文本区域<textarea>和提交按钮<input type="submit">，并使用<label>标签附加控件说明，效果如图 7.1 所示。

```
<form action="/action_page.php">
```

第 7 章 HTML5 表单

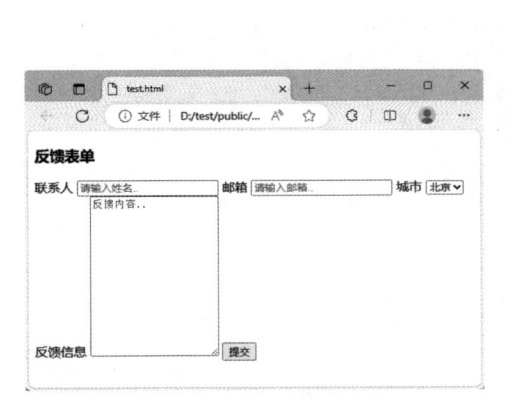

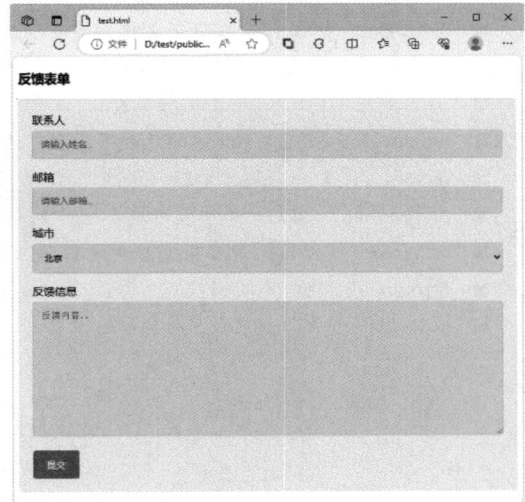

```html
    <label for="cname">联系人</label>
    <input type="text" id="cname" name="cname" placeholder="请输入姓名..">
    <label for="email">邮箱</label>
    <input type="text" id="email" name="email" placeholder="请输入邮箱..">
    <label for="country">城市</label>
    <select id="country" name="country">
        <option value="australia">北京</option>
        <option value="canada">上海</option>
        <option value="usa">厦门</option>
    </select>
    <label for="subject">反馈信息</label>
    <textarea id="subject" name="subject" placeholder="反馈内容.." style="height:200px"> </textarea>
    <input type="submit" value="提交">
</form>
```

（a）无 CSS 的效果　　　　　　　　（b）CSS 渲染后的效果

图 7.1　设计表单结构

<form>标签包含很多属性，其中 HTML5 支持的属性见表 7.1。

表 7.1　HTML5 支持的<form>标签属性

属　　性	取　　值	说　　明
accept-charset	charset_list	设置服务器可处理的表单数据字符集
action	URL	设置当提交表单时向何处发送表单数据
autocomplete	on、off	设置是否启用表单的自动完成功能
enctype	application/x-www-form-urlencoded、multipart/form-data、text/plain	设置在发送表单数据之前如何对其进行编码
method	get、post	设置用于发送表单数据的 HTTP 方法
name	form_name	设置表单的名称
novalidate	novalidate	如果使用该属性，则提交表单时不进行验证
target	_blank、_self、_parent、_top、framename	设置在何处打开 action 绑定的 URL

如果要与服务器进行交互，则其中必须设置的属性包括以下两个。

- method 用于设置发送表单数据的 HTTP 方法。如果使用 method="get"方式提交清单，则表单中的数据会以查询字符串的形式传输，显示在浏览器的地址栏里；如果使用 method="post"方式提交表单，则表单中的数据在请求正文中以二进制数据流的形式传输，这样比较安全。同时，使用 post 可以向服务器发送更多的数据。
- action 用于设置当提交表单时向服务器端哪个处理程序发送表单数据，值为 URL 字符串。

提示

HTML5 的一个重要特性就是对表单进行完善，新增的表单属性如下。

- accept：限制用户可上传的文件类型。
- autocomplete：如果对 form 元素或特定的字段添加 autocomplete="off"，就会关闭浏览器对该表单或该字段的自动填写功能。默认值为 on。
- autofocus：页面加载后将焦点放到该字段上。
- multiple：允许输入多个电子邮件地址，或者上传多个文件。
- list：将 datalist 与 input 联系起来。
- maxlength：指定 textarea 的最大字符数，在 HTML5 之前的文本框就支持该特性。
- pattern：定义一个用户所输入的文本在提交之前必须遵循的模式。
- placeholder：指定一个出现在文本框中的提示文本，用户开始输入后该文本消失。
- required：需要访问者在提交表单之前必须完成该字段。
- formnovalidate：关闭 HTML5 的自动验证功能。应用于提交按钮。
- novalidate：关闭 HTML5 的自动验证功能。应用于表单元素。

7.3 使用表单控件

表单控件分为四类：输入型控件，如文本框、文本区域、密码框、文件域；选择型控件，如单选按钮、复选框、选择框；操作按钮，如提交按钮、重置按钮和普通按钮；辅助控件，如隐藏字段、标签等。

7.3.1 文本框

文本框是输入单行字符串的控件，如姓名、地址等。普通文本框使用带有 type="text"属性的<input>标签定义。

```
<input type="text" name="控件名称" value="默认值">
```

除了 type 属性外，使用 name 属性可以帮助服务器获取访问者在文本框中输入的值，使用 value 属性可以设置文本框的默认值。name 和 value 属性对其他的表单控件来说也是很重要的，具有相同的功能。

type 属性的默认值为"text"，因此 HTML5 允许使用下面两种形式定义文本框。

```
<input type="text"/>
<input>
```

> **提示**
>
> 为了满足特定类型信息的输入需求，HTML5 在文本框的基础上新增以下单行输入型表单控件。
> - 电子邮件框：<input type="email">。
> - 搜索框：<input type="search">。
> - 电话框：<input type="tel">。
> - URL 框：<input type="url">。
> - 日期：<input type="date">。
> - 数字：<input type="number">。
> - 范围：<input type="range">。
> - 颜色：<input type="color"/>。
> - 全局日期和时间：<input type="datetime"/>。
> - 局部日期和时间：<input type="datetime-local"/>。
> - 月：<input type="month"/>。
> - 时间：<input type="time"/>。
> - 周：<input type="week"/>。
> - 输出：<output></output>。

7.3.2 文本区域

如果要输入一段不限格式的文本，如回答问题、评论反馈等，可以使用文本区域。使用<textarea>标签可以定义文本区域控件。

```
<textarea rows="行高" cols="列宽">默认文本</textarea>
```

该标签包含多个属性，常用属性说明如下。
- maxlength：设置输入的最大字符数，也适用于文本框控件。
- cols：设置文本区域的宽度（以字符为单位）。
- rows：设置文本区域的高度（以行为单位）。
- wrap：定义输入内容大于文本区域宽度时的显示方式。
    - wrap="hard"，如果文本区域内的文本自动换行显示，则提交的文本中会包含换行符。当使用"hard"时，必须设置 cols 属性。
    - wrap="soft"，为默认值，提交的文本不会为自动换行位置添加换行符。

如果没有使用 maxlength 限制文本区域的最大字符数，则最大可以输入 32700 个字符；如果输入内容超出文本区域，则会自动显示滚动条。

<textarea>标签没有 value 属性，在<textarea>和</textarea>标签之间包含的文本将作为默认值显示在文本区域内。可以使用 placeholder 属性定义用于占位的文本，该属性也适用于文本框控件。

7.3.3 密码框

密码框是特殊类型的文本框，与文本框的唯一区别在于，密码框中输入的文本会显示为圆点或星号。密码框的作用：防止其他人看到用户输入的密码。使用 type="password"的<input>标签可以创建密码框。

```
<input type="password" name="password"/>
```

当访问者在密码框中输入密码时，输入的字符会用圆点或星号隐藏起来。但提交表单时访问者输入的真实信息会被发送给服务器。信息在发送过程中没有加密。如果要真正地保护密码，可以使用 https:// 协议进行传输。

使用 size 属性可以定义密码框的大小，以字符为单位。如果需要，可以使用 maxlength 设置密码框允许输入的最大字符数。

7.3.4 文件域

文件域也是特殊类型的输入框，用于将本地文件上传到服务器。为<input>标签设置 type="file" 属性，可以创建文件域。

```
<input type="file" id="picture" name="picture"/>
```

文件域默认只能上传单个文件，上传多个文件时需要添加 multiple 属性。

```
<input type="file" multiple id="picture" name="picture"/>
```

在传统浏览器中，文件域显示为一个只读文本框和选择按钮，而在现代浏览器中多数显示为"选择文件"按钮和提示信息，如图 7.2 所示。

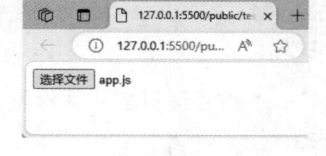

(a) 未选择文件　　(b) 选择单个文件　　(c) 选择多个文件

图 7.2　文件域界面显示效果

当选择并上传文件后，在服务器端可以通过文件域对象（name）的 file 对象获取选择的文件列表对象。文件列表对象的每个 file 对象都有对应的文件属性。

7.3.5 单选按钮

如果从一组相关但又互斥的选项中进行单选，可以使用单选按钮，如性别。为<input>标签设置 type="radio" 属性，可以创建单选按钮。

【示例】单选按钮一般成组使用，每个选项都表示为组中的一个单选按钮。默认状态下，单选按钮处于未选中状态，一旦选中，就不能取消，除非在单选按钮组中进行切换。

```
<p class="row">性别:
    <input type="radio" id="gender-male" name="gender" value="male"/>
    <label for="gender-male">男士</label>
    <input type="radio" id="gender-female" name="gender" value="female"/>
    <label for="gender-female">女士</label>
</p>
```

同一组单选按钮的 name 属性的值必须相同，以确保在其中只有一个能被选中，服务器根据 name 属性获取单选按钮组的值。value 属性也很重要，因为对于单选按钮来说，访问者无法输入值。

> **提示**
> 当用户需要在做出选择前查看所有选项时,可以使用单选按钮。单选按钮平等地强调所有选项。如果所有选项不值得平等关注,或者没有必要呈现,则可以考虑使用下拉菜单,如城市、年、月、日等。如果只有两个可能的选项,且这两个选项可以清楚地表示为二选一,则可以考虑使用复选框,如使用单个复选框表示"我同意",而不是使用两个单选按钮表示"我同意"和"我不同意"。

7.3.6 复选框

如果要选择或取消操作,或者在一组选项中进行多选,则可以使用复选框,如是否同意、个人特长等。为<input>标签设置 type="checkbox"属性,可以创建复选框。

【示例】下面示例创建一组联系方式的复选框。

```
<p class="row">
    <input type="checkbox" id="email" name="email[]" value="电子邮箱"/>
    <label for="email">电子邮件</label>
    <input type="checkbox" id="phone" name="email[]" value="电话"/>
    <label for="phone">电话</label>
</p>
```

使用 checked 属性可以设置复选框在默认状态下处于选中状态,也适用于单选按钮。每个复选框对应的 value 值,以及复选框组的 name 属性都会被发送给服务器端。

在服务器端可以使用 name 属性获取上传的复选框的信息。当组内所有复选框使用同一个 name 属性时,可以将多个复选框组织在一起。空的方括号是为 PHP 脚本的 name 属性准备的,如果使用 PHP 程序处理表单,则使用 name="email[]"就会自动创建一个包含复选框值的数组,名为$_POST['email']。

7.3.7 选择框

选择框为访问者提供一组选项,允许从中进行选择。如果允许单选,则呈现为下拉菜单样式;如果允许多选,则呈现为一个列表框,在需要时会自动显示滚动条。

选择框由两个元素组合构成:select 和 option。一般在 select 元素中设置 name 属性,在每个 option 元素中设置 value 属性。

【示例 1】下面示例创建一个简单的城市选择框。

```
<label for="state">省市</label>
<select id="state" name="state">
    <option value="BJ">北京</option>
    <option value="SH">上海</option>
    ...
</select>
```

在下拉菜单中,默认选中的是第一个选项;而在列表框中,默认没有选中的选项。

使用 multiple 属性可以设置多选,使用 size 属性可以设置选择框的高度(以行为单位)。每个选项的 value 属性值是选项选中后要发送给服务器的数据,如果省略 value,则包含的文本会被发送给服务器。使用 selected 属性可以设置该选项默认为选中状态。

使用 optgroup 元素可以对选择项目进行分组,一个<optgroup>标签中可以包含多个<option>标签,然后使用 label 属性设置分类标题。分类标题是一个不可选的伪标题。

107

【示例 2】下面示例使用 optgroup 元素对下拉菜单项目进行分组。

```
<select name="city">
    <optgroup label="山东省">
        <option value="潍坊">潍坊</option>
        <option value="青岛" selected="selected">青岛</option>
    </optgroup>
    <optgroup label="山西省">
        <option value="太原">太原</option>
        <option value="榆次">榆次</option>
    </optgroup>
</select>
```

7.3.8 标签

标签是描述表单控件的文本，使用 label 元素可以定义标签，它有一个特殊的属性：for。如果 for 属性的值与一个表单控件的 id 的值相同，则该标签就与该表单控件绑定起来了。单击该标签，与之绑定的表单控件就会获得焦点，这样能够提升用户体验。

```
<label for ="name">用户名</label>
<input type="text" id="name" name="name"/>
```

如果将一个表单控制放在<label>和</label>标签之间，也可以实现绑定。

```
<label>用户名<input type="text" name="name"/></label>
```

在这种情况下，就不再需要 for 和 id。不过，将标签与表单控制分开会更容易添加样式。

7.3.9 隐藏字段

隐藏字段用于记录与表单相关联的值，该信息不会显示在页面中，可以视为不可见的文本框，但在源代码中可见。隐藏字段使用带有 type="hidden" 属性的<input>标签定义。

```
<input type="hidden" name="form_key" value="form_id_1234567890"/>
```

隐藏字段的值会被提交给服务器。常用隐藏字段记录先前表单收集的信息，或者与当前页面或表单相关的标志，以便将这些信息同当前表单的数据一起提交给服务器进行处理。

> **注意**
> 不要将密码、信用卡号等敏感信息放在隐藏字段中。虽然它们不会显示在网页中，但访问者可以通过查看 HTML 源代码看到它。

7.3.10 按钮

表单按钮包括三种类型：提交按钮、重置按钮和普通按钮。

- 当单击提交按钮时，会对表单中的内容进行提交。定义方法：<input type="submit"/>、<input type="image"/>或者<button>按钮名称<button/>。
- 当单击重置按钮时，可以清除用户在表单中输入的信息，恢复默认值。定义方法：<input type="reset"/>。按钮默认显示为"重置"，使用 value 属性可以设置按钮显示的名称。

→ 普通按钮默认没有功能，需要配合 JavaScript 脚本才能实现具体的功能。定义方法：`<input type="button"/>`。

提交按钮可以呈现为文本：

```
<input type="submit" value="提交表单"/>
```

也可以呈现为图像，使用 type="image" 可以创建图像按钮，width 和 height 属性为可选。

```
<input type="image" src="submit.png" width="188" height="95" alt="提交表单"/>
```

如果不设置 name 属性，则提交按钮的 value 属性值就不会发送给服务器。

如果省略 value 属性，则根据不同的浏览器，提交按钮会显示为默认的"提交"文本。如果有多个提交按钮，则可以为每个按钮设置 name 属性和 value 属性，从而让脚本知道用户单击的是哪个按钮。否则，最好省略 name 属性。

7.4 组织表单控件

使用 fieldset 元素可以组织表单控件，为表单对象进行分组，使表单结构更容易理解。默认状态下，分组的表单对象外面会显示一个包围框。

使用 legend 元素可以定义分组的标题，默认显示在 fieldset 包围框的左上角。也可以使用 h1～h6 标签定义分组的标题。

对于单选按钮组或复选框组，建议使用 fieldset 元素对其进行分组，为其添加一个明确的上下文，使表单结构显得更清晰。

【示例】在下面示例中，表单的四个部分分别使用了 fieldset 元素，并将公共字段部分的"性别"单选按钮使用一个嵌套的 fieldset 元素包围起来。为被嵌套的 fieldset 元素添加 radios 类，方便为其设置样式，同时添加一个 legend 元素，用于描述单选按钮。

```
<h1>表单标题</h1>
<form method="post" action="show-data.php">
    <fieldset>
        <h2 class="hdr-account">字段分组标题</h2>
        ...用户名字段...
    </fieldset>
    <fieldset>
        <h2 class="hdr-address">字段分组标题</h2>
        ...联系地址字段...
    </fieldset>
    <fieldset>
        <h2 class="hdr-public-profile">字段分组标题</h2>
        ...公共字段...
        <div class="row">
            <fieldset class="radios">
                <legend>性别</legend>
                <input type="radio" id="gender-male" name="gender" value="male"/>
                <label for="gender-male">男士/label>
                <input type="radio" id="gender-female" name="gender" value="female"/>
                <label for="gender-female">女士</label>
            </fieldset>
```

```
            </div>
        </fieldset>
        <fieldset>
            <h2 class="hdr-emails">电子邮箱</h2>
            ...Email 字段...
        </fieldset>
        <input type="submit" value="提交表单" class="btn"/>
</form>
```

使用 fieldset 元素对表单进行组织是可选的，使用 legend 元素也是可选的（使用 legend 元素时必须要有 fieldset 元素）。不过推荐使用 fieldset 元素和 legend 元素对相关的单选按钮组、复选框组进行分组。

7.5　HTML5 表单应用

7.5.1　定义自动完成输入

autocomplete 属性可以帮助用户在输入框中实现自动完成输入，取值包括 on 和 off。该属性适用 input 类型，包括 text、search、url、telephone、email、password、datepickers、range 和 color。

autocomplete 属性也适用于 form 元素，默认状态下表单的 autocomplete 属性值为 on，其包含的输入域会自动继承 autocomplete 状态，也可以为某个输入域单独设置 autocomplete 状态。

> **提示**
> 在某些浏览器中需要先启用浏览器本身的自动完成输入功能，才能使 autocomplete 属性起作用。

【示例】设置 autocomplete 为 on 时，可以使用 HTML5 新增的 datalist 元素和 list 属性提供一个数据列表供用户进行选择。下面示例演示如何应用 autocomplete 属性、datalist 元素和 list 属性实现自动完成输入。

```
<h2>输入你最喜欢的城市名称</h2>
<form autocompelete="on">
    <input type="text" id="city" list="cityList">
    <datalist id="cityList" style="display:none;">
        <option value="BeiJing">BeiJing</option>
        <option value="QingDao">QingDao</option>
        <option value="QingZhou">QingZhou</option>
        <option value="ShangHai">ShangHai</option>
    </datalist>
</form>
```

在浏览器中预览，当用户将焦点定位到文本框中时，会自动出现一个城市列表供用户选择，如图 7.3 所示。而当用户单击页面的其他位置时，这个列表就会消失。

当用户输入内容时，该列表会随用户的输入自动更新。例如，当输入字母 q 时，会自动更新列表，只列出以 q 开头的城市名称，如图 7.4 所示。随着用户不断地输入新的字母，下面的列表还会随之变化。

图 7.3　自动完成输入数据列表　　　　　　图 7.4　数据列表随用户输入而更新

7.5.2　定义自动获取焦点

autofocus 属性可以实现在页面加载时，让表单控件自动获得焦点。用法如下：

```
<input type="text" name="fname" autofocus="autofocus"/>
```

其中，autofocus 属性适用于所有类型的<input>标签，如文本框、复选框、单选按钮、普通按钮等。

> **注意**
> 在同一页面中只能指定一个 autofocus 属性，当页面中的表单控件较多时，建议为最需要聚焦的那个控件设置 autofocus 属性值，如页面中的搜索文本框，或者许可协议的"同意"按钮等。

【示例】下面示例演示如何应用 autofocus 属性。

```
<form>
    <p>请仔细阅读许可协议：</p>
    <p><label for="textarea1"></label>
        <textarea name="textarea1" id="textarea1" cols="45" rows="5">许可协议具体内容...</textarea></p>
    <p><input type="submit" value="同意" autofocus>
        <input type="submit" value="拒绝"></p>
</form>
```

在浏览器中预览，页面加载后，"同意"按钮会自动获得焦点，因为通常希望用户直接单击该按钮。如果将"拒绝"按钮的 autofocus 属性值设置为 on，则页面加载后焦点就会在"拒绝"按钮上，但从用户体验的角度来看并不合适。

7.5.3　定义所属表单

在 HTML4 中，用户必须把相关的控件放在<form>和</form>标签之间。在提交表单时，<form>和</form>标签之外的控件将被忽略。HTML5 新增的 form 属性可以设置表单控件归属的表单，不管是否位于<form>和</form>标签之间，该属性适用于所有类型的<input>标签。

【示例】form 属性必须引用所属表单的 id，如果一个 form 属性要引用两个或两个以上的表单，则需要使用空格将表单的 id 值分隔开。下面是一个 form 属性应用。

```
<form action="" method="get" id="form1">
    请输入姓名：<input type="text" name="name1" autofocus/>
```

111

```
             <input type="submit" value="提交"/>
         </form>
         请输入住址：<input type="text" name="address1" form="form1"/>
```

如果填写姓名和住址并单击"提交"按钮，则 name1 和 address1 分别会被赋值为所填写的值。例如，如果在姓名处填写 zhangsan，住址处填写"北京"，则单击"提交"按钮后，服务器端会接收到"name1=zhangsan"和"address1=北京"。用户也可以在提交后观察浏览器的地址栏，可以看到有"name1=zhangsan&address1=北京"字样。

7.5.4 定义表单重写

HTML5 新增了 5 个表单重写属性，用于重写<form>标签属性设置，简单说明如下。
- formaction：重写<form>标签的 action 属性。
- formenctype：重写<form>标签的 enctype 属性。
- formmethod：重写<form>标签的 method 属性。
- formnovalidate：重写<form>标签的 novalidate 属性。
- formtarget：重写<form>标签的 target 属性。

> **注意**
> 表单重写属性仅适用于 submit 和 image 类型的<input>标签。

【示例】下面示例通过 formaction 属性，实现将表单提交到不同的服务器页面。

```
<form action="1.asp" id="testform">
请输入电子邮件地址：<input type="email" name="userid"/><br/>
    <input type="submit" value="提交到页面1" formaction="1.asp"/>
    <input type="submit" value="提交到页面2" formaction="2.asp"/>
    <input type="submit" value="提交到页面3" formaction="3.asp"/>
</form>
```

7.5.5 定义最小值、最大值和步长

min、max 和 step 属性用于为包含数字或日期的 input 输入类型设置限值，适用于 date pickers、number 和 range 类型的<input>标签。具体说明如下。
- min：设置输入框所允许的最小值。
- max：设置输入框所允许的最大值。
- step：为输入框设置步长。例如，step="4"，则合法值包括-4、0、4 等。

【示例】下面示例设计一个数字输入框，并规定该输入框接收 0～12 之间的值，且数字间隔为 4。

```
<form action="testform.asp" method="get">
    请输入数值：<input type="number" name="number1" min="0" max="12" step="4"/>
    <input type="submit" value="提交"/>
</form>
```

在浏览器中浏览，如果单击数字输入框右侧的微调按钮，则可以看到数字以 4 为步进值递增；如果输入不合法的数值，如 5，则单击"提交"按钮时会显示错误提示。

7.5.6 定义匹配模式

pattern 属性可以设置输入控件的验证模式。模式就是 JavaScript 正则表达式，通过自定义的正则表达式匹配用户输入的内容，以便进行验证。该属性适用于 text、search、url、telephone、email 和 password 类型的<input>标签。

【示例】下面示例使用 pattern 属性设置文本框必须输入 6 位数的邮政编码。

```
<form action="/testform.asp" method="get">
    请输入邮政编码: <input type="text" name="zip_code" pattern="[0-9]{6}"/>
    <input type="submit" value="提交"/>
</form>
```

在浏览器中预览，如果输入的数字不是 6 位，则会出现错误提示；如果输入的并非规定的数字，而是字母，也会出现这样的错误提示，因为 pattern="[0-9]{6}"中规定了必须输入 0～9 这样的阿拉伯数字，且必须为 6 位数。

7.5.7 定义替换文本

placeholder 属性用于为输入框提供一种文本提示，这些提示可以描述输入框期待用户输入的内容，在输入框为空时显示，当输入框获取焦点时自动消失。placeholder 属性适用于 text、search、url、telephone、email 和 password 类型的<input>标签。

【示例】下面是 placeholder 属性的一个应用示例。请注意比较本例与上例错误提示方法的不同。

```
<form action="/testform.asp" method="get">
    请输入邮政编码: <input type="text" name="zip_code" pattern="[0-9]{6}"
    placeholder="请输入 6 位数的邮政编码"/>
    <input type="submit" value="提交"/>
</form>
```

在浏览器中预览，当输入框获得焦点并输入字符时，提示文字消失。

7.5.8 定义必填

required 属性用于定义输入框填写的内容不能为空，否则不允许提交表单。该属性适用于 text、search、url、telephone、email、password、date pickers、number、checkbox、radio 和 file 类型的<input>标签。

【示例】下面示例使用 required 属性规定文本框必须输入内容。

```
<form action="/testform.asp" method="get">
    请输入姓名: <input type="text" name="usr_name" required="required"/>
    <input type="submit" value="提交"/>
</form>
```

在浏览器中预览，当输入框内容为空并单击"提交"按钮时，会出现"请填写此字段"的提示，只有输入内容之后才允许提交表单。

7.5.9 定义复选框状态

在 HTML4 中，复选框有两种状态：选中和未选中。HTML5 为复选框添加了一种状态

113

——未知,使用 indeterminate 属性可以对其进行设置。它与 checked 属性一样,都是布尔属性,用法相同。

```html
<label><input type="checkbox" id="chk1" >未选中状态</label>
<label><input type="checkbox" id="chk2" checked >选中状态</label>
<label><input type="checkbox" id="chk3" indeterminate >未知状态</label>
```

【示例】在 JavaScript 脚本中可以直接设置或访问复选框的状态。

```html
<style>
    input:indeterminate {width: 20px; height: 20px;}       //未知状态的样式
    input:checked {width: 20px; height: 20px;}             //选中状态的样式
</style>
<script>
    chk3.indeterminate = true;                             //设置为未知状态
    chk2.indeterminate = false;                            //设置为其他两种状态
    if ( chk3.indeterminate ){ alert("未知状态") }
    else{
        if ( chk3.checked ){ alert("选中状态") }
        else{ alert("未选中状态") }
    }
</script>
```

目前浏览器仅支持使用 JavaScript 脚本控制未知状态,如果直接为复选框标签设置 indeterminate 属性,则无任何效果,如图 7.5 所示。

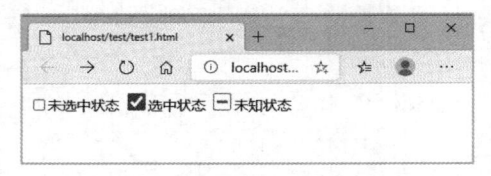

图 7.5 复选框的三种状态

提示
复选框的 indeterminate 状态仅具有视觉意义,使用户界面上看起来更友好,复选框的值仍然只有选中和未选中两种。

7.5.10 获取文本选取方向

HTML5 为文本框和文本区域控件新增了 selectionDirection 属性,用于检测用户在这两个元素中使用鼠标选取文字时的操作方向。如果是正向选择,则返回 forward;如果是反向选择,则返回 backward;如果没有选择,则返回 forward。

【示例】下面示例简单演示如何获取用户选择文本的操作方向。

```html
<script>
function ok() {
    var a=document.forms[0]['test'];
    alert(a.selectionDirection);
}
</script>
<form>
    <input type="text"  name="test" value="selectionDirection 属性">
```

```
        <input type="button" value="提交" onClick="ok()">
</form>
```

7.5.11 访问标签绑定的控件

HTML5 为 label 元素新增了 control 属性，允许使用该属性访问 label 元素绑定的表单控件。

【示例】下面示例使用 label 元素包含一个文本框，然后即可通过 label.control 访问文本框。

```
<script type="text/javascript">
function setValue() {
    var label =document.getElementById("label");
    label.control.value = "010888";                //访问绑定的文本框，并设置它的值
}
</script>
<form>
    <label id="label">邮编 <input id="code" maxlength="6"></label>
    <input type="button" value="默认值" onclick="setValue()">
</form>
```

> **提示**
> 也可以通过 label 元素的 for 属性绑定文本框，然后通过 label 的 control 属性访问它。

7.5.12 访问控件的标签集

HTML5 为所有表单控件新增了 labels 属性，允许使用该属性访问与控件绑定的标签对象。该属性返回一个 NodeList 对象（节点集合），再通过下标或 for 循环访问某个具体绑定的标签。

【示例】下面示例使用 text.labels.length 获取与文本框绑定的标签个数。如果仅绑定一个标签，则创建一个标签，将其绑定到文本框上，设置它的属性，并显示在按钮前面。然后判断用户输入的信息，并将验证信息显示在第 2 个绑定的标签对象中，效果如图 7.6 所示。

```
<script type="text/javascript">
window.onload = function () {
    var text = document.getElementById('text');
    var btn = document.getElementById('btn');
    if(text.labels.length==1) {                              //如果文本框仅绑定一个标签
        var label = document.createElement("label");    //创建标签对象
        label.setAttribute("for","text");                //绑定到文本框上
        label.setAttribute("style","font-size:9px;color:red");
                                                         //设置标签文本的样式
        btn.parentNode.insertBefore(label,btn);          //插入到按钮前面并显示
    }
    btn.onclick = function() {
        if (text.value.trim() == "") {                   //如果文本框为空，则提示错误信息
            text.labels[1].innerHTML = "不能够为空";
        }
        else if(! /^[0-9]{6}$/.test(text.value.trim() )){//如果不是 6 个数
```

```
                    text.labels[1].innerHTML = "请输入6位数字";      //字,则提示非法
            }else{                                                    //否则提示验证通过
                    text.labels[1].innerHTML = "验证通过";
            }
        }
    }
</script>
<form>
    <label id="label" for="text">邮编</label>
    <input id="text">
    <input id="btn" type="button" value="验证">
</form>
```

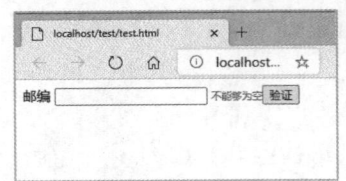

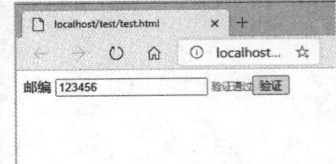

图 7.6 验证输入的邮政编码

7.5.13 定义数据列表

HTML5 新增的 datalist 元素,用于为输入框提供一个可选的列表,供用户输入匹配或直接选择。如果不想从列表中选择,也可以自行输入内容。

datalist 元素需要与 option 元素配合使用,每个 option 元素都必须设置 value 属性值。其中,datalist 元素用于定义列表框,option 元素用于定义列表项。如果要将 datalist 元素提供的列表绑定到某输入框上,还需要使用输入框的 list 属性引用 datalist 元素的 id 属性。

【示例】下面示例演示了 datalist 元素和 list 属性如何配合使用。

```
<form action="testform.asp" method="get">
    请输入网址:<input type="url" list="url_list" name="weblink"/>
    <datalist id="url_list">
        <option label="新浪" value="http://www.sina.com.cn"/>
        <option label="搜狐" value="http://www.sohu.com"/>
        <option label="网易" value="http://www.163.com"/>
    </datalist>
    <input type="submit" value="提交"/>
</form>
```

在浏览器中运行的,当用户单击输入框之后,就会弹出一个下拉网址列表供用户选择,效果如图 7.7 所示。

图 7.7 datalist 元素和 list 属性配合使用的效果

7.5.14 定义输出结果

HTML5 新增的 output 元素，用于在浏览器中显示计算结果或输出脚本，其语法如下。

```
<output name="">结果信息</output>
```

output 元素应该位于表单结构的内部，或者设置 form 属性，指定所属表单。也可以设置 for 属性，绑定输出控件。

【示例】下面是 output 元素的一个应用示例，用于计算用户输入的两个数字的乘积。

```
<script type="text/javascript">
 function multi(){
    a=parseInt(prompt("请输入第1个数字。",0));
    b=parseInt(prompt("请输入第2个数字。",0));
    document.forms["form"]["result"].value=a*b;
 }
</script>
<body onload="multi()">
    <form action="testform.asp" method="get" name="form">
        两数的乘积为： <output name="result"></output>
    </form>
</body>
```

以上代码在浏览器中的运行结果如图 7.8 和图 7.9 所示。当页面加载时，会首先提示"请输入第 1 个数字"。输入并单击"确定"按钮后再根据提示输入第 2 个数字。再次单击"确定"按钮后，显示计算结果，如图 7.10 所示。

图 7.8　提示输入第 1 个数字　　　　图 7.9　提示输入第 2 个数字

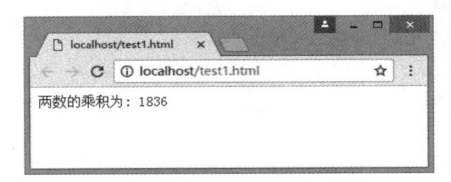

图 7.10　显示计算结果

7.6　案例实战：设计信息统计表

在设计表单时，正确选用各种表单控件很重要，这是结构标准化和语义化的要求，也是用户体验的需要。主要建议如下。

- 不确定性的信息应该使用输入型控件,如姓名、地址、电话等。
- 易错信息,或者答案固定的信息应该使用选择型控件,如国家、年、月、日、星座等。
- 如果希望所有选项一览无余,则应该使用单选按钮组或复选框组,不应该使用下拉菜单。下拉菜单会隐藏部分选项,用户需要多次操作才能够浏览全部选项。
- 当选项很少时,应该使用单选按钮组或复选框组;而当选项很多时,使用单选按钮组或复选框会占用过多的空间,此时应该使用下拉菜单。
- 多项选择可以有两种设计方法:使用复选框或者使用列表框。复选框更直观,列表框容易让人迷糊,需要添加提示文本,显然没有复选框那样简单。
- 应该为控件设置默认值,建议采用提示性的标签文本或者默认值,直接或间接地提醒用户输入,是一种人性化的设计,可以提升用户体验。
- 当设计单选按钮组、复选框或下拉菜单时,设置 value 值或显示值时要直观、明了,方便用户浏览和操作,避免产生歧义。
- 对于单选、复选的选项,减少选项的数量,同时可以考虑使用短语作为选项。
- 对于选项的排列顺序,建议遵循合理的逻辑顺序,如按首字母排列、按声母排列,并根据一般使用习惯设置默认值。
- 在尽可能的前提下,应该避免使用多种控件,使表单结构更简洁,易于操作。

本例设计一个信息统计表单,表单结构如下。

```html
<form action="#" class="form1">
    <p><em>*</em>号所在项为必填项</p>         <!-- 提示段落 -->
    <fieldset class="fld1">                  <!-- 字段集 1 -->
        <legend>基本信息</legend>             <!-- 字段集 1 标题 -->
        <ol>                                  <!-- 字段集 1 内嵌列表 -->
            <li><!-- 说明标签,以下类同 -->
                <label for="name">姓名<em>*</em></label><input id="name"></li>
            <li><label for="address">地址<em>*</em></label> <input id="address"></li>
            <li><label for="dob-y">出生<span class="sr">年</span><em>*</em></label>
                    <select id="dob-y"><option value="1979">1979</option>
                        <option value="1980">1980</option></select>
                    <label for="dob-m" class="sr">月<em>*</em></label>
                    <select id="dob-m"><option value="1">Jan</option>
                        <option value="2">Feb</option></select>
                    <label for="dob" class="sr">日<em>*</em></label>
                    <select id="dob"><option value="1">1</option>
                        <option value="2">2</option></select></li>
            <li><label for="sex">性别<em>*</em></label>
                <select id="sex"><option value="female">女</option>
                        <option value="male">男</option></select></li>
        </ol></fieldset>
    <fieldset class="fld2"><legend>选填信息</legend> <!-- 字段集 2 和标题 -->
        <ol>                                  <!-- 字段集 2 内嵌列表 -->
            <li><fieldset>                    <!-- 列表内嵌字段集合 -->
                <legend>你喜欢这个表单吗? <em>*</em></legend><!-- 子字段集合标题 -->
                <label><input name="invoice-address" type="radio">喜欢</label>
                <label><input name="invoice-address" type="radio">不喜欢</label>
```

```html
            </fieldset></li>
        <li><fieldset>
            <legend>你喜欢什么运动?</legend>
            <label for="football"><input id="football" type="checkbox">
            足球</label>
            <label for="golf"><input id="basketball" type="checkbox">篮球
            </label>
            <label for="rugby"><input id="ping" type="checkbox">乒乓球</label>
            </fieldset></li>
        <li><fieldset>
            <legend>请写下你的建议。<em>*</em></legend>
            <label for="comments"><textarea id="comments" rows="7" cols="25">
            </textarea></label></fieldset></li></ol>
    </fieldset>
    <input value="提交个人信息" class="submit" type="submit">
</form>
```

整个表单结构使用<fieldset>标签分为两组：基本信息和选填信息。第一组主要使用单行文本框和下拉菜单进行设计，使用<label>标签绑定提示信息；第二组主要使用单选按钮组、复选框组和文本区域进行设计。对于单选按钮组和复选框组，嵌套使用了两个<fieldset>标签进行选项管理。设计效果如图 7.11 所示。

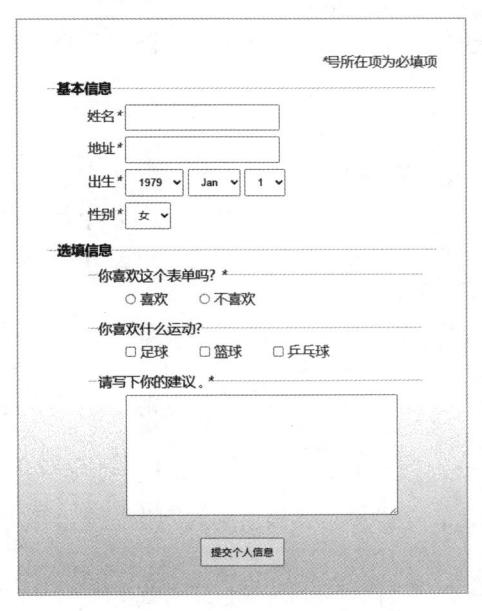

图 7.11　设计信息统计表单效果

本 章 小 结

本章首先介绍了表单的基本结构，然后详细地讲解了常用表单控件，包括文本框、文本区域、密码框、文件域、单选按钮、复选框、选择框、标签、隐藏字段和按钮。最后又详细讲解了 HTML5 新增的表单应用。通过本章的学习，读者能够初步掌握 HTML5 表单结构的设计方法。

课 后 练 习

一、填空题

1. 表单为访问者提供了与_____进行互动的途径，其主要功能是_____。
2. 完善的表单结构通常包括：_____、_____和_____。
3. 完整的表单一般由_____控件和_____脚本两部分组成。
4. 表单按钮包括_____、_____和_____。
5. 每个表单都以_____标签开始，以_____标签结束。
6. 表单控件分为四类：_____、_____、_____和_____。

二、判断题

1. 每个控件都有一个 id 属性，用于在提交表单时标识数据。（   ）
2. 单击提交按钮时，填写的表单数据将被发送给 JavaScript 脚本程序。（   ）
3. 文本框是输入格式信息控件，如文章等。（   ）
4. 大部分表单控件都应定义 name 和 value 属性。（   ）
5. 密码框是特殊类型的文本框，与文本框的唯一区别是输入的信息会被加密。（   ）

三、选择题

1. 下面哪一项不是输入型控件？（   ）
   A．<input type="tel">　　　　　　B．<input type="url">
   C．<input type="date">　　　　　D．<input type="reset">
2. 下面哪一项不是选择型控件？（   ）
   A．单选按钮　　B．提交按钮　　C．复选框　　D．列表框
3. 下面哪一项信息适合选用单选按钮？（   ）
   A．日期　　　　B．年龄　　　　C．性别　　　D．兴趣
4. 下面哪一项信息适合选用下拉菜单？（   ）
   A．国籍　　　　B．姓名　　　　C．性别　　　D．兴趣
5. 上传表单时希望把用户在表单页面停留的时间也提交给服务器，以便改善表单的用户体验，该选用哪个控件？（   ）
   A．文本框　　　B．文件域　　　C．隐藏字段　　D．文本区域

四、简答题

1. 在设计表单时，正确选用各种表单控件很重要，这是结构标准化和语义化的要求，也是用户体验的需要。说说你的建议和想法。
2. HTML5 表单包含很多布尔值属性，请列举几个并说明它们的作用。

五、上机题

1. 设计下拉搜索表单，结构包括控制按钮、文本框和一组超链接，效果如图 7.12 所示。

2. 设计表格搜索框，结构包括文本框和表格，通过文本框可以过滤表格数据，如图 7.13 所示。

图 7.12　下拉搜索表单　　　　　　　　　图 7.13　表格搜索框

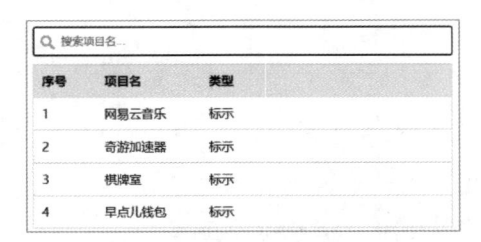

3. 设计一个简单的登录表单，结构包括文本框、复选框和提交按钮，如图 7.14 所示。
4. 创建留言表单，表单功能为用户留言，结构包括文本框和提交按钮，如图 7.15 所示。

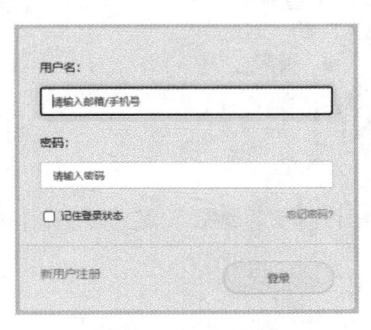

图 7.14　登录表单　　　　　　　　　　图 7.15　留言表单

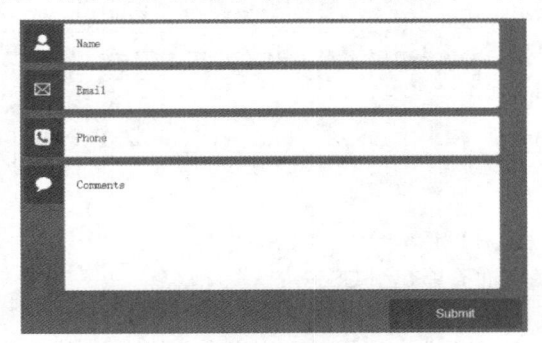

拓 展 阅 读

第 8 章　CSS3 基础

【学习目标】

- 了解 CSS3 的相关概念。
- 了解 CSS 基本特性。
- 能够正确定义 CSS3 样式。
- 熟悉 CSS3 的选择器。

CSS3 是 CSS 规范的最新版本，在 CSS2 基础上增加了很多新功能，以帮助开发人员解决一些实际问题，如圆角、多背景、透明度、阴影等功能。本章将简单地介绍 CSS3 基础知识，帮助读者初步了解 CSS3 的基本用法。

8.1　CSS3 快速入门

与 HTML5 一样，CSS3 也是一种标识语言，可以使用任意文本编辑器编写 CSS 样式代码。下面简单介绍 CSS3 的基本内容。

8.1.1　认识 CSS 样式

CSS（Cascading Style Sheets，层叠样式表）用于描述 HTML 文档的样式。CSS 语法单元是样式，每个样式包含两部分内容：选择器和声明（或称为规则），如图 8.1 所示。

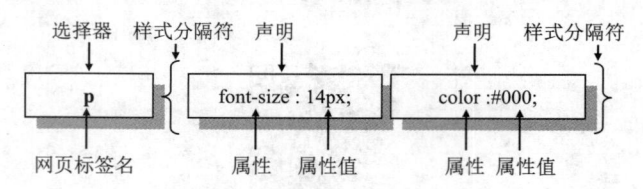

图 8.1　CSS 样式基本格式

- 选择器：指定样式作用于哪些对象，这些对象可以是某个标签、指定 Class 或 id 值的元素等。浏览器在解析样式时，可以根据选择器渲染匹配对象的显示效果。
- 声明：指定浏览器如何渲染选择器匹配的对象。声明包括两部分：属性和属性值，用分号来标识一个声明的结束。一个样式中最后一个声明可以省略分号。所有声明被放置在一对大括号（样式分隔符）内，位于选择器的后面。
- 属性：CSS 预设的样式选项。属性名由一个单词或多个单词组成，多个单词之间通过连字符相连。这样能够很直观地了解属性所要设置的样式的类型。
- 属性值：定义显示效果的值，包括值和单位（如果需要），或者仅定义一个关键字。

8.1.2　引入 CSS 样式

在网页文档中，浏览器能够识别和解析的 CSS 样式共有三种。

（1）行内样式。把 CSS 样式代码置于标签的 style 属性中。例如：

```
<span style="color:red;">红色字体</span>
<div style="border:solid 1px blue; width:200px; height:200px;"></div>
```

一般不建议使用，因为这种用法没有真正地把 HTML 结构与 CSS 样式分离开。

（2）内部样式。例如：

```
<style type="text/css">
    body {/*页面基本属性*/
        font-size: 12px;
        color: #CCCCCC;
    }
    /*段落文本基础属性*/
    p { background-color: #FF00FF; }
</style>
```

把 CSS 样式代码放在<style>标签内。这种用法也称为网页内部样式，适合为单页面定义 CSS 样式，不适合为一个网站或多个页面定义 CSS 样式。

内部样式一般位于网页的头部区域，目的是让 CSS 源代码早于页面源代码下载并被解析。

（3）外部样式。把样式放在独立的文件中，然后使用<link>标签或@import 关键字导入。一般网站都采用这种方法来设计样式，真正实现 HTML 结构和 CSS 样式的分离，以便统筹规划、设计、编辑和管理 CSS 样式。

8.1.3 认识 CSS 样式表

样式表是由一个或多个 CSS 样式组成的样式代码段。样式表包括内部样式表和外部样式表，它们没有本质上的不同，只是存放位置不同。

内部样式表包含在<style>标签内，一个<style>标签就表示一个内部样式表。而通过标签的 style 属性定义的样式属性就不是样式表。如果一个网页文档中包含多个<style>标签，就表示该文档包含了多个内部样式表。

如果 CSS 样式被放置在网页文档外部的文件中，则称为外部样式表，一个 CSS 样式表文档就表示一个外部样式表。实际上，外部样式表也就是一个文本文件，其扩展名为.css。当把不同的样式复制到一个文本文件中，并另存为.css 文件，则它就是一个外部样式表。

在外部样式表文件顶部可以定义 CSS 源代码的字符编码。例如，下面的代码定义样式表文件的字符编码为中文简体。

```
@charset "gb2312";
```

如果不设置 CSS 文件的字符编码，则可以保留默认设置，浏览器会根据 HTML 文件的字符编码来解析 CSS 代码。

8.1.4 导入外部样式表

外部样式表文件可以通过以下两种方法导入 HTML 文档中。

1. 使用<link>标签

使用<link>标签导入外部样式表文件的代码如下：

```
<link href="../styleName.css" rel="stylesheet" type="text/css"/>
```

该标签需要设置的属性说明如下。
- href：用于定义样式表文件 URL。
- rel：用于定义文档关联，这里表示关联样式表。
- type：用于定义导入文件的类型，同 style 元素。

2. 使用@import 关键字

在<style>标签内使用@import 关键字导入外部样式表文件的代码如下：

```
<style type="text/css">
    @import url("../styleName.css");
</style>
```

在@import 关键字后面，利用 url()函数包含具体的外部样式表文件的地址。

> **提示**
>
> 两种导入样式表的方法比较如下。
> - <link>属于 HTML 标签，而@import 是 CSS 的关键字。
> - 页面被加载时，<link>会同时被加载，而@import 引用的 CSS 代码要等到页面被加载完再加载。
> - <link>样式的权重高于@import 关键字的权重。

因此，一般推荐使用<link>标签导入外部样式表，@import 关键字可以作为补充方法备用。

8.1.5 CSS 注释

在 CSS 样式表中，包含在"/*"和"*/"分隔符之间的文本信息都被称为注释，注释信息不会被解析。具体语法如下：

```
/*单行注释*/
```

或

```
/*多行注释
  多行注释*/
```

在 CSS 源代码中，各种空格是不被解析的。因此，可以利用 Tab 键、空格键对样式代码进行格式化排版，以方便阅读。

8.1.6 CSS 属性

CSS 属性用于设置具体样式的效果，由 W3C 统一规范，并由浏览器实现。属性名根据效果分类命名，如 border 表示边框样式，color 表示颜色效果等。复合名称采用连字符法命名，如 border-top 表示顶部边框，font-size 表示字体大小等。

- 在 W3C CSS2.0 版本中，共有 122 个标准属性。
- 在 W3C CSS2.1 版本中，共有 115 个标准属性。其中，删除了 CSS2.0 版本中的 7 个属性：font-size-adjust、font-stretch、marker-offset、marks、page、size 和 text-shadow。
- 在 W3C CSS3.0 版本中，又新增加了 20 多个属性。

本书将在后面各章节中详细介绍各种主要属性，用户也可以从 CSS3 参考手册中具体了解。

8.1.7 CSS 继承性

CSS 样式具有两个基本特性：继承性和层叠性。

CSS 继承性是指后代元素可以继承祖先元素的样式。继承样式主要包括字体、文本等基本属性，如字体、字号、颜色、行距等，而边框、边界、补白、背景、定位、布局、尺寸等属性是不允许被继承的。

灵活应用 CSS 继承性，可以优化 CSS 代码，但是继承的样式的优先级是最低的。

【示例】下面示例在\<body\>标签中定义整个页面的字体大小、字体颜色等基本属性，这样包含在\<body\>标签内的其他元素都将继承该基本属性，以实现页面显示效果的统一。

（1）新建网页文档，在\<body\>标签内输入以下代码，设计一个多级嵌套结构。

```
<div id="wrap">
    <div id="header">
        <div id="menu">
            <ul>
                <li><span>首页</span></li>
                <li>菜单项</li>
            </ul>
        </div>
    </div>
    <div id="main">
        <p>主体内容</p>
    </div>
</div>
```

（2）在\<head\>标签内添加\<style type="text/css"\>标签，定义内部样式表。

（3）为\<body\>标签定义字体大小为 12px，根据继承性，包含在\<body\>标签中的所有其他元素都将继承该属性，包含的字体大小为 12px。

```
body {font-size:12px;}
```

（4）在浏览器中预览，显示效果如图 8.2 所示。

图 8.2　CSS 继承性演示效果

8.1.8 CSS 层叠性

CSS 层叠性是指 CSS 能够对同一个对象应用多个样式的能力。

【示例】新建网页文档，将其保存为 test.html，在\<body\>标签内输入以下代码。

```
<div id="wrap">看看我的样式效果</div>
```

在\<head\>标签内添加\<style type="text/css"\>标签，定义一个内部样式表，分别添加两个样式。

```
div {font-size:12px;}
div {font-size:14px;}
```

两个样式中都声明了相同的属性，并应用于同一个对象。在浏览器中测试，会发现最后字体显示为 14px，即 14px 的字体大小覆盖了 12px 的字体大小，这就是样式层叠。

当多个相同的样式作用于同一个对象时，则根据选择器的优先级，确定对象最终应用的样式。

- 标签选择器：权重为 1。
- 伪选择器：权重为 1。
- 类选择器：权重为 10。
- 属性选择器：权重为 10。
- ID 选择器：权重为 100。
- 其他选择器：权重为 0，如通配选择器等。

然后，以上面的权重为起点来计算每个样式中选择器的总权重，计算规则如下。

- 统计选择器中 ID 选择器的个数，然后乘以 100。
- 统计选择器中类选择器的个数，然后乘以 10。
- 统计选择器中标签选择器的个数，然后乘以 1。

以此类推，最后把所有权重相加，即可得到当前选择器的总权重，根据总权重来决定哪个样式的优先级高。

> **注意**
>
> 应用 CSS 样式层叠时，要注意以下几个问题。
> - 与样式表中的样式相比，行内样式的优先级最高。
> - 权重相同时，样式最近的优先级最高。
> - 使用 !important 命令定义的样式的优先级绝对高。
> - 被继承的样式优先级最低。如果子元素声明或者包含默认样式，则会覆盖继承样式。

!important 命令必须位于属性值和分号之间，如 #header{color:Red**!important**;}。

8.1.9 CSS3 选择器

选择器就是在 HTML 文档中选择想要的元素，以便应用样式的匹配模式。选择器的模式有多种，如标签模式、类模式、ID 模式。选择器的模式可以组合，形成复杂的匹配模式，以便从复杂的结构中更精准地匹配到想要的对象。

在 CSS2.1 版本选择器的基础上，CSS3 新增了部分属性选择器和伪类选择器，减少对 HTML 类和 ID 的依赖，使编写网页代码更加简单、轻松。

根据所获取页面中元素的不同，可以把 CSS3 选择器分为 5 大类：元素选择器、关系选择器、属性选择器、伪类选择器和伪元素选择器。其中，伪类选择器和伪元素选择器（也称选择器伪对象选择器）都属于伪选择器。根据执行任务的不同，伪类选择器又可以分为六种：结构伪类选择器、否定伪类选择器、状态伪类选择器、目标伪类选择器、语言伪类选择器、动态伪类选择器。

> **注意**
>
> CSS3 将伪元素选择器前面的单个冒号（:）修改为双冒号（::），用于区别伪类选择器，但 CSS2.1 的写法仍然有效。

8.2 元素选择器

元素选择器包括标签选择器、类选择器、ID 选择器和通配选择器。

8.2.1 标签选择器

标签选择器也称为类型选择器，它引用 HTML 标签名称，用于匹配文档中同名的所有标签。

- 优点：使用简单，直接引用，不需要为标签额外添加属性。
- 缺点：匹配的范围过大，精度不够。

因此，一般常用标签选择器重置各个标签的默认样式。

【示例】下面示例统一定义网页中段落文本的样式：段落内文本字体大小为 12px，字体颜色为红色。为实现该效果，可以考虑选用标签选择器定义如下样式。

```
p {
    font-size:12px;                    /*字体大小为 12px*/
    color:red;                          /*字体颜色为红色*/
}
```

8.2.2 类选择器

类选择器以点号（.）为前缀，后面是一个类名。应用方法：在标签中定义 class 属性，然后设置属性值为类选择器的名称。

- 优点：能够为不同标签定义相同的样式；使用灵活，可以为同一个标签定义多个类样式。
- 缺点：需要为标签添加 class 属性，干扰文档结构，操作比较麻烦。

【示例】下面示例演示如何在对象中应用多个样式类。

（1）新建文档，在<head>标签内添加<style type="text/css">标签，定义一个内部样式表。

（2）在<style>标签内输入以下样式代码，定义 3 个类样式：red、underline 和 italic。

```
.red { color: red; }                              /*红色类*/
.underline { text-decoration: underline; }         /*下划线类*/
.italic { font-style: italic; }                   /*斜体类*/
```

（3）在段落文本中分别引用这些类，其中第 2 段文本标签引用了 3 个类，演示效果如图 8.3 所示。

```
<p class="underline">问君能有几多愁，恰似一江春水向东流。</p>
<p class="red italic underline">剪不断，理还乱，是离愁。别是一般滋味在心头。</p>
<p class="italic">独自莫凭栏，无限江山，别时容易见时难。流水落花春去也，天上人间。</p>
```

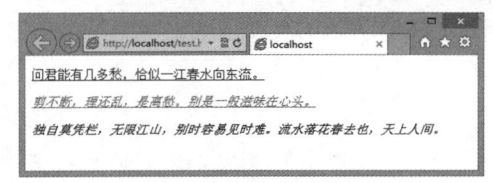

图 8.3 多类应用效果

8.2.3 ID 选择器

ID 选择器以#为前缀，后面是一个 ID 名。应用方法：在标签中添加 id 属性，然后设置属性值为 ID 选择器的名称。

- 优点：精准匹配。
- 缺点：需要为标签定义 id 属性，干扰文档结构，相对于类选择器，缺乏灵活性。

【示例】下面示例演示如何在文档中应用 ID 选择器。

（1）新建网页文档，在\<body\>标签内输入以下\<div\>标签。

```
<div id="box">问君能有几多愁，恰似一江春水向东流。</div>
```

（2）在\<head\>标签内添加\<style type="text/css"\>标签，定义一个内部样式表。

（3）输入以下样式代码，为盒子定义固定的宽度和高度，设置背景图像、边框和内边距大小。

```css
#box {/*ID 样式*/
    background:url(images/1.png) center bottom;/*定义背景图像并居中、底部对齐*/
    height:200px;                              /*固定盒子的高度*/
    width:400px;                               /*固定盒子的宽度*/
    border:solid 2px red;                      /*边框样式*/
    padding:100px;                             /*增加内边距*/
}
```

（4）在浏览器中预览，效果如图 8.4 所示。

图 8.4　ID 选择器的应用

提示

不管是类选择器，还是 ID 选择器，都可以指定一个限定标签名，用于限定它们的应用范围。例如，针对上面的示例，在 ID 选择器前面增加一个 div 元素，如 div#box，这样选择器的优先级会高于#box 选择器的优先级。在同等条件下，浏览器会优先解析 div#box 选择器定义的样式。对于类选择器，也可以使用这种方式限制类选择器的应用范围，如 div#box 仅能匹配 div 元素中包含 box 类的对象。

8.2.4 通配选择器

通配选择器使用星号（*）表示，用于匹配文档中的所有标签。

【示例】使用以下样式可以清除所有标签的边距。

```
* { margin: 0; padding: 0; }
```

8.3 关系选择器

当把两个简单的选择器组合在一起时，就形成了一个复杂的关系选择器。通过关系选择器可以精确匹配 HTML 结构中特定范围的元素。

8.3.1 包含选择器

包含选择器通过空格连接两个简单的选择器，前面的选择器表示包含的对象，后面的选择器表示被包含的对象。

- 优点：可以缩小匹配范围。
- 缺点：匹配范围相对较大，影响的层级不受限制。

【示例】新建网页文档，在\<body\>标签内输入如下代码。

```
<div id="wrap">
    <div id="header">
        <p>头部区域段落文本</p>
    </div>
    <div id="main">
        <p>主体区域段落文本</p>
    </div>
</div>
```

在\<head\>标签内添加\<style type="text/css"\>标签，定义一个内部样式表。然后定义样式，希望实现以下设计目标。

- 定义\<div id="header"\>包含框内的段落文本字体大小为 14px。
- 定义\<div id="main"\>包含框内的段落文本字体大小为 12px。

这时可以利用包含选择器来快速定义样式，代码如下。

```
#header p {font-size:14px;}
#main p {font-size:12px;}
```

8.3.2 子选择器

子选择器使用尖角号（>）连接两个简单的选择器，前面的选择器表示包含的父对象，后面的选择器表示被包含的子对象。

- 优点：相对于包含选择器，匹配的范围更小；从层级结构上看，匹配目标更明确。
- 缺点：相对于包含选择器，匹配范围有限，需要熟悉文档结构。

【示例】新建网页文档，在\<body\>标签内输入以下代码。

```
<h2><span>虞美人·春花秋月何时了</span></h2>
<div><span>春花秋月何时了？往事知多少。小楼昨夜又东风，故国不堪回首月明中。雕栏玉砌应犹在，只是朱颜改。问君能有几多愁？恰似一江春水向东流。  </span></div>
```

在\<head\>标签内添加\<style type="text/css"\>标签，在内部样式表中定义所有 span 元素的字体大小为 18px，再用子选择器定义 h2 元素包含的 span 子元素的字体大小为 28px。

```
span {font-size: 18px;}
h2 > span {font-size: 28px;}
```

在浏览器中预览，显示效果如图 8.5 所示。

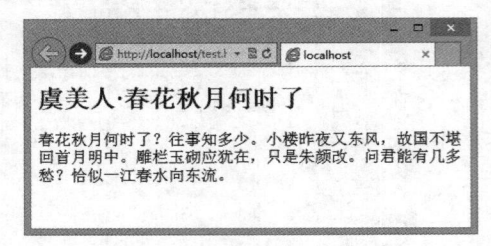

图 8.5　子选择器的应用

8.3.3　相邻选择器

相邻选择器使用加号（+）连接两个简单的选择器，前面的选择器指定相邻的前面一个元素，后面的选择器指定相邻的后面一个元素。

- 优点：在结构中能够快速、准确地找到同级、相邻元素。
- 缺点：使用前需要熟悉文档结构。

【示例】下面示例通过相邻选择器快速匹配出标题下面相邻的 p 元素，并设计其包含的文本居中显示，效果如图 8.6 所示。

```
<style type="text/css">
    h2, h2 + p { text-align: center; }
</style>
<h2>虞美人·春花秋月何时了</h2>
<p>李煜 </p>
<p>春花秋月何时了？往事知多少。小楼昨夜又东风，故国不堪回首月明中。</p>
<p>雕栏玉砌应犹在，只是朱颜改。问君能有几多愁？恰似一江春水向东流。</p>
```

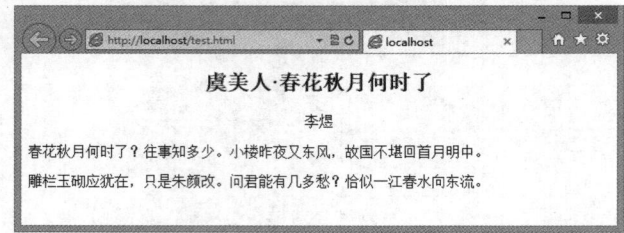

图 8.6　相邻选择器的应用

如果不使用相邻选择器，那么用户需要使用类选择器来设计，这样就相对麻烦很多。

8.3.4　兄弟选择器

兄弟选择器使用波浪号（~）连接两个简单的选择器，前面的选择器指定同级的前置元素，后面的选择器指定其后同级的所有匹配的元素。

- 优点：在结构中能够快速、准确地找到同级靠后的元素。
- 缺点：使用前需要熟悉文档结构，匹配精度没有相邻选择器具体。

【示例】以 8.3.3 小节的示例为基础，添加以下样式，定义标题后面所有段落文本的字体大小为 14px，字体颜色为红色。

```
h2 ~ p { font-size: 14px; color:red; }
```

在浏览器中预览，页面效果如图 8.7 所示。可以看到兄弟选择器匹配的范围包含了相邻选择器匹配的元素。

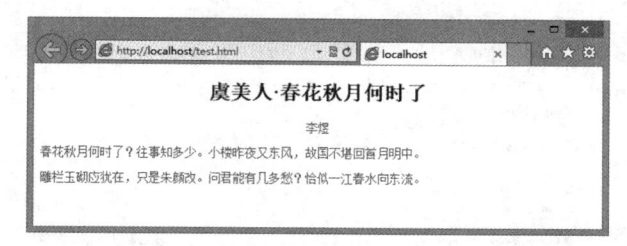

图 8.7　兄弟选择器的应用

8.3.5　分组选择器

分组选择器使用逗号（,）连接两个简单的选择器，前面的选择器匹配的元素与后面的选择器匹配的元素混合在一起，作为分组选择器的结果集。
- 优点：可以合并相同样式，减少代码冗余。
- 缺点：不方便个性管理和编辑。

【示例】下面示例使用分组选择器将所有标题元素统一样式。

```
h1, h2, h3, h4, h5, h5, h6 {
    margin: 0;                          /*清除标题的默认外边距*/
    margin-bottom: 10px;                /*使用下边距拉开标题距离*/
}
```

8.4　属性选择器

属性选择器是根据标签的属性来匹配元素，使用中括号进行定义。

[属性表达式]

CSS3 包括七种属性选择器形式，下面结合示例具体说明。

【示例】设计一个简单的图片灯箱导航示例。其中 HTML 结构和样式代码请参考本节示例源代码，初始预览效果如图 8.8 所示。

图 8.8　设计的灯箱广告效果

1. E[attr]

E[attr]表示选择具有 attr 属性的 E 元素。例如：

```
.nav a[id] {background: blue; color:yellow;font-weight:bold;}
```

上面的代码表示选择 div.nav 下所有带有 id 属性的 a 元素，并在这个元素上使用背景色为蓝色、前景色为黄色、字体加粗的样式，效果如图 8.9 所示。也可以指定多个属性：

```
.nav a[href][title] {background: yellow; color:green;}
```

上面的代码表示选择 div.nav 下具有 href 和 title 两个属性的 a 元素，效果如图 8.10 所示。

图 8.9　属性快速匹配 　　　　　　图 8.10　多属性快速匹配

2. E[attr="value"]

E[attr="value"]表示选择具有 attr 属性，且属性值等于 value 的 E 元素。例如：

```
.nav a[id="first"] {background: blue; color:yellow;font-weight:bold;}
```

选中 div.nav 中的 a 元素，且这个元素有一个 id="first"属性值，预览效果如图 8.11 所示。

E[attr="value"]属性选择器支持多个属性并写，进一步缩小选择范围，用法如下所示，预览效果如图 8.12 所示。

```
.nav a[href="#1"][title] {background: yellow; color:green;}
```

图 8.11　单属性值快速匹配 　　　　　图 8.12　多属性值快速匹配

3. E[attr~="value"]

E[attr~="value"]表示选择具有 attr 属性，且属性值为用空格分隔的字词列表中等于 value 的 E 元素。包含只有一个值，且该值等于 val 的情况。例如：

```
.nav a[title~="website"]{background:orange;color:green;}
```

在 div.nav 下的 a 元素的 title 属性中，只要其属性值中含有 website 这个词就会被选择。a 元素中 2、6、7、8 这 4 个的 title 中都含有 website，所以被选中，效果如图 8.13 所示。

4. E[attr^="value"]

E[attr^="value"]表示选择具有 attr 属性，且属性值为以 value 开头的字符串的 E 元素。例如：

```
.nav a[title^="http://"]{background:orange;color:green;}
.nav a[title^="mailto:"]{background:green;color:orange;}
```

上面的代码表示选择具有 title 属性，并且以"http://"和"mailto:"开头的属性值的所有 a 元素，匹配效果如图 8.14 所示。

图 8.13　属性值局部词匹配 　　　　图 8.14　匹配属性值开头字符串的元素

5. E[attr$="value"]

E[attr$="value"]表示选择具有 attr 属性，且属性值为以 value 结尾的字符串的 E 元素。

例如：

```
.nav a[href$="png"]{background:orange;color:green;}
```

上面的代码表示选择 div.nav 中具有 href 属性，并以 png 结尾的 a 元素。

6. E[attr*="value"]

E[attr*="value"]表示选择具有 attr 属性，且属性值为包含 value 的字符串的 E 元素。例如：

```
.nav a[title*="site"]{background:black;color:white;}
```

上面的代码表示只要 div.nav 中 a 元素的 title 属性中含有"site"字符串就选择。上面样式的预览效果如图 8.15 所示。

7. E[attr|="value"]

E[attr|="value"]表示选择具有 attr 属性，其值是以 value 开头，并用连接符"-"分隔的字符串的 E 元素；如果值仅为 value，也将被选择。例如：

```
.nav a[lang|="zh"]{background:gray;color:yellow;}
```

上面的代码会选中 div.nav 中 lang 属性为 zh 或以 zh-开头的所有 a 元素，效果如图 8.16 所示。

图 8.15　匹配属性值中的特定子串 　　　　图 8.16　匹配属性值开头字符串的元素

8.5　伪类选择器

8.5.1　认识伪选择器

伪类是一种特殊的类选择器，用于对不同状态或行为下的元素定义样式，这些状态或行为无法通过静态的选择器匹配，因此伪类选择器具有动态特性。

伪选择器包括伪类选择器和伪元素选择器，伪选择器能够根据元素或对象的特征、状态、行为进行匹配。

伪选择器以冒号（:）作为前缀标识符。冒号前可以添加限定选择符，限定伪类应用的范围；冒号后为伪类和伪元素名，冒号前后没有空格。

CSS 伪类选择器有以下两种用法。

（1）单纯式。

```
E:pseudo-class { property:value }
```

其中，E 为元素，pseudo-class 为伪类名称，property 为 CSS 属性，value 为 CSS 属性值。

```
a:link {color:red;}
```

（2）混用式。

```
E.class:pseudo-class{property:value}
```

其中，.class 表示类选择器。把类选择器与伪类选择器组成一个混合式的选择器，能够设计更复杂的样式，以精准匹配元素。例如：

```
a.selected:hover {color: blue;}
```

由于 CSS3 伪选择器众多，下面仅针对 CSS3 中新增的伪类选择器进行演示说明，其他选择器的说明请参考 CSS3 参考手册。

8.5.2 结构伪类

结构伪类根据文档结构的相互关系来匹配特定的元素，从而减少文档元素的 class 属性和 ID 属性的无序设置，使文档更加简洁。结构伪类形式多样，但用法固定，以便设计各种特殊样式效果。结构伪类主要包括以下几种。

- :fist-child：第一个子元素。
- :last-child：最后一个子元素。
- :nth-child()：按正序匹配特定子元素。
- :nth-last-child()：按倒序匹配特定子元素。
- :nth-of-type()：在同类型中匹配特定子元素。
- :nth-last-of-type()：按倒序在同类型中匹配特定子元素。
- :first-of-type：第一个同类型子元素。
- :last-of-type：最后一个同类型子元素。
- :only-child：唯一子元素。
- :only-of-type：同类型的唯一子元素。
- :empty：空元素。

【示例 1】下面示例设计排行榜栏目列表样式，设计效果如图 8.17 所示。在列表框中为每个列表项定义相同的背景图像。

图 8.17　设计推荐栏目样式

设计的列表结构和样式请参考本小节示例源代码。下面结合本示例分析结构伪类选择器的用法。

【示例 2】如果设计第一个列表项前的图标为 1，且字体加粗显示，则使用:first-child 进行匹配。

```
#wrap li:first-child {
    background-position:2px 10px;
    font-weight:bold;
}
```

【示例 3】如果单独给最后一个列表项定义样式，可以使用:last-child 进行匹配。

```
#wrap li:last-child {background-position:2px -277px;}
```

【示例 4】下面 6 个样式分别匹配列表中第 2~7 个列表项，并分别定义它们的背景图像

Y 轴的坐标位置。

```
#wrap li:nth-child(2) { background-position: 2px -31px; }
#wrap li:nth-child(3) { background-position: 2px -72px; }
#wrap li:nth-child(4) { background-position: 2px -113px; }
#wrap li:nth-child(5) { background-position: 2px -154px; }
#wrap li:nth-child(6) { background-position: 2px -195px; }
#wrap li:nth-child(7) { background-position: 2px -236px; }
```

8.5.3 否定伪类

:not()表示否定选择器，即过滤掉与 not()函数匹配的特定元素。

【示例】下面示例为页面中所有段落文本设置字体大小为 24px，然后使用:not(.author)排除第一段文本，设置其他段落文本的字体大小为 14px。

```
<style type="text/css">
  p { font-size: 24px; }
  p:not(.author){ font-size: 14px; }
</style>
<h2>虞美人·春花秋月何时了</h2>
<p class="author">李煜</p>
<p>春花秋月何时了？往事知多少。小楼昨夜又东风，故国不堪回首月明中。</p>
<p>雕栏玉砌应犹在，只是朱颜改。问君能有几多愁？恰似一江春水向东流。</p>
```

8.5.4 状态伪类

CSS3 包含 3 个 UI 状态伪类选择器，简单说明如下。
- :enabled：匹配指定范围内所有可用 UI 元素。
- :disabled：匹配指定范围内所有不可用 UI 元素。
- :checked：匹配指定范围内所有被选中的 UI 元素。

【示例】下面示例设计一个简单的登录表单，效果如图 8.18 所示。在实际应用中，当用户登录完毕，不妨通过脚本把文本框设置为不可用（disabled="disabled"）状态。这时可以通过:disabled 选择器使文本框显示为灰色，以告诉用户该文本框不可用，这样就不用设计"不可用"样式类，并把该类添加到 HTML 结构中。

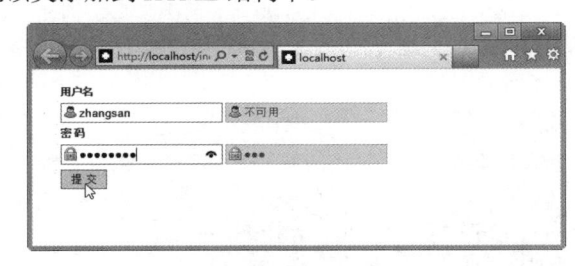

图 8.18 设计登录表单样式

【操作步骤】
（1）新建一个文档，在文档中构建一个简单的登录表单结构。在这个表单结构中，使用 HTML 的 disabled 属性分别定义两个不可用的文本框对象。详细代码请参考本小节示例源代码。

（2）新建一个内部样式表，使用属性选择器定义文本框和密码域的基本样式。

```
input[type="text"], input[type="password"] {
    border:1px solid #0f0;
    width:160px; height:22px;
    padding-left:20px; margin:6px 0;
    line-height:20px;
}
```

（3）利用属性选择器，分别为文本框和密码域定义内嵌标识图标。

```
input[type="text"] { background:url(images/name.gif) no-repeat 2px 2px; }
input[type="password"] { background:url(images/password.gif) no-repeat 2px 2px; }
```

（4）使用状态伪类选择器定义不可用表单对象显示为灰色，提示用户该表单不可用。

```
input[type="text"]:disabled {
    background:#ddd url(images/name1.gif) no-repeat 2px 2px;
    border:1px solid #bbb;
    }
input[type="password"]:disabled {
    background:#ddd url(images/password1.gif) no-repeat 2px 2px;
    border:1px solid #bbb;
    }
```

8.5.5 目标伪类

目标伪类选择器类型的形式如 E:target，它表示选择匹配 E 的所有元素，且匹配元素被相关 URL 所指向。该选择器是动态选择器，只有当存在 URL 指向该匹配元素时，样式效果才有效。

【示例】下面示例设计当单击页面中的锚点链接，跳转到指定标题位置时，该标题会自动高亮显示，以提醒用户当前跳转的位置，效果如图 8.19 所示。

```
<style type="text/css">
    h1{ position:fixed; right:12px; top:24px;}      /*设计导航条固定在窗口右上角位
                                                       置显示*/
    h1 a{display:block;}                            /*让锚点链接堆叠显示*/
    h2:target {background:hsla(93,96%,62%,1.00);}   /*设计锚点链接的目标高亮显示*/
</style>
<h1><a href="#p1">图片 1</a> <a href="#p2">图片 2</a> <a href="#p3">图片 3</a>
<a href="#p4">图片 4</a> </h1>
...
```

图 8.19　目标伪类样式应用效果

8.6 伪元素选择器

伪元素是一种虚拟的元素，不会出现在 DOM 文档树中，仅存在于 CSS 渲染层。伪元素选择器的样式用于为特定对象设置特殊效果。例如，::before 和::after 用于在 CSS 渲染中在匹配元素的头部或尾部插入内容，它们不受文档约束，也不影响文档本身，只影响最终样式。

伪元素选择器以冒号（:）作为语法标识符。冒号前可以添加选择符，限定伪元素应用的范围，冒号后为伪元素名称，冒号前后没有空格。语法格式如下：

:伪元素名称

CSS3 新语法格式如下：

::伪元素名称

CSS3 支持的伪元素选择器主要包括 7 个：:first-letter、:first-line、:before、:after、::placeholder、::selection、::backdrop。

【示例】下面示例使用:first-letter 伪元素选择器设置段落文本第一个字符放大下沉显示，并使用:first-line 伪元素选择器设置段落文本第一行字符放大带有阴影显示，效果如图 8.20 所示。

```
<style type="text/css">
   p{ font-size:18px; line-height:1.6em;}
   p:first-letter {                    /*段落文本中第一个字符样式*/
        float:left;
        font-size:60px;
        font-weight:bold;
        margin:26px 6px;
   }
   p:first-line {                      /*段落文本中第一行字符样式*/
        color:red;
        font-size:24px;
        text-shadow:2px 2px 2px rgba(147,251,64,1);
   }
</style>
```

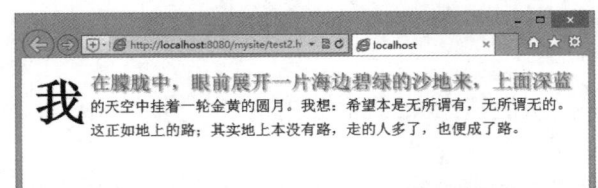

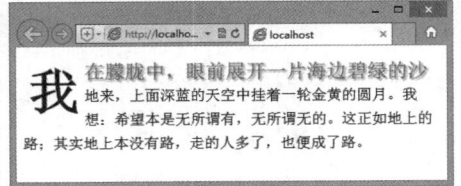

图 8.20 定义第一个字符和第一行字符特殊显示

8.7 案例实战

8.7.1 使用::after 和::before

CSS3 的::after 选择器用于创建一个伪元素，作为匹配元素的最后一个子元素；::before 选择器用于创建一个伪元素，作为匹配元素的第一个子元素。这两个选择器通常会配合 content 属性一起使用，通过 content 为这个伪元素添加内容。这个虚拟对象不会显示在 HTML 源代码中，只在样式渲染时呈现，默认显示为行内元素，可以使用 CSS 属性设置它的显示样式。

为了兼容早期使用习惯，::after 和::before 可以简写为:after 和:before。

【示例 1】本例使用::after 创建提示内容，配合 CSS 表达式 attr()获取自定义数据属性 data-info 创建一个纯 CSS 词汇表提示工具，演示效果如图 8.21 所示。

```
<style>
    span[data-info] {                      /*匹配包含 data-info 自定义数据属性的 span 元素*/
        position: relative;                /*设置为定位框*/
        text-decoration: underline; color: #00f; cursor: help;
                                           /*模拟超链接默认样式*/
    }
    span[data-info]:hover::after {         /*为匹配的 span 元素创建一个虚拟的子
                                             元素，并放在最后*/
        content: attr(data-info);          /*获取属性值，并填充伪元素*/
        position: absolute; left: 0; top: 24px; z-index: 1;   /*精确定位*/
        min-width: 200px; padding: 12px;   /*定义提示框的大小和空隙*/
        border: 1px #aaaaaa solid; border-radius: 10px;       /*定义提示框的边框*/
        background-color: #ffffcc; color: #000000; font-size: 14px;
                                           /*定义提示框前景和背景*/
    }
</style>
<p><span data-info="Cascading Style Sheets,即层叠样式表">CSS</span>是一种用来表现<span data-info="Hyper Text Markup Language,即超文本标记语言">HTML</span>或<span data-info="Extensible Markup Language,即可扩展标记语言">XML</span>等文件样式的计算机语言。CSS 不仅可以静态地修饰网页，还可以配合各种脚本语言动态地对网页各元素进行格式化。</p>
```

【示例 2】与普通元素一样，可以给::after 和::before 伪元素添加样式，本例使用::before 伪元素代替图标 i 标签，为菜单项添加前缀图标，效果如图 8.22 所示。

```
<style>
    .del {font-size: 20px; cursor: pointer;}
    .del::before {
        content: "";
        display: inline-block; width: 20px; height: 25px;
        margin-right: 6px; vertical-align: -20%;
        background: url("del.png") no-repeat center; background-size: 100%;
    }
</style>
<span class="del">删除</span>
```

图 8.21　使用::after 创建提示内容

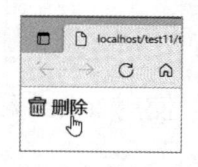

图 8.22　添加图标

8.7.2 使用表单属性选择器

属性选择器在表单设计中具有强大的应用价值，表单元素多以 type 属性区分不同的对象。在 HTML5 中又增加了大量的子类文本框，这些对象都是通过 input 元素的 type 属性进行定义和扩展的。因此，在网页设计中，只能够通过属性选择器来准确匹配这些对象。如果依靠 ID 或者类样式，将会在表单结构中添加大量的无用 id 和 class 值，不利于代码优化，也不利于结构重构和样式复制。例如：

```
input[type="text"]：获取表单中所有文本框。
input[type="checkbox"]：获取表单中所有复选框。
input[type="radio"]：获取表单中所有单选按钮。
input[type="password"]：获取表单中所有密码域。
input[type="reset"]：获取表单中所有重置按钮。
input [type="submit"]：获取表单中所有提交按钮。
```

另外，表单对象都拥有一些基本特征，如可用、不可用、选中、未选中、只读等属性。利用属性选择器可以快速通过表单中的某对象属性特征获取该类元素。例如：

```
[enabled]：获取表单中所有属性为可用的表单对象。
[disabled]：获取表单中所有属性为不可用的表单对象。
[checked]：获取表单中所有被选中的单选按钮或复选框。
[selected]：获取表单中所有被选中的 option 元素。
[readonly]：获取表单中所有只读的文本框。
```

【示例】通过属性选择器过滤出提交按钮和不可用文本框，分别为它们定义特定样式，以便与其他表单对象进行区分。

```
input[type=submit] {width: 125px; height: 42px; padding: 5px 10px; cursor: pointer;}
input[disabled] {color:#aaa;}
```

8.7.3 使用超链接属性选择器

由于超链接文档的类型不同，文件的扩展名也会不同。根据不同的扩展名，分别为不同文件类型的超链接定义不同的图标，这样能方便浏览者知道所选择的超链接类型。使用属性选择器匹配 a 元素中 href 属性值最后几个字符，即可为不同类型的链接添加不同的显示图标。

【示例】下面示例模拟百度文库的"相关文档推荐"模块样式设计效果，演示如何利用属性选择器快速并准确匹配文档类型，为不同类型的文档超链接定义不同的显示图标，以便浏览者能够准确识别文档类型，效果如图 8.23 所示。

```
a[href$="pdf"] { background: url(images/pdf.jpg) no-repeat left center;}
                                          /*匹配 PDF 文件*/
a[href$="ppt"] { background: url(images/ppt.jpg) no-repeat left center;}
                                          /*匹配演示文稿*/
a[href$="txt"] { background: url(images/txt.jpg) no-repeat left center;}
                                          /*匹配记事本文件*/
a[href$="doc"] {background: url(images/doc.jpg) no-repeat left center;}
                                          /*匹配 Word 文件*/
a[href$="xls"] { background: url(images/xls.jpg) no-repeat left center;}
                                          /*匹配 Excel 文件*/
```

图 8.23　设计超链接文档类型的显示图标

另外，超链接的形式也是多样的，如锚链接、下载链接、图片链接、空链接、脚本链接等，都可以利用属性选择器来标识这些超链接的不同样式。例如：

```
/*匹配所有有效超链接*/
a[href^="http:"] {background: url(images/window.gif) no-repeat left center;}
/*匹配压缩文件*/
a[href$="rar"] {background: url(images/icon_rar.gif) no-repeat left center; padding-left: 18px;}
/*匹配GIF图像文件*/
a[href$="gif"] { background: url(images/icon_img.gif) no-repeat left center; padding-left: 18px;}
```

本 章 小 结

本章首先介绍了 CSS3 的相关概念和基本用法，然后分类讲解了 CSS3 选择器，包括标签选择器、类选择器、ID 选择器、通配选择器、包含选择器、子选择器、相邻选择器、兄弟选择器、分组选择器、属性选择器、伪类选择器和伪元素选择器。读者需要熟练掌握这些选择器，并能够灵活混用，才能够发挥 CSS3 强大的样式渲染能力。

课 后 练 习

一、填空题

1. 每个 CSS 样式包含两部分内容：_____和_____。
2. 在网页文档中，CSS 样式存在三种形式：_____、_____和_____。
3. 外部样式表文件可以通过两种方法导入：_____和_____。
4. 在 CSS 样式表中，包含在_____和_____分隔符之间的文本信息都被称为注释。
5. CSS 样式具有两个基本特性：_____和_____。

二、判断题

1. 标签选择器的优点是使用简单，直接引用，不需要为标签额外添加属性。（　　）
2. 类选择器的缺点是匹配的范围过大，精度不够。（　　）
3. ID 选择器的优点是精准匹配。（　　）

4．包含选择器的优点是可以扩大匹配范围。   (   )

5．子选择器比包含选择器匹配的范围更小。   (   )

三、选择题

1．下面哪一项不是伪元素选择器？（   ）

　　A．:first-letter　　B．:last-child　　C．:placeholder　　D．:selection

2．下面哪一项不是伪类选择器？（   ）

　　A．:first-letter　　B．:last-child　　C．:enabled　　　　D．:target

3．下面哪一项可以选择具有 attr 属性，且属性值等于 value 的 E 元素？（   ）

　　A．E[attr]　　　　　　　　　　　B．E[attr~="value"]

　　C．E[attr="value"]　　　　　　　　D．E[attr^="value"]

4．下面哪一项不是关系选择器？（   ）

　　A．子选择器　　B．兄弟选择器　　C．相邻选择器　　D．否定选择器

5．下面哪一个选择器可以为不同标签应用相同的样式？（   ）

　　A．标签选择器　　B．类选择器　　C．ID 选择器　　D．包含选择器

四、简答题

1．简单介绍一下什么是 CSS 层叠性，如何计算选择器的优先级。

2．什么是 CSS 继承性，哪些属性可以继承？

五、上机题

1．设计一个简单的联系表单，练习使用属性选择器控制表单对象的样式，如图 8.24 所示。

2．制作一个表格，练习使用结构伪类选择器控制表格的样式，如图 8.25 所示。

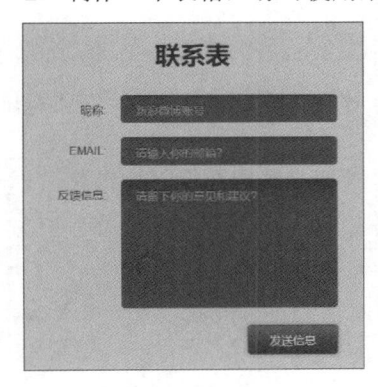

图 8.24　联系表单　　　　　　　　　　　图 8.25　表格

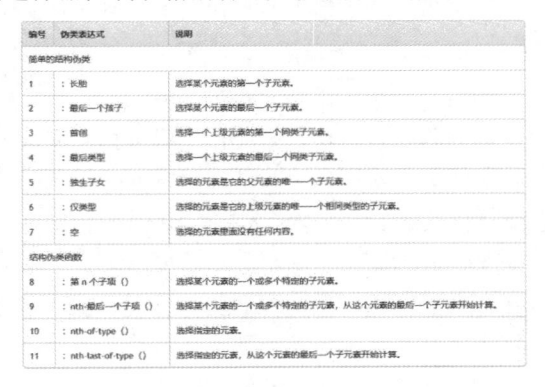

拓 展 阅 读

第 9 章　CSS3 字体和文本样式

【学习目标】
- 熟悉字体样式，如类型、大小、颜色等。
- 能够设计对齐、行高、间距等文本版式。
- 能够使用 CSS3 色彩模式。
- 灵活定义文本阴影样式。
- 灵活添加动态内容。
- 正确使用自定义字体。

CSS3 优化了 CSS2.1 的字体和文本属性，同时新增了各种文字特效，使网页文字更具表现力和感染力，丰富了网页设计效果，如自定义字体类型、更多的色彩模式、文本阴影、动态生成内容、各种特殊值、函数等。本章将重点讲解 CSS3 字体和文本样式。

9.1　字　　体

字体样式包括类型、大小、颜色、粗细、下划线、斜体、大小写等，下面分别进行介绍。

9.1.1　定义字体类型

使用 font-family 属性可以定义字体类型，用法如下。

```
font-family : name
```

其中，name 表示字体名称，可以设置字体列表，多个字体按优先顺序排列，以逗号隔开。如果字体名称包含空格，则应使用引号括起来。

【示例】新建网页，将其保存为 test1.html，在<body>标签内输入两行段落文本。

```
<p>月落乌啼霜满天，江枫渔火对愁眠。</p>
<p>姑苏城外寒山寺，夜半钟声到客船。</p>
```

在<head>标签内添加<style type="text/css">标签，定义一个内部样式表，然后输入以下样式，用于定义网页字体的类型。

```
p {/*段落样式*/
    font-family: "隶书";                    /*隶书字体*/
}
```

在浏览器中预览，效果如图 9.1 所示。

图 9.1　设计隶书字体效果

9.1.2 定义字体大小

使用 CSS3 的 font-size 属性可以定义字体大小，用法如下。

```
font-size : xx-small | x-small | small | medium | large | x-large | xx-large | larger | smaller | length
```

其中，xx-small（最小）、x-small（较小）、small（小）、medium（正常）、large（大）、x-large（较大）、xx-large（最大）表示绝对字体尺寸，这些特殊值将根据对象字体进行调整。

larger（增大）和 smaller（减少）这对特殊值能够根据父对象中的字体尺寸进行相对增大或缩小处理，使用成比例的 em 单位进行计算。

length 可以是百分数，或是浮点数字和单位标识符组成的长度值，但不可为负值。其百分比取值是基于父对象中字体的尺寸来计算的，与 em 单位计算相同。

【示例】新建网页，在<head>标签内添加<style type="text/css">标签，定义一个内部样式表。然后输入以下样式，分别设置网页字体的默认大小、正文字体大小，以及栏目中的字体大小。

```
body {font-size:12px;}                              /*以 px 为单位设置字体大小*/
p {font-size:0.75em;}                               /*以父对象字体大小为参考设置字体大小*/
div {font:9pt Arial, Helvetica, sans-serif;}        /*以 pt 为单位设置字体大小*/
```

9.1.3 定义字体颜色

使用 CSS3 的 color 属性可以定义字体颜色，用法如下。

```
color : color
```

其中，参数 color 表示颜色值，取值包括颜色名、十六进制值、RGB 等颜色函数等。

【示例】下面示例分别定义页面、段落文本、<div>标签、<span>标签包含字体的颜色。

```
body { color:gray;}                    /*使用颜色名*/
p { color:#666666;}                    /*使用十六进制*/
div { color:rgb(120,120,120);}         /*使用 RGB*/
span { color:rgb(50%,50%,50%);}        /*使用 RGB*/
```

9.1.4 定义字体粗细

使用 CSS3 的 font-weight 属性可以定义字体粗细，用法如下。

```
font-weight : normal | bold | bolder | lighter | 100 | 200 | 300 | 400 | 500 | 600 | 700 | 800 | 900
```

其中，normal 为默认值，表示正常的字体，相当于取值为 400；bold 表示粗体，相当于取值为 700，或者使用<b>标签定义的字体效果；bolder（较粗）和 lighter（较细）是相对于 normal 字体粗细而言的。

另外，也可以设置值为 100、200、300、400、500、600、700、800、900，它们分别表示字体的粗细，是对字体粗细的一种量化，值越大就表示越粗，值越小就表示越细。

【示例】新建 test.html 文档，定义一个内部样式表，然后输入以下样式，分别定义段落文本、一级标题、<div>标签包含字体的粗细效果，同时定义一个粗体样式类。

```
p { font-weight: normal }                /*等于 400*/
h1 { font-weight: 700 }                  /*等于 bold*/
div{ font-weight: bolder }               /*可能为 500*/
.bold {font-weight:bold;}                /*粗体样式类*/
```

设置字体粗细也可以称为定义字体的重量。对于中文网页设计来说，一般仅用到 bold（加粗）和 normal（普通）两个属性值。

9.1.5 定义字体倾斜效果

使用 CSS3 的 font-style 属性可以定义字体倾斜效果，用法如下。

```
font-style : normal | italic | oblique
```

其中，normal 为默认值，表示正常的字体；italic 表示斜体；oblique 表示倾斜的字体。italic 和 oblique 两个取值只能在英文等外文中有效。

【示例】新建 test.html 文档，输入以下样式，定义一个斜体样式类。

```
.italic {                                /*斜体样式类*/
    font-style:italic;
}
```

在<body>标签中输入两段文本，并把斜体样式类应用到其中一段文本中。

```
<p>知我者，谓我心忧，不知我者，谓我何求。</p>
<p class="italic">君子坦荡荡，小人长戚戚。</p>
```

最后在浏览器中预览，效果如图 9.2 所示。

图 9.2　比较正常字体和斜体效果

9.1.6 定义字体修饰线

使用 CSS3 的 text-decoration 属性可以定义字体修饰线效果，用法如下。

```
text-decoration : none || underline || blink || overline || line-through
```

其中，normal 为默认值，表示无修饰线；underline 表示下划线效果；blink 表示闪烁效果；overline 表示上划线效果；line- through 表示删除线效果。

【操作步骤】

（1）新建 test.html 文档，在<head>标签内添加<style type="text/css">标签，定义一个内部样式表。然后定义 3 个修饰字体样式类。

```
.underline {text-decoration:underline;}      /*下划线样式类*/
.overline {text-decoration:overline;}        /*上划线样式类*/
.line-through {text-decoration:line-through;} /*删除线样式类*/
```

（2）在<body>标签中输入 3 行段落文本，并分别应用上面的修饰类样式。

```
<p class="underline">昨夜西风凋碧树，独上高楼，望尽天涯路</p>
```

```
<p class="overline">衣带渐宽终不悔,为伊消得人憔悴</p>
<p class="line-through">众里寻他千百度,蓦然回首,那人却在灯火阑珊处</p>
```

(3) 再定义一个样式,在该样式中同时声明多个装饰值,定义的样式如下。

```
.line { text-decoration:line-through overline underline; }
```

(4) 在正文中输入一行段落文本,并把这个 line 样式类应用到该行文本中。

```
<p class="line">古今之成大事业、大学问者,必经过三种之境界。</p>
```

在浏览器中预览,多种修饰线比较效果如图 9.3 所示。

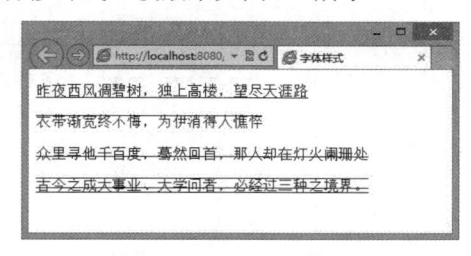

图 9.3 多种修饰线的应用效果

9.1.7 定义字体变体

使用 CSS3 的 font-variant 属性可以定义字体的变体效果,用法如下。

```
font-variant : normal | small-caps
```

其中,normal 为默认值,表示正常的字体;small-caps 表示小型的大写字母字体。
【示例】新建 test.html 文档,在内部样式表中定义一个类样式。

```
.small-caps {font-variant:small-caps;}          /*小型大写字母样式类*/
```

然后在<body>标签中输入一行段落文本,并应用上面定义的类样式。

```
<p class="small-caps">font-variant </p>
```

font-variant 仅支持拉丁字体,中文字体没有大小写效果的区分。

9.1.8 定义字体大小写

使用 CSS3 的 text-transform 属性可以定义字体大小写效果,用法如下。

```
text-transform : none | capitalize | uppercase | lowercase
```

其中,none 为默认值,表示无转换发生;capitalize 表示将每个单词的第一个字母转换为大写,其余无转换发生;uppercase 表示把所有字母转换为大写;lowercase 表示把所有字母转换为小写。

【示例】新建 test.html 文档,在内部样式表中定义 3 个类样式。

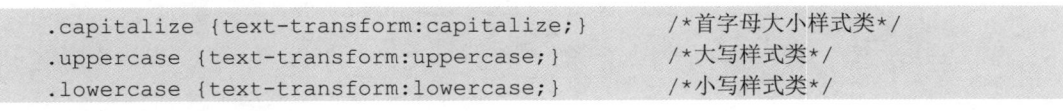

```
.capitalize {text-transform:capitalize;}        /*首字母大小样式类*/
.uppercase {text-transform:uppercase;}          /*大写样式类*/
.lowercase {text-transform:lowercase;}          /*小写样式类*/
```

然后在<body>标签中输入 3 行段落文本,并分别应用上面定义的类样式。

```
<p class="capitalize">text-transform:capitalize;</p>
```

```
<p class="uppercase">text-transform:uppercase;</p>
<p class="lowercase">text-transform:lowercase;</p>
```

分别在 IE 浏览器和 Firefox 浏览器中预览，效果如图 9.4 和图 9.5 所示。

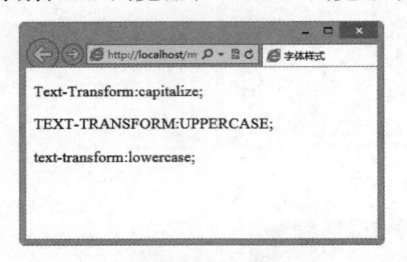

图 9.4　IE 浏览器中解析的字体大小的效果

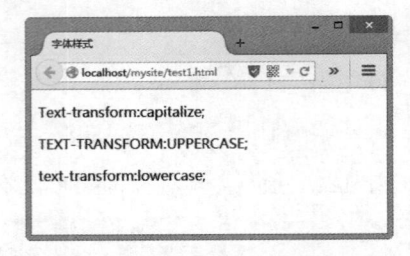

图 9.5　Firefox 浏览器中解析的字体大小写效果

9.2　文　　本

文本样式主要用于设计正文的排版效果，属性名以 text 为前缀进行命名，下面分别进行介绍。

9.2.1　定义水平对齐

使用 CSS3 的 text-align 属性可以定义文本的水平对齐方式，用法如下。

```
text-align : left | right | center | justify
```

其中，left 为默认值，表示左对齐；right 表示右对齐；center 表示居中对齐；justify 表示两端对齐。

【示例】新建 test.html 文档，在内部样式表中定义 3 个对齐类样式。

```
.left { text-align: left; }
.center { text-align: center; }
.right { text-align: right; }
```

然后在<body>标签中输入 3 段文本，并分别应用这 3 个类样式。

```
<p class="left">昨夜西风凋碧树，独上高楼，望尽天涯路</p>
<p class="center">衣带渐宽终不悔，为伊消得人憔悴</p>
<p class="right">众里寻他千百度，蓦然回首，那人却在灯火阑珊处</p>
```

在浏览器中预览，效果如图 9.6 所示。

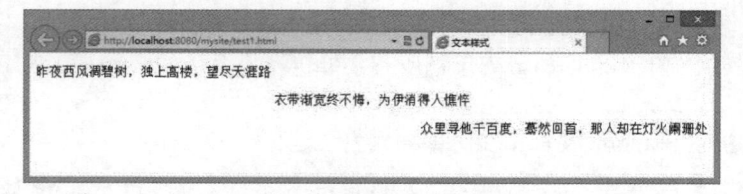

图 9.6　比较 3 种文本对齐效果

9.2.2　定义垂直对齐

使用 CSS3 的 vertical-align 属性可以定义文本的垂直对齐方式，用法如下。

```
vertical-align : auto | baseline | sub | super | top | text-top | middle |
bottom | text-bottom | length
```

取值说明可以参考 CSS3 参考手册。

【示例】新建 test1.html 文档，在<head>标签内添加<style type="text/css">标签，定义一个内部样式表，然后输入以下样式，定义上标类样式。

```
.super {vertical-align:super;}
```

然后在<body>标签中输入一行文本，并应用该上标类样式。

```
<p>vertical-align 表示垂直<span class=" super ">对齐</span>属性</p>
```

在浏览器中预览，效果如图 9.7 所示。

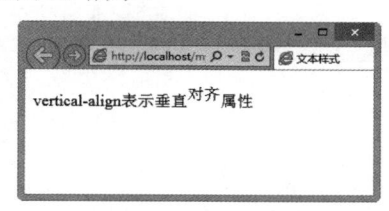

图 9.7　文本上标样式效果

9.2.3　定义文本间距

使用 letter-spacing 属性可以定义字距，使用 word-spacing 属性可以定义词距。这两个属性的取值都是长度值，由浮点数字和单位标识符组成，默认值为 normal，表示默认间隔。

定义词距时，以空格为基准进行调节，如果多个单词被连接在一起，则被 word-spacing: 视为一个单词；如果汉字被空格分隔，则分隔的多个汉字就被视为不同的单词，word-spacing: 属性有效。

【示例】新建网页，设计内部样式表，定义两个类样式。

```
.lspacing {letter-spacing:1em;}                    /*字距样式类*/
.wspacing {word-spacing:1em;}                      /*词距样式类*/
```

然后在<body>标签中输入两行段落文本，并应用上面定义的两个类样式。

```
<p class="lspacing">letter spacing word spacing（字间距）</p>
<p class="wspacing">letter spacing word spacing（词间距）</p>
```

在浏览器中预览，效果如图 9.8 所示。从图中可以直观地看到，所谓字距，就是定义字母之间的距离，而词距就是定义单词之间的距离。

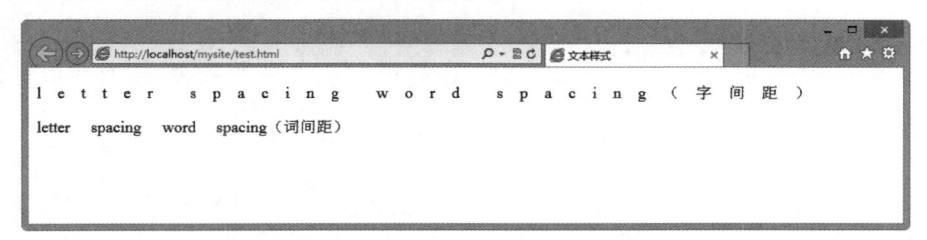

图 9.8　字距和词距演示效果比较

字距和词距一般很少使用，使用时应慎重考虑用户的阅读体验和感受。对于中文用户来说，letter-spacing:属性有效，而 word-spacing:属性无效。

9.2.4 定义行高

使用 CSS3 的 line-height 属性可以定义行高，用法如下。

```
line-height : normal | length
```

其中，normal 表示默认值，一般为 1.2em；length 表示百分比数字，或由浮点数字和单位标识符组成的长度值，允许为负值。

【示例】新建网页文档，在<head>标签内添加<style type="text/css">标签，定义一个内部样式表，输入以下样式，定义两个行高类样式。

```
.p1 {/*行高样式类 1*/
    line-height:1em;                           /*行高为一个字大小*/}
.p2 {/*行高样式类 2*/
    line-height:2em;                           /*行高为两个字大小*/}
```

然后在<body>标签中输入两行段落文本，并应用上面定义的两个类样式。在浏览器中预览，效果如图 9.9 所示。

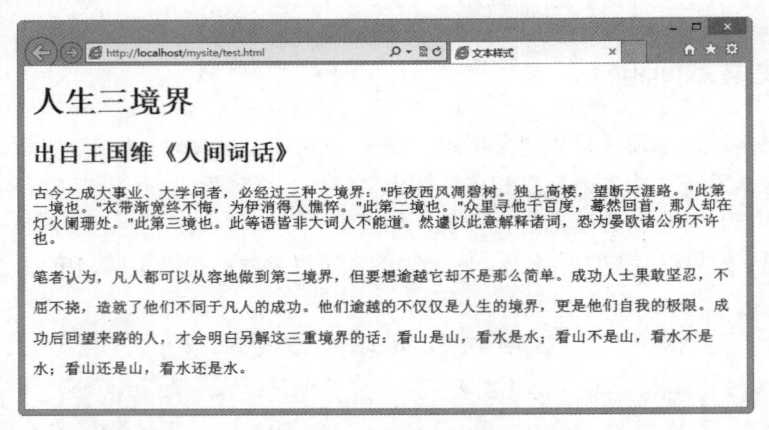

图 9.9 段落文本的行高演示效果

9.2.5 定义首行缩进

使用 CSS3 的 text-indent 属性可以定义文本首行缩进，用法如下。

```
text-indent : length
```

其中，length 表示百分比数字，或由浮点数字和单位标识符组成的长度值，允许为负值。建议在设置缩进单位时，以 em 为设置单位，它表示一个字距，这样比较精确地确定首行缩进效果。

【示例】新建文档，设计内部样式表，输入以下样式，定义段落文本首行缩进两个字符。

```
p { text-indent:2em;}                          /*首行缩进两个字符*/
```

然后在<body>标签中输入标题和段落文本，代码可以参考本小节示例源代码。在浏览器中预览，可以看到文本缩进效果，如图 9.10 所示。

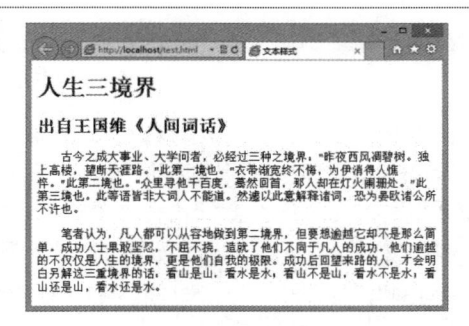

图 9.10　首行缩进效果

9.2.6　定义文本溢出

使用 text-overflow 属性可以定义超长文本省略显示，用法如下。

```
text-overflow: clip | ellipsis
```

该属性适用于块状元素，取值简单说明如下。
- clip：默认值，当内联内容溢出块容器时，将溢出部分裁切掉。
- ellipsis：当内联内容溢出块容器时，将溢出部分替换为省略号（...）。

【示例】下面示例设计新闻列表有序显示，对于超出指定宽度的新闻项，则使用 text-overflow 属性省略并附加省略号，避免新闻换行或者撑开板块，演示效果如图 9.11 所示。

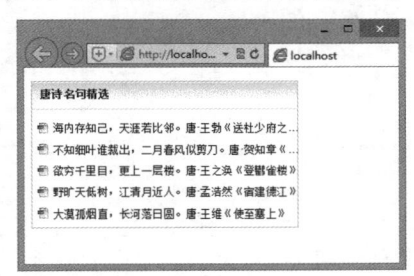

图 9.11　设计固定宽度的新闻栏目

主要样式代码如下，详细代码请参考本小节示例源代码。

```
dd {/*设计新闻列表项样式*/
    font-size:0.78em;
    height:1.5em;width:280px;    /*固定每个列表项的大小*/
    padding:2px 2px 2px 18px;    /*为添加新闻项目符号腾出空间*/
    background: url(images/icon.gif) no-repeat 6px 25%;/*以背景方式添加项目符号*/
    margin:2px 0;
    white-space: nowrap;         /*为应用 text-overflow 作准备，禁止换行*/
    overflow: hidden;            /*为应用 text-overflow 作准备，禁止文本溢出显示*/
    -o-text-overflow: ellipsis;  /*兼容 Opera*/
    text-overflow: ellipsis;     /*兼容 IE, Safari (WebKit)*/
    -moz-binding: url('images/ellipsis.xml#ellipsis');    /*兼容 Firefox*/
}
```

9.2.7　定义文本换行

使用 word-break 属性可以定义文本自动换行，用法如下。

```
word-break: normal | keep-all | break-all
```

取值简单说明如下：
- normal：默认值，依照亚洲语言和非亚洲语言的文本规则，允许在字内换行。
- keep-all：对于中文、韩文、日文，不允许字断开。
- break-all：与 normal 相同，允许在非亚洲语言文本行的任意字内断开。

【示例】下面示例设计表格样式，由于标题行文字较多，标题行被撑开，影响了浏览体验。这里使用 word-break: keep-all;禁止换行，主要样式如下，详细代码请参考本小节示例源代码。效果如图 9.12 所示。

```
th {
    background-image: url(images/th_bg1.gif);    /*使用背景图模拟渐变背景*/
    background-repeat: repeat-x;                  /*定义背景图平铺方式*/
    height: 30px;
    vertical-align:middle;                        /*垂直居中显示*/
    border: 1px solid #cad9ea;                    /*添加淡色细线边框*/
    padding: 0 1em 0;
    overflow: hidden;                             /*超出范围隐藏显示，避免撑开单元格*/
    word-break: keep-all;                         /*禁止词断开显示*/
    white-space: nowrap;                          /*强制在一行内显示*/
}
```

(a) 处理前　　　　　　　　　　　　　　　　(b) 处理后

图 9.12　禁止表格标题文本换行显示

9.3　特　殊　值

9.3.1　使用 initial

initial 表示初始化值，所有的属性都可以接收该值。如果重置属性值，则可以使用该值，这样就可以取消用户定义的 CSS 样式。

【示例】下面示例在页面中插入一个导航条，设计导航按钮水平、块状、圆边显示，最后再使用 initial 初始化第二个按钮显示为无边框样式，效果如图 9.13

图 9.13　设计导航按钮样式

所示。

如果想禁用第二个按钮的边框样式，只需在内部样式表中添加一个独立样式，把 border 属性设为 initial 值即可。完整示例代码请参考本小节源代码。

```css
a:nth-child(2){
    color: initial;
    font-size:initial;
    font-weight:initial;
}
```

9.3.2 使用 inherit

inherit 表示继承值，所有的属性都可以接收该值。

【示例】下面示例设置一个包含框，高度为 200px，包含两个盒子，定义盒子高度分别为 100%和 inherit。在正常情况下显示 200px，但是在特定情况下，如定义盒子绝对定位显示，则设置 height: inherit;能够按预期效果显示，而 height: 100%;就可能撑开包含框，如图 9.14 所示。

```html
<style type="text/css">
    .height1 { height: 100%;}
    .height2 {height: inherit;}
</style>
<div class="box"><div class="height1">height: 100%;</div></div>
<div class="box"><div class="height2">height: inherit;</div></div>
```

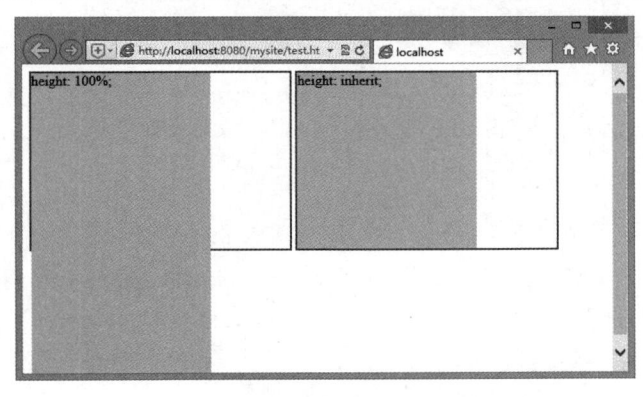

图 9.14　比较 inherit 和 100%高度的效果

> **提示**
> inherit 一般用于字体、颜色、背景等；auto 表示自适应，一般用于高度、宽度、外边距和内边距等关于长度的属性。

9.3.3 使用 unset

unset 表示清除用户声明的属性值，所有的属性都可以接收该值。如果属性有继承的值，则该属性的值等同于 inherit，即继承的值不被清除；如果属性没有继承的值，则该属性的值等同于 initial，即清除用户声明的值，恢复初始值。

【示例】 下面示例设计 4 段文本，第一段和第二段位于<div class="box">标签中，设置段落文本为 30px 的蓝色字体。现在清除第二段和第四段文本样式，则第二段文本显示继承样式，即 12px 的红色字体，而第四段文本显示初始化样式，即 16px 的黑色字体，效果如图 9.15 所示。

```
<style type="text/css">
    .box {color: red; font-size: 12px;}
    p {color: blue; font-size: 30px;}
    p.unset {
        color: unset;
        font-size: unset;
    }
</style>
<div class="box">
    <p>春眠不觉晓，</p>
    <p class="unset">处处闻啼鸟。</p>
</div>
<p>夜来风雨声，</p>
<p class="unset">花落知多少。</p>
```

图 9.15 比较清除样式后的文本效果

9.3.4 使用 all

all 属性表示所有 CSS 的属性，但不包括 unicode-bidi 和 direction 这两个 CSS 属性。

【示例】 针对 9.3.3 小节示例，可以简化 p.unset 类样式。

```
p.unset { all: unset;}
```

如果在样式中声明的属性非常多，则使用 all 属性会极为方便，避免逐个设置每个属性。

9.3.5 使用 opacity

opacity 属性定义元素对象的不透明度，其语法格式如下。

```
opacity: <alphavalue> | inherit;
```

取值简单说明如下。

- <alphavalue>为由浮点数字和单位标识符组成的长度值。不可为负值，默认值为 1。opacity 取值为 1 时，则元素是完全不透明的；取值为 0 时，元素是完全透明的，不可见的；0～1 之间的任何值都表示该元素的不透明程度。如果超过了这个范围，则其计算结果将截取到与之相近的值。
- inherit 表示继承父辈元素的不透明性。

【示例】下面示例设计<div class="bg">对象铺满整个窗口，显示为黑色背景，不透明度为 0.7，这样可以模拟一种半透明的遮罩效果；再使用 CSS 定位属性设计<div class="login">对象显示在上面。示例主要代码如下，效果如图 9.16 所示。

```
<style type="text/css">
    body {margin: 0; padding: 0;}
    div { position: absolute; }
    .bg {
        width: 100%; height: 100%; background: #000;
        opacity: 0.7;
    }
</style>
<div class="web"><img src="images/bg.png" /></div>
<div class="bg"></div>
<div class="login"><img src="images/login.png"  /></div>
```

图 9.16 设计半透明的背景布效果

> **注意**
> 使用色彩模式函数的 alpha 通道可以针对元素的背景色或文字颜色单独定义不透明度，而 opacity 属性只能为整个对象定义不透明度。

9.3.6 使用 transparent

transparent 属性值用于指定全透明色彩，等效于 rgba(0,0,0,0)值。

【示例】下面示例使用 CSS 的 border 元素设计三角形效果，通过 transparent 颜色值使部分边框透明显示。代码如下所示，效果如图 9.17 所示。

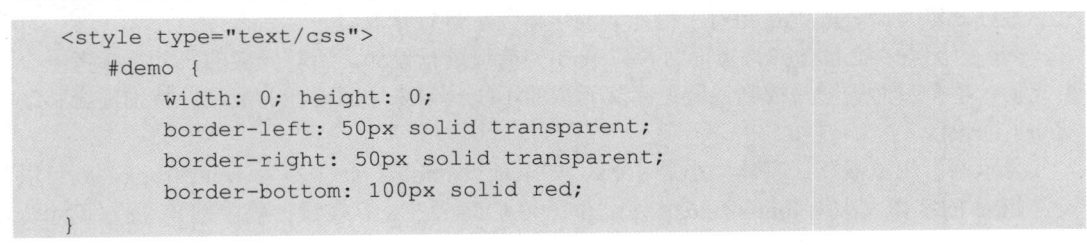

```
<style type="text/css">
    #demo {
        width: 0; height: 0;
        border-left: 50px solid transparent;
        border-right: 50px solid transparent;
        border-bottom: 100px solid red;
    }
```

```
</style>
<div id="demo"></div>
```

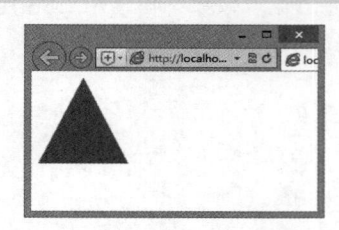

图 9.17 设计三角形效果

9.3.7 使用 currentColor

border-color、box-shadow 和 text-decoration-color 属性的默认值是 color 属性的值。使用 currentColor 关键字可以表示 color 属性的值，并用于所有接收颜色的属性上。

【示例】下面示例设计图标背景颜色值为 currentColor，这样在网页中随着链接文本字体颜色的不断变化，图标的颜色也跟随链接文本的颜色变化而变化，确保整体导航条色彩的一致性，达到图文合一的目的，效果如图 9.18 所示。

```
<style type="text/css">
  ...
  .link { margin-right: 15px; }
  .link:hover { color: red; }/*虽然改变的是文字颜色，但是图标颜色也一起变化了*/
</style>
<a href="##" class="link"><i class="icon icon1"></i>首页</a>
<a href="##" class="link"><i class="icon icon2"></i>刷新</a>
<a href="##" class="link"><i class="icon icon3"></i>收藏</a>
<a href="##" class="link"><i class="icon icon4"></i>展开</a>
```

图 9.18 设计图标背景色为 currentColor

提示

如果将 color 属性设置为 currentColor，则相当于 color: inherit。

9.3.8 使用 rem

CSS3 新增了 rem 单位，用于设置相对大小，与 em 类似。em 总是相对于父元素的字体大小进行计算，而 rem 则是相对于根元素的字体大小进行计算。

rem 的优点：在设计弹性页面时，以 rem 为单位进行设计，所有元素的尺寸都参考一个根元素，整个页面更容易控制，避免因父元素的不统一带来页面设计的混乱，特别适合移动端的页面设计。

【示例】浏览器默认字体大小是 16px，如果预设 rem 与 px 关系为 1rem=10px，则可以设置 html 的字体大小为 font-size:62.5%（10/16=0.625=62.5%），在设计稿中把 px 固定尺寸转换为弹性尺寸，只需要除以 10 即可，然后得到相应的 rem 尺寸，在设计整个页面所有元素的尺寸时就非常方便。

```
html { font-size:62.5%; }
.menu{ width:100%; height:8.8rem; line-height:8.8rem; font-size:3.2rem; }
```

在开发移动端网页时推荐使用 rem 作为单位，它能够等比例适配所有屏幕。

9.4 颜　　色

CSS2.1 支持 Color Name（颜色名称）、HEX（十六进制颜色值）、RGB，CSS3 新增了三种色彩模式：RGBA、HSL 和 HSLA。

（1）RGBA 是 RGB 色彩模式的扩展，它在红色、绿色、蓝色三原色通道的基础上增加了 Alpha 通道。其语法格式如下。

```
rgba(r,g,b,<opacity>)
```

参数说明如下。

- r、g、b：分别表示红色、绿色、蓝色三种原色所占的比重。取值为正整数或者百分数。正整数值的取值范围为 0~255，百分数值的取值范围为 0.0%~100.0%。超出范围的数值将被截至其最接近的取值极限。并非所有浏览器都支持使用百分数值。
- <opacity>：表示不透明度，取值范围为 0~1。

【示例】下面示例使用 CSS3 的 box-shadow 属性和 rgba() 函数为表单控件设置半透明的阴影，来模拟柔和的润边效果。主要样式代码如下，预览效果如图 9.19 所示。

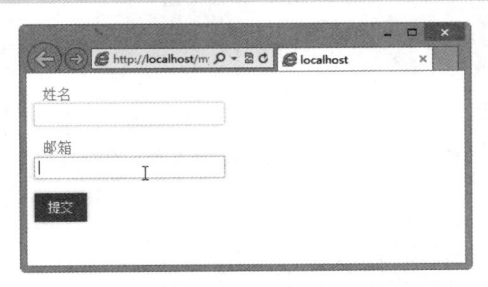

```
input, textarea {                              /*统一文本框样式*/
    padding: 4px;                              /*增加内补白，增大表单对象尺寸，看起来更大方*/
    border: solid 1px #E5E5E5;                 /*增加淡淡的边框线*/
    outline: 0;                                /*清除轮廓线*/
    font: normal 13px/100% Verdana, Tahoma, sans-serif;
    width: 200px;                              /*固定宽度*/
    background: #FFFFFF;                       /*白色背景*/
    box-shadow: rgba(0, 0, 0, 0.1) 0px 0px 8px;  /*设置边框阴影效果*/
}
```

图 9.19　设计带有阴影边框的表单效果

> **提示**
>
> rgba(0,0,0,0.1) 表示不透明度为 0.1 的黑色，这里不宜直接设置为浅灰色，因为对于非白色背景来说，灰色发虚，而半透明效果可以避免这种情况。

（2）HSL 是一种标准的色彩模式，它通过色调（H）、饱和度（S）和亮度（L）3 个颜色通道的叠加来获取各种颜色。其语法格式如下。

```
hsl(<length>,<percentage>,<percentage>)
```

参数说明如下。

- <length>表示色调（Hue）。可以为任意数值，用于确定不同的颜色。其中 0（或 360、-360）表示红色，60 表示黄色，120 表示绿色，180 表示青色，240 表示蓝色，300 表示洋红色。
- <percentage>（第 1 个）表示饱和度（Saturation），取值范围为 0%～100%。其中，0% 表示灰度，即没有使用该颜色；100%饱和度最高，即颜色最艳。
- <percentage>（第 2 个）表示亮度（Lightness）。取值范围为 0%～100%。其中，0% 最暗，显示为黑色；50%表示均值；100%最亮，显示为白色。

（3）HSLA 是 HSL 色彩模式的扩展，在色相、饱和度、亮度三要素的基础上增加了不透明度参数。使用 HSLA 色彩模式，可以定义不同的透明效果。其语法格式如下。

```
hsla(<length>,<percentage>,<percentage>,<opacity>)
```

其中，前 3 个参数与 hsl()函数参数的含义和用法相同，第 4 个参数<opacity>表示不透明度，取值范围为 0～1。

9.5 文本阴影

使用 text-shadow 属性可以给文本添加阴影效果，语法格式如下。

```
text-shadow: none | <length>{2,3} && <color>?
```

取值简单说明如下。

- none：无阴影，为默认值。
- <length>①：第 1 个长度值用于设置对象的阴影水平偏移值，可以为负值。
- <length>②：第 2 个长度值用于设置对象的阴影垂直偏移值，可以为负值。
- <length>③：如果提供了第 3 个长度值，则用于设置对象的阴影模糊值，不允许为负值。
- <color>：设置对象的阴影颜色。

【示例 1】下面示例为段落文本定义一个简单的阴影效果，演示效果如图 9.20 所示。

```
<style type="text/css">
    p {
        text-align: center;
        font: bold 60px helvetica, arial, sans-serif;
        color: #999;
        text-shadow: 0.1em 0.1em #333;
    }
</style>
<p>HTML5+CSS3</p>
```

图 9.20　定义文本阴影

【示例 2】text-shadow 属性可以使用在:first-letter 和:first-line 伪元素上。本示例使用阴影叠加设计立体文本特效，通过左上和右下各添加一个 1px 错位的补色阴影，营造一种淡淡的立体效果。代码如下，演示效果如图 9.21 所示。

```
p {text-shadow: -1px -1px white, 1px 1px #333;}
```

【示例 3】设计凹体效果。设计方法就是把示例 2 中的左上和右下的阴影颜色调换。主要代码如下，演示效果如图 9.22 所示。

```
p {text-shadow: 1px 1px white, -1px -1px #333;}
```

图 9.21　定义凸起的文字效果　　　　图 9.22　定义凹下的文字效果

9.6　动态生成内容

使用 content 属性可以在 CSS 样式中临时添加非结构性的标签，或者说明性内容等。语法格式如下。

```
content: normal | string | attr() | url() | counter() | none;
```

取值简单说明如下。

- normal：默认值。表现与 none 值相同。
- string：插入文本内容。
- attr()：插入元素的属性值。
- url()：插入一个外部资源，如图像、音频、视频或浏览器支持的其他任何资源。
- counter()：计数器，用于插入排序标识。
- none：无任何内容。

【示例 1】下面示例使用 content 属性，配合 CSS 计数器设计多层嵌套有序列表序号样式，效果如图 9.23 所示。

```
<style type="text/css">
    ol { list-style:none;}                              /*清除默认的序号*/
    li:before {color:#f00; font-family:Times New Roman;}
                                                         /*设计层级目录序号的字体样式*/
    li{counter-increment:a 1;}                          /*设计递增函数 a，递增起始值为 1*/
```

```
        li:before{content:counter(a)". ";}           /*把递增值添加到列表项前面*/
        li li{counter-increment:b 1;}                /*设计递增函数 b，递增起始值为 1*/
        li li:before{content:counter(a)"."counter(b)". ";}
                                                     /*把递增值添加到二级列表项前面*/
        li li li{counter-increment:c 1;}             /*设计递增函数 c，递增起始值为 1*/
        li li li:before{content:counter(a)"."counter(b)"."counter(c)". ";}
                                                     /*把递增值添加到三级列表项前面*/
</style>
```

图 9.23　使用 CSS 设计多层级目录序号

【示例 2】下面示例使用 content 属性为引文动态添加引号，演示效果如图 9.24 所示。

```
<style type="text/css">
    /*为不同语言指定引号的表现*/
    :lang(en) > q {quotes:'"' '"';}
    :lang(no) > q {quotes:"«" "»";}
    :lang(ch) > q {quotes:""" """;}
    /*在 q 标签的前后插入引号*/
    q:before {content:open-quote;}
    q:after  {content:close-quote;}
</style>
```

【示例 3】下面示例使用 content 属性为超链接动态添加类型图标，演示效果如图 9.25 所示。

```
<style type="text/css">
    a[href $=".pdf"]:after { content:url(images/icon_pdf.png);}
    a[rel = "external"]:after { content:url(images/icon_link.png);}
</style>
```

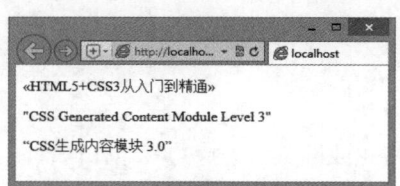

图 9.24　动态生成引号　　　　　　　图 9.25　动态生成超链接类型图标

9.7　自定义字体

使用@font-face 规则可以自定义字体类型，语法格式如下。

```
@font-face { <font-description> }
```

<font-description>是一个名/值对的属性列表,属性及其取值说明如下。
- font-family:设置字体名称。
- font-style:设置字体样式。
- font-variant:设置字体是否大小写。
- font-weight:设置字体粗细。
- font-stretch:设置字体是否横向拉伸变形。
- font-size:设置字体大小。
- src:设置字体文件的路径。该属性只用在@font-face 规则里。

【示例】下面示例通过@font-face 规则引入外部字体文件 glyphicons-halflings-regular.eot,然后定义几个字体图标,嵌入在导航菜单项目中,效果如图 9.26 所示。

图 9.26 设计包含字体图标的导航菜单

本示例的主要代码如下。

```
<style type="text/css">
    @font-face {                                        /*引入外部字体文件*/
        font-family: 'Glyphicons Halflings';   /*选择默认的字体类型*/
        /*外部字体文件列表*/
        src: url('fonts/glyphicons-halflings-regular.eot');
        src: url('fonts/glyphicons-halflings-regular.eot?#iefix') format('embedded-opentype'),
            url('fonts/glyphicons-halflings-regular.woff2') format('woff2'),
            url('fonts/glyphicons-halflings-regular.woff') format('woff'),
            url('fonts/glyphicons-halflings-regular.ttf') format('truetype'),
            url('fonts/glyphicons-halflings-regular.svg#glyphicons_halflingsregular') format('svg');
    }
    /*应用外部字体*/
    .glyphicon {font-family: 'Glyphicons Halflings';}
    .glyphicon-home:before { content: "\e021"; }
    .glyphicon-user:before { content: "\e008"; }
    .glyphicon-search:before { content: "\e003"; }
    .glyphicon-plus:before { content: "\e081"; }
</style>
<ul>
    <li><span class="glyphicon glyphicon-home"></span> <a href="#">主页</a></li>
    <li><span class="glyphicon glyphicon-user"></span> <a href="#">登录</a></li>
    <li><span class="glyphicon glyphicon-search"></span> <a href="#">搜索</a></li>
    <li><span class="glyphicon glyphicon-plus"></span> <a href="#">添加</a></li>
</ul>
```

9.8 案例实战

9.8.1 设计杂志风格的页面

本例模拟设计一个杂志风格的正文网页版式：段落文本缩进 2 个字符，标题居中显示，文章首字下沉显示。演示效果如图 9.27 所示。

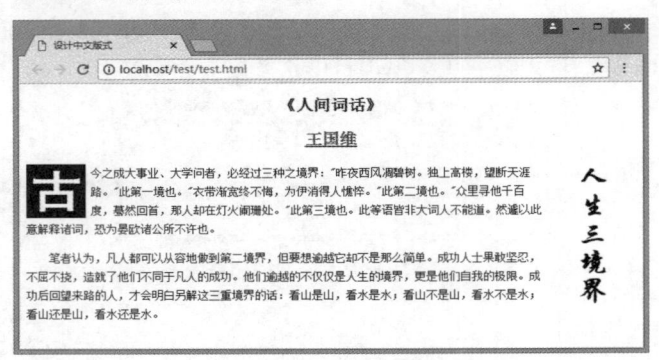

图 9.27 杂志网格网页版式效果

（1）新建 HTML5 文档，设计网页结构。HTML 文档结构可以参考本小节示例源代码。

（2）新建内部样式表，定义网页基本属性。设计网页背景色为白色，字体为黑色、宋体，字体大小为 14px。

```css
body {/*页面基本属性*/
    background:#fff;                                          /*背景色*/
    color:#000;                                               /*前景色*/
    font-size:0.875em;                                        /*网页字体大小*/
    font-family:"新宋体", Arial, Helvetica, sans-serif;       /*网页字体默认类型*/
}
```

（3）定义标题居中显示，适当调整标题底边距，统一为一个字距。间距设计的一般规律：字距小于行距，行距小于段距，段距小于块距。

```css
h1, h2 {/*标题样式*/
    text-align:center;           /*居中对齐*/
    margin-bottom:1em;           /*定义底边界*/
}
```

（4）为二级标题定义一个下划线，并调暗字体颜色，目的是使一级标题、二级标题有变化，避免单调。

```css
h2 {/*设计二级标题样式*/
    color:#999;                        /*字体颜色*/
    text-decoration:underline;         /*下划线*/
}
```

（5）设计三级标题右浮动，并按垂直模式书写。

```css
h3 {/*设计三级标题样式*/
    font-family: "华文行楷";          /*行书更有个性*/
    font-size: 2.5em;                 /*放大显示*/
```

```
        float: right;                /*靠右显示*/
        writing-mode: tb-rl;         /*上-下，右-左*/
}
```

（6）定义段落文本的样式。定义行高为 1.8 倍字体大小，右侧增加距离以便显示三级标题，首行缩进 2 个字符。

```
p {/*统一段落文本样式*/
        text-indent: 2em;
        margin-right: 3em;
        line-height:1.8em;           /*定义行高*/
}
```

（7）定义首字下沉效果。为了使首字下沉效果更明显，这里设计首字加粗、反白显示。

```
p:first-of-type:first-letter {       /*首字下沉样式类*/
        font-size:60px;              /*字体大小*/
        float:left;                  /*向左浮动显示*/
        margin-right:6px;            /*增加右侧边距*/
        padding:6px;                 /*增加首字四周的补白*/
        font-weight:bold;            /*加粗字体*/
        line-height:1em;             /*定义行距为一个字体大小，避免行高影响段落版式*/
        background:#000;             /*背景色*/
        color:#fff;                  /*前景色*/
}
```

在设计网页正文版式时，应该遵循中文用户的阅读习惯，段落文本应以块状呈现。如果假设单个字是点，一行文本为线，则段落文本就是面，而面以方形呈现的效率最高，网站的视觉设计大部分其实都是在拼方块。在页面版式设计中，建议坚持如下设计原则。

- 方块感越强，越能给用户方向感。
- 方块越少，越容易阅读。
- 方块之间以空白的形式进行分隔，从而组合为一个更大的方块。

9.8.2 设计缩进版式的页面

本例设计一个简单的缩进中文版式，把一级标题、二级标题、三级标题和段落文本以阶梯状缩进，从而使信息的轻重分明，更有利于用户阅读。演示效果如图 9.28 所示。

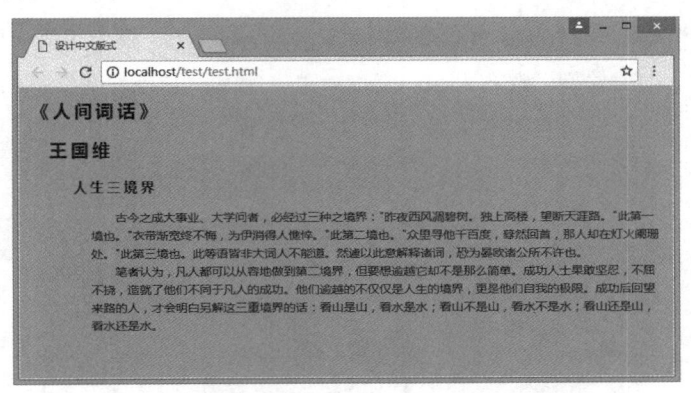

图 9.28 缩进式中文版式效果

（1）复制 9.8.1 小节示例源代码，删除所有的 CSS 内部样式表源代码。
（2）定义页面的基本属性。这里定义页面背景色为灰绿浅色，前景色为深黑色，字体大小为 0.875em（约为 14px）。

```css
body {/*页面基本属性*/
    background:#99CC99;                        /*背景色*/
    color:#333333;                             /*前景色（字体颜色）*/
    margin:1em;                                /*页边距*/
    font-size:0.875em;                         /*页面字体大小*/
}
```

（3）统一标题为非加粗显示，限定上下边距为 1 个字距。默认情况下，不同级别的标题上下边界是不同的。适当调整字距之间的疏密。

```css
h1, h2, h3 {/*统一标题样式*/
    font-weight:normal;                        /*正常字体粗细*/
    letter-spacing:0.2em;                      /*增加字距*/
    margin-top:1em;                            /*固定上边界*/
    margin-bottom:1em;                         /*固定下边界*/
}
```

（4）分别定义不同标题级别的缩进大小，设计阶梯状缩进效果。

```css
h1 {/*一级标题样式*/
    font-family:Arial, Helvetica, sans-serif;  /*标题无衬线字体*/
    margin-top:0.5em;                          /*缩小上边边界*/
}
h2 {padding-left:1em;}                         /*左侧缩进 1 个字距*/
h3 {padding-left:3em;}                         /*左侧缩进 3 个字距*/
```

（5）定义段落文本左缩进，同时定义首行缩进效果，清除段落默认的上下边界距离。

```css
p {/*段落文本样式*/
    line-height:1.6em;                         /*行高*/
    text-indent:2em;                           /*首行缩进*/
    margin:0;                                  /*清除边界*/
    padding:0;                                 /*清除补白*/
    padding-left:5em;                          /*左缩进*/
}
```

9.8.3 设计黑铁风格的页面

本例重点练习网页色彩搭配，以适应宅居人群的阅读习惯。页面以深黑色为底色，浅灰色为前景色，营造一种安静、富有内涵的网页效果。通过前景色与背景色的对比，标题右对齐，适当收缩行距，使页面看起来炫目、个性，行文也趋于紧凑，效果如图 9.29 所示。

图 9.29　黑体风格页面效果

（1）复制 9.8.2 小节示例源代码，删除所有的 CSS 内部样式表源代码。

（2）调整页面基本属性，加深背景色，增强前景色。其他基本属性可以保持一致。

```css
body {/*页面基本属性*/
    background: #191919;                /*深背景色*/
    color: #bbb;                        /*浅灰前景色*/
    font-size: 13px;                    /*网页字体大小*/
    margin: 2em;                        /*增大页边距*/
}
```

（3）定义标题下边界为一个字符大小，以小型大写样式显示，适当增加字距。

```css
h1, h2, h3 {/*统一标题样式*/
    margin-bottom: 1em;                 /*定义底边界*/
    text-transform: uppercase;          /*小型大写字体*/
    letter-spacing: 1.5em;              /*增大字距*/
}
```

（4）分别定义一级标题、二级标题和三级标题的样式。实现在统一标题样式基础上的差异化显示。在设计标题时，使一级标题、二级标题右对齐，三级标题左对齐，形成标题错落排列的版式效果。同时，为了避免左右标题轻重不一（右侧标题偏重），定义左侧的三级标题显示左边线，以加强左右平衡感。

```css
h1 {/*一级标题样式*/
    font-size: 1.8em;                   /*字体大小为1.8倍默认大小*/
    color:#ddd;                         /*加亮字体色*/
    text-align:right;                   /*右对齐*/
}
h2 {/*二级标题样式*/
    font-size: 1.4em;                   /*字体大小为1.4倍默认大小*/
    text-align:right;                   /*右对齐*/
}
h3 {/*三级标题样式*/
    font-size: 1.2em;                   /*字体大小为1.2倍默认大小*/
    padding-left:6px;                   /*调整边框线与文本的空隙*/
    border-left:6px solid #fff;         /*定义左边线*/
}
```

（5）收缩段落文本行的间距，压缩段落之间的间距，适当减弱段落文本的颜色。

```css
p {/*段落文本样式*/
    margin: 0.6em 0;                    /*收缩段距*/
    line-height: 150%;                  /*压缩行距*/
    color:#999;                         /*减弱字体颜色*/
}
```

本 章 小 结

本章首先介绍了字体样式，包括字体类型、大小、字体颜色、字体粗细、修饰线等。然后介绍了文本样式，包括文本水平对齐、垂直对齐、文本间距、行距、首行缩进等。接着介绍了特殊值的使用、颜色的多种表示方法和文本阴影特效。最后还介绍了动态生成内容和自定义字体。

课 后 练 习

一、填空题

1. 使用 CSS3 的_____属性可以定义字体大小。
2. 使用 CSS3 的_____属性可以定义删除线效果。
3. 使用_____属性可以定义字距，使用_____属性可以定义词距。对于中文用户来说，_____属性有效，而_____属性无效。
4. 使用 CSS3 的_____属性可以定义文本首行缩进。
5. 使用_____属性可以给文本添加阴影效果。

二、判断题

1. initial 表示初始化值，所有的属性都可以接收该值，用于重置样式。（   ）
2. inherit 表示原始值，所有属性都可以接收该值。（   ）
3. unset 表示恢复用户声明的属性值。（   ）
4. all 属性表示所有 CSS 的属性。（   ）
5. rem 是相对根元素的字体大小进行计算。

三、选择题

1. 下面哪一个规则可以在当前页面导入自定义字体文件？（   ）
   A．@import   B．@charset   C．@media   D．@font-face
2. 使用 content 属性的哪个函数可以引入外部图片？（   ）
   A．attr()   B．url()   C．counter()   D．none
3. 使用 text-shadow: -1px 1px #000;声明可以产生什么效果？（   ）
   A．左上阴影   B．左下阴影   C．右上阴影   D．右下阴影
4. 使用 rgba(0,0,0,0)函数会产生什么效果？（   ）
   A．全透明黑   B．全透明白   C．不透明黑   D．不透明白
5. 使用 border: 100px solid transparent;声明会产生什么效果？（   ）
   A．黑粗边框   B．白粗边框   C．透明粗边框   D．无效果

四、简答题

1. 简单介绍一下定义字体颜色有哪几种方式。
2. 灵活使用 text-shadow 属性可以设计各种艺术字体，请简单介绍一下该属性的用法。

五、上机题

1. 尝试使用 text-shadow 属性设计文本阴影、辉光效果、氖光效果、苹果风格、浮雕效果、模糊效果、嵌入效果、描边效果，如图 9.30 所示。

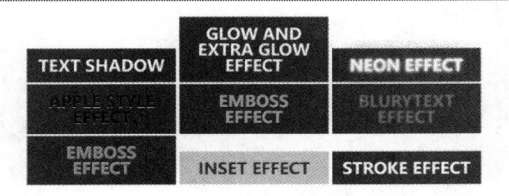

图 9.30　设计文本各种效果

2. 使用 font-awesome 自定义字体设计图标菜单栏，如图 9.31 所示。
3. 使用 content 和 :before、:after 选择器生成一个红桃心，如图 9.32 所示。

图 9.31　设计图标菜单栏　　　　　　　　图 9.32　生成一个红桃心

拓 展 阅 读

第 10 章 CSS3 图像和背景样式

【学习目标】
- 设置背景图像的原点、大小。
- 正确使用背景图像裁剪属性。
- 灵活使用多重背景图像设计网页版面。
- 正确使用线性渐变和径向渐变。
- 熟练使用渐变背景设计网页效果。

CSS2.1 的 background 功能比较简单，无法满足复杂的设计需求，CSS3 在原 background 基础上新增了一些功能和子属性，允许为同一个对象定义多个背景图像，允许改变背景图像的大小，还可以指定背景图像的显示范围，以及背景图像的绘制起点等。另外，CSS3 允许用户使用渐变函数绘制背景，极大地降低了网页设计的难度，激发了用户的设计灵感。

10.1 设计背景图像

CSS3 增强了 background 属性的功能，还新增了 3 个与背景相关的子属性：background-clip、background-size、background-origin。

10.1.1 定义背景图像

使用 CSS 的 background-image 属性可以定义背景图像，默认值为 none，表示无背景图。

【示例】如果背景包含透明的 GIF 或 PNG 格式图像，则这些透明区域依然被保留。在下面示例中，先为网页定义背景图像，再为段落文本定义透明的 GIF 背景图像，显示效果如图 10.1 所示。

```
html, body, p{ height:100%;}
body {background-image:url(images/bg.jpg);}
p { background-image:url(images/ren.png);}
```

图 10.1 透明背景图像的显示效果

10.1.2 定义显示方式

使用 CSS 的 background-repeat 属性可以控制背景图像的显示方式。具体用法如下：

```
background-repeat: repeat-x | repeat-y | [repeat | space | round | no-repeat]{1,2}
```

取值说明如下：
- repeat-x：背景图像在横向平铺。
- repeat-y：背景图像在纵向平铺。
- repeat：背景图像在横向和纵向平铺。
- space：背景图像以相同的间距平铺且填充整个容器或某个方向。
- round：背景图像自动缩放直到适应且填充整个容器。
- no-repeat：背景图像不平铺。

【示例】下面示例设计一个公司公告栏，其中宽度是固定的，但是其高度可能会根据正文内容进行动态调整。为了适应这种设计需要，不妨利用垂直平铺进行设计。

（1）把"公司公告"栏目分隔为上、中、下 3 块，设计上和下为固定宽度，而中间块可以任意调整高度。设计的结构如下：

```
<div id="call">
    <div id="call_tit">公司公告</div >
    <div id="call_mid"></div >
    <div id="call_btm"></div >
</div>
```

（2）主要背景样式如下。经过调整中间块元素的高度以形成不同高度的公告牌，演示效果如图 10.2 所示。

```
#call_tit {
    background:url(images/call_top.gif);        /*头部背景图像*/
    background-repeat:no-repeat;                /*不平铺显示*/
    height:43px;                                /*固定高度，与背景图像高度一致*/
}
#call_mid {
    background-image:url(images/call_mid.gif);  /*背景图像*/
    background-repeat:repeat-y;                 /*垂直平铺*/
    height:160px;                               /*可自由设置的高度*/
}
#call_btm {
    background-image:url(images/call_btm.gif);  /*底部背景图像*/
    background-repeat:no-repeat;                /*不平铺显示*/
    height:11px;                                /*固定高度，与背景图像高度一致*/
}
```

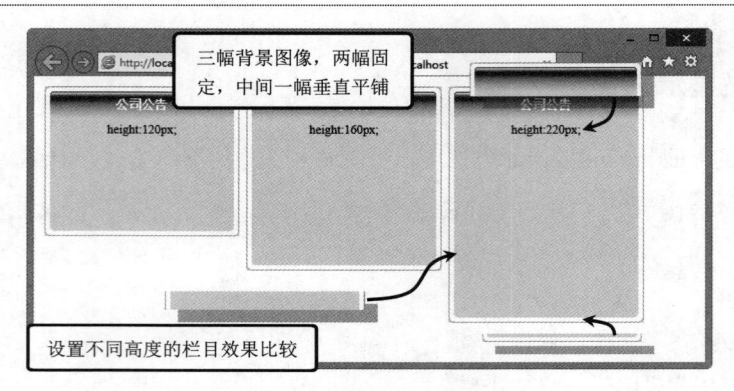

图 10.2　背景图像垂直平铺示例

10.1.3　定义显示位置

默认情况下，背景图像显示在元素的左上角。使用 CSS 的 background-position 属性可以精确定位背景图像。background-position 属性取值包括两个，它们分别用于定位背景图像的 X 轴和 Y 轴坐标，取值单位没有限制。具体用法如下：

```
background-position: [ left | center | right | top | bottom | <percentage>
 | <length> ] | [ left | center | right | <percentage> | <length> ] [ top |
 center | bottom | <percentage> | <length> ] | [ center | [ left | right ]
 [ <percentage> | <length> ]? ] && [ center | [ top | bottom ] [ <percentage> |
 <length> ]? ]
```

默认值为 0% 0%，等效于 left top。

百分比是最灵活的定位方式，同时也是最难把握的定位单位。默认状态下，定位的位置为(0% 0%)，定位点是背景图像的左上顶点，定位距离是该点到包含框左上角顶点的距离，即两点重合。

如果定位背景图像为(100% 100%)，则定位点是背景图像的右下顶点，定位距离是该点到包含框左上角顶点的距离，这个距离等于包含框的宽度和高度。

百分比也可以取负值，负值的定位点是包含框的左上顶点，而定位距离则由图像自身的宽和高来决定。

> **提示**
>
> CSS 还提供了 5 个关键字：left、right、center、top 和 bottom。这些关键字实际上就是百分比特殊值的一种固定用法。详细说明如下：
>
> ```
> /*普通用法*/
> top left、left top                          = 0% 0%
> right top、top right                        = 100% 0%
> bottom left、left bottom                    = 0% 100%
> bottom right、right bottom                  = 100% 100%
> /*居中用法*/
> center、center center                       = 50% 50%
> /*特殊用法*/
> top、top center、center top                 = 50% 0%
> left、left center、center left              = 0% 50%
> right、right center、center right           =100% 50%
> bottom、bottom center、center bottom        = 50% 100%
> ```

10.1.4 定义固定背景

默认情况下,背景图像能够跟随网页内容上下滚动。可以使用 background-attachment 属性定义背景图像在窗口内固定显示,具体用法如下:

```
background-attachment: fixed | local | scroll
```

默认值为 scroll,具体取值说明如下。
- fixed:背景图像相对于浏览器窗体固定。
- local:背景图像相对于元素内容固定。也就是说,当元素内容滚动时背景图像也会跟着滚动。此时不管元素本身是否滚动,当元素显示滚动条时才会看到效果。
- scroll:背景图像相对于元素固定。也就是说,当元素内容滚动时背景图像不会跟着滚动,因为背景图像总是要跟着元素本身。

10.1.5 定义定位原点

background-origin 属性定义 background-position 属性的定位原点。默认情况下,background-position 属性总是以元素左上角为坐标原点定位背景图像。使用 background-origin 属性可以改变这种定位方式。该属性的基本语法如下:

```
background-origin:border-box | padding-box | content-box;
```

取值简单说明如下。
- border-box:从边框区域开始显示背景。
- padding-box:从补白区域开始显示背景,为默认值。
- content-box:仅在内容区域显示背景。

10.1.6 定义裁剪区域

background-clip 属性定义背景图像的裁剪区域。该属性的基本语法如下:

```
background-clip:border-box | padding-box | content-box | text;
```

取值简单说明如下。
- border-box:从边框区域向外裁剪背景,为默认值。
- padding-box:从补白区域向外裁剪背景。
- content-box:从内容区域向外裁剪背景。
- text:从前景内容(如文字)区域向外裁剪背景。

> **提示**
>
> 如果取值为 border-box,则 background-image 将包括边框区域。
> 如果取值为 padding-box,则 background-image 将忽略补白边缘,此时边框区域显示为透明。
> 如果取值为 content-box,则 background-image 将只包含内容区域。
> 如果 background-image 属性定义了多重背景,则 background-clip 属性值可以设置多个值,并用逗号分隔。
> 如果 background-clip 属性取值为 padding-box,background-origin 属性取值为 border-box,且 background-position 属性取值为 top left(默认初始值),则背景图左上角将会被截取掉一部分。

169

【示例】下面示例演示如何设计背景图像仅在内容区域内显示，演示效果如图 10.3 所示。

```css
div {
    height:150px; width:300px; border:solid 50px gray; padding:50px;
    background:url(images/bg.jpg) no-repeat;
    /*将背景图像等比缩放到完全覆盖包含框，背景图像有可能超出包含框*/
    background-size:cover;
    /*将背景图像从 content 区域开始向外裁剪背景*/
    background-clip:content-box;
}
```

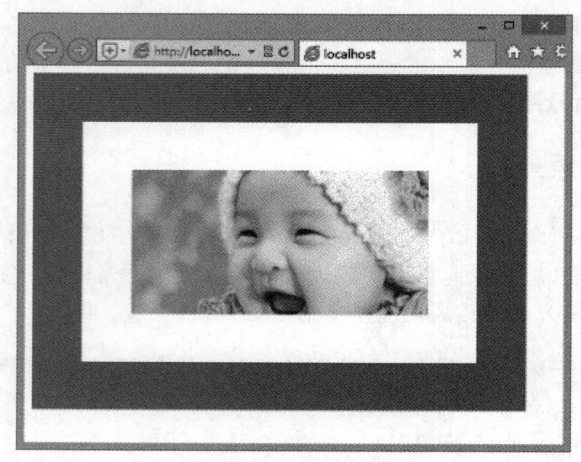

图 10.3　以内容边缘裁剪背景图像效果

10.1.7　定义背景图像大小

background-size 可以控制背景图像的显示大小。该属性的基本语法如下：

```
background-size: [ <length> | <percentage> | auto ]{1,2} | cover | contain;
```

取值简单说明如下。

- <length>：由浮点数字和单位标识符组成的长度值。不可为负值。
- <percentage>：取值范围为 0%～100%。不可为负值。
- cover：保持背景图像本身的宽高比例，将图片缩放到正好完全覆盖所定义的背景区域。
- contain：保持图像本身的宽高比例，将图片缩放到宽度或高度正好适应所定义的背景区域。

初始值为 auto。background-size 属性可以设置一个或两个值，一个为必填，另一个为可选。其中，第一个值用于指定背景图像的 width，第二个值用于指定背景图像的 height，如果只设置一个值，则第二个值默认为 auto。

【示例】下面示例使用 background-size 属性自由定制背景图像的大小，让背景图像自适应盒子的大小，从而可以设计与模块大小完全适应的背景图像，效果如图 10.4 所示，只要背景图像长宽比与元素长宽比相同，就不用担心背景图像会变形显示。

图 10.4 设计背景图像自适应显示

主要样式代码如下所示:

```
div {
    margin:2px; float:left; border:solid 1px red;
    background:url(images/img2.jpg) no-repeat center;
    /*设计背景图像完全覆盖元素区域*/
    background-size:cover;
}
```

10.1.8 定义多重背景图像

CSS3 支持在同一个元素内定义多个背景图像,还可以将多个背景图像进行叠加显示,从而使得设计多图背景栏目变得更加容易。

【示例】下面示例使用 CSS3 多背景设计花边框,使用 background-origin 属性定义仅在内容区域显示背景,使用 background-clip 属性定义背景从边框区域向外裁剪,如图 10.5 所示。

图 10.5 设计花边框效果

主要样式代码如下所示:

```
.multipleBg {
    /*定义 5 个背景图像,分别定位到 4 个顶角,其中前 4 个禁止平铺,最后一个可以平铺*/
    background: url("images/bg-tl.png") no-repeat left top,
                url("images/bg-tr.png") no-repeat right top,
                url("images/bg-bl.png") no-repeat left bottom,
                url("images/bg-br.png") no-repeat right bottom,
                url("images/bg-repeat.png") repeat left top;
    /*改变背景图像的 position 原点,4 朵花都是 border 原点,而平铺背景是 padding 原点*/
```

```
        background-origin: border-box, border-box, border-box, border-box,
padding-box;
        /*控制背景图像的显示区域,所有背景图像如果超出 border 外边缘,都将被裁剪掉*/
        background-clip: border-box;
    }
```

10.2　设计渐变背景

W3C 于 2010 年 11 月正式支持渐变背景样式,该草案作为图像值和图像替换内容模块的一部分进行发布。主要包括 linear-gradient()、radial-gradient()、repeating-linear-gradient()和 repeating-radial-gradient() 4 个渐变函数。

10.2.1　定义线性渐变

定义一个线性渐变至少需要两种颜色,可以选择设置一个起点和一个方向。语法格式如下:

```
linear-gradient( angle, color-stop1, color-stop2, ...)
```

参数简单说明如下。

（1）angle:用于指定渐变的方向,可以使用角度或者关键字进行设置。关键字包括以下 4 个。

- to left:设置渐变从右到左,相当于 270deg。
- to right:设置渐变从左到右,相当于 90deg。
- to top:设置渐变从下到上,相当于 0deg。
- to bottom:设置渐变从上到下,相当于 180deg。该值为默认值。

> **提示**
> 如果要创建对角线渐变,则可以使用 to top left（从右下到左上）的类似组合来实现。

（2）color-stop:用于指定渐变的色点。包括一个颜色值和一个起点位置,颜色值和起点位置以空格分隔。起点位置可以为一个具体的长度值（不可为负值）;也可以是一个百分比值,如果是百分比值,则参考应用渐变对象的尺寸,最终会被转换为具体的长度值。

【示例 1】下面示例为<div id="demo">对象应用了一个简单的线性渐变背景,方向从上到下,颜色由白色到浅灰显示,效果如图 10.6 所示。

```
    #demo {
        width:300px; height:200px;
        background: linear-gradient(#fff, #333);
    }
```

> **提示**
> 在示例 1 的基础上可以继续尝试下面的练习,实现通过不同的设置得到相同的设计效果。
> - 设置一个方向:从上到下,覆盖默认值。
>
> ```
>     linear-gradient(to bottom, #fff, #333);
> ```

- 设置反向渐变：从下到上，同时调整起止颜色位置。

```
linear-gradient(to top, #333, #fff);
```

- 使用角度值设置方向。

```
linear-gradient(180deg, #fff, #333);
```

- 明确起止颜色的具体位置，覆盖默认值。

```
linear-gradient(to bottom, #fff 0%, #333 100%);
```

【示例 2】下面示例演示了从左上角开始到右下角的线性渐变，起点是红色，慢慢过渡到蓝色，效果如图 10.7 所示。

```
#demo {
    width:300px; height:200px;
    background: linear-gradient(to bottom right, red , blue);
}
```

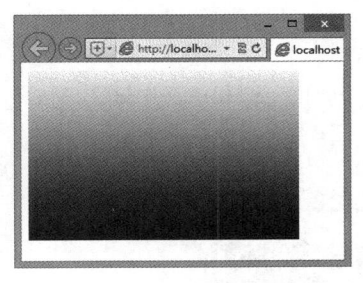

图 10.6　设计简单的线性渐变效果 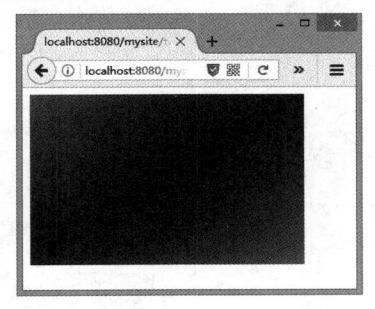　　　　图 10.7　设计对角线性渐变效果

10.2.2　定义重复线性渐变

使用 repeating-linear-gradient()函数可以定义重复线性渐变，用法与 linear-gradient()函数相同，用户可以参考 10.2.1 小节的说明。

> **提示**
> 使用重复线性渐变的关键是要定义好色点，让最后一个颜色和第一个颜色的衔接能够产生自然流畅的过渡效果，处理不当将导致颜色的变化过于突兀。

【示例 1】下面示例设计重复显示的垂直线性渐变，颜色从红色到蓝色，间距为 20%，效果如图 10.8 所示。

```
#demo {
    height:200px;
    background: repeating-linear-gradient(#f00, #00f 20%, #f00 40%);
}
```

> **提示**
> 使用 linear-gradient()可以设计 repeating-linear-gradient()的效果。例如，通过重复设计每一个色点，或者利用 10.2.1 小节设计条纹的方法来实现。

【示例2】下面示例设计重复显示的对角线性渐变，效果如图10.9所示。

```
#demo {
    height:200px;
    background: repeating-linear-gradient(135deg, #cd6600, #0067cd 20px, #cd6600 40px);
}
```

图 10.8　设计重复显示的垂直线性渐变效果　　　图 10.9　设计重复显示的对角线性渐变效果

【示例3】下面示例设计使用重复线性渐变创建出对角条纹背景，效果如图10.10所示。

```
#demo {
    height:200px;
    background: repeating-linear-gradient(60deg, #cd6600, #cd6600 5%, #0067cd 0, #0067cd 10%);
}
```

图 10.10　设计重复显示的对角条纹效果

10.2.3　定义径向渐变

定义一个径向渐变也至少需要定义两种颜色，同时可以指定渐变的中心点位置、形状类型（圆形或椭圆形）和半径大小。语法格式如下：

```
radial-gradient(shape size at position, color-stop1, color-stop2, ...);
```

参数简单说明如下。

（1）shape：指定渐变的类型，包括 circle（圆形）和 ellipse（椭圆）两种。

（2）size：如果类型为 circle，则指定一个值设置圆的半径；如果类型为 ellipse，则指定两个值分别设置椭圆的 X 轴和 Y 轴半径。取值包括长度值、百分比、关键字。关键字说明如下。

- closest-side：指定径向渐变的半径长度为从中心点到最近的边的距离。
- closest-corner：指定径向渐变的半径长度为从中心点到最近的角距离。
- farthest-side：指定径向渐变的半径长度为从中心点到最远的边距离。
- farthest-corner：指定径向渐变的半径长度为从中心点到最远的角距离。

（3）position：指定中心点的位置。如果提供两个参数，则第一个表示 X 轴坐标，第二个表示 Y 轴坐标；如果只提供一个值，则第二个值默认为 50%，即 center。取值可以是长度值、百分比或关键字，关键字包括 left（左侧）、center（中心）、right（右侧）、top（顶部）、bottom（底部）。

> **注意**
> position 值位于 shape 和 size 值后面。

（4）color-stop：指定渐变的色点，包括一个颜色值和一个起点位置，颜色值和起点位置以空格分隔。起点位置可以是一个具体的长度值（不可为负值），也可以是一个百分比值。如果是百分比值，则参考应用渐变对象的尺寸，最终会被转换为具体的长度值。

【示例 1】默认情况下，渐变的中心是 center（对象中心点），渐变的形状是 ellipse（椭圆形），渐变的大小是 farthest-corner（表示到最远的角的距离）。下面示例仅为 radial-gradient() 函数设置 3 个颜色值，它将按默认值绘制径向渐变效果，如图 10.11 所示。

```
#demo {
    height:200px;
    background: radial-gradient(red, green, blue);
}
```

> **提示**
> 针对示例 1，用户可以继续尝试做以下练习，实现通过不同的设置得到相同的设计效果。
> ➥ 设置径向渐变形状类型，默认值为 ellipse。
> ```
> background: radial-gradient(ellipse, red, green, blue);
> ```
> ➥ 设置径向渐变中心点坐标，默认为对象中心点。
> ```
> background: radial-gradient(ellipse at center 50%, red, green, blue);
> ```
> ➥ 设置径向渐变大小，这里定义填充整个对象。
> ```
> background: radial-gradient(farthest-corner, red, green, blue);
> ```

【示例 2】下面示例设计一个红色圆球，并逐步径向渐变为绿色背景。代码如下，效果如图 10.12 所示。

```
#demo {
    height:200px;
    background: radial-gradient(circle 100px, red, green);
}
```

图 10.11　设计简单的径向渐变效果　　　　图 10.12　设计径向圆球效果

【示例 3】下面示例演示了色点不均匀分布的径向渐变，效果如图 10.13 所示。

```
#demo {
    height:200px;
    background: radial-gradient(red 5%, green 15%, blue 60%);
}
```

【示例 4】shape 参数定义了形状，取值包括 circle 和 ellipse。其中，circle 表示圆形，ellipse 表示椭圆形，默认值为 ellipse。下面示例设计圆形径向渐变，效果如图 10.14 所示。

```
#demo {
    height:200px;
    background: radial-gradient(circle, red, yellow, green);
}
```

图 10.13　设计色点不均匀分布的径向渐变效果 　　　　图 10.14　设计圆形径向渐变效果

10.2.4　定义重复径向渐变

使用 repeating-radial-gradient()函数可以定义重复径向渐变，其用法与 radial-gradient()函数相同，读者可以参考 10.2.3 小节的说明。

【示例 1】下面示例设计三色重复显示的径向渐变，效果如图 10.15 所示。

```
#demo {
    height:200px;
    background: repeating-radial-gradient(red, yellow 10%, green 15%);
}
```

【示例 2】使用径向渐变同样可以创建条纹背景，方法与线性渐变类似。下面示例设计圆形径向渐变条纹背景，效果如图 10.16 所示。

```
#demo {
    height:200px;
    background: repeating-radial-gradient(circle at center bottom,
#00a340, #00a340 20px, #d8ffe7 20px, #d8ffe7 40px);
}
```

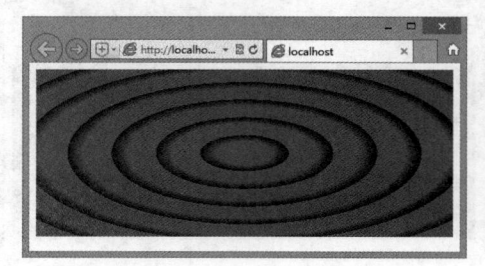

图 10.15　设计三色重复显示的径向渐变效果 　　　　图 10.16　设计圆形径向渐变条纹背景效果

10.3 案例实战

10.3.1 使用图片精灵设计列表图标

CSS 图片精灵主要通过将多个图片融合到一张图片中，然后通过 CSS 的 background 背景定位技术布局网页背景。该技术的优点：减少多图片的频繁加载，降低 HTTP 请求，提升网站性能，特别适合小图使用较多的网站。该技术适合小图标素材，不适合大图、大背景使用。

本例将栏目列表中所需要的图标拼接为一张图片，命名为 ico.png，如图 10.17 所示。

图 10.17 设计的图片精灵

然后，构建列表结构，同时为每一个<span>标签设置 class 值。

```
<ul class="Sprites">
    <li><span class="a1"></span><a href="#">WORD 文章标题</a></li>
    ...
</ul>
```

关键 CSS 代码如下：

```
ol, ul ,li{margin:0; padding:0;list-style:none}
a{color:#000000;text-decoration:none}
a:hover{color:#BA2636;text-decoration:underline}
ul.Sprites{ margin:0 auto; border:1px solid #F00; width:300px; padding:10px;}
ul.Sprites li{ height:24px; font-size:14px;line-height:24px; text-align:left; overflow:hidden}
ul.Sprites li span{
    float:left; padding-top:5px;
    width:17px;height:17px; overflow:hidden;
    background:url(ico.png) no-repeat;
}
ul.Sprites li a{ padding-left:5px}
ul.Sprites li span.a1{ background-position: -62px -32px}
ul.Sprites li span.a2{ background-position: -86px -32px}
ul.Sprites li span.a3{ background-position: -110px -32px}
ul.Sprites li span.a4{ background-position: -133px -32px}
ul.Sprites li span.a5{ background-position: -158px -32px}
```

首先为<span>标签引入合成背景图，再分别为不同的<span>标签设置相对于图标的具体定位值。background-position 属性包含两个数值，第 1 个表示水平方向的偏移量，第 2 个表示垂直方向的偏移量。当这些数值为正数时，背景图将从盒子对象的左边和上边相应的距离处开始显示；当这些数值为负数时，背景图将从盒子对象的左边和上边向外拖动相应的距离后开始显示。示例效果如图 10.18 所示。

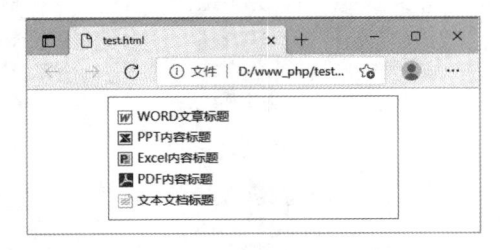

图 10.18 设计背景图像效果

10.3.2 设计个人简历

本例设计一个具有台历效果的个人简历，页面整体效果精致、典雅。页面使用了 CSS 定位技术，精确控制图片的显示位置，并定义了图片边框效果。页面效果如图 10.19 所示。

图 10.19 精致典雅的个人简历设计风格

（1）新建 HTML5 文档，构建网页结构。

```html
<div id="info">
    <h1>个人简历</h1>
    <h2><img src="images/header.jpg" alt="张三的头像" title="张三"></h2>
    <dl>
        <h3>基本信息</h3>
    </dl>
</div>
```

上面代码显示了页面基本框架结构，完整结构请参考本小节示例源代码。个人信息使用列表结构进行定义，<dt>标签表示列表项的标题，<dd>标签表示列表项的详细说明内容。整个结构既符合语义性，又层次清晰，没有冗余代码。

（2）在<head>标签内添加<style type="text/css">标签，定义一个内部样式表。网页包含框的基本样式代码如下。

```css
#info {
    background:url(images/bg1.gif) no-repeat center;  /*定义背景图，居中显示*/
    width:893px; height:384px;                         /*定义网页显示的宽度和高度*/
    position:relative;                                 /*为定位包含的元素指定参照坐标系*/
    margin:6px auto;                                   /*调整网页的边距，并设置居中显示*/
    text-align:left;                                   /*恢复文本默认的左对齐*/
}
```

（3）定义标题和图片样式。

```css
#info h1 { position:absolute; right:180px; top:60px; }
                                                       /*一级标题定位到右侧显示*/
#info h2 img {                                         /*定义二级标题包含图像的样式*/
    position:absolute;                                 /*绝对定位*/
```

```
        right:205px;                    /*距离包含框右侧的距离*/
        top:160px;                      /*距离包含框顶部的距离*/
        width:120px;                    /*定义图像显示宽度*/
        padding:2px;                    /*为图像增加补白*/
        background:#fff;                /*定义白色背景色,设计白色边框效果*/
        border-bottom:solid 2px #888;   /*定义底部边框,设计阴影效果*/
        border-right:solid 2px #444;    /*定义右侧边框,设计阴影效果*/
    }
```

使用绝对定位设置标题在页面中右侧居中显示,并利用同样的方式设置图片放置在信息包含框右侧,位于一级标题的下方。使用 padding:2px 给图片镶边,当定义 background:#fff 样式后,就会在边缘露出 2px 的背景色,然后使用 border-bottom:solid 2px #888;和 border-right:solid 2px #444;模拟阴影效果。

(4)定义列表样式。

```
    #info dl {                          /*定义列表包含框样式*/
        margin-left:70px;               /*调整距离包含框左侧的距离*/
        margin-top:20px;                /*调整距离包含框顶部的距离*/
    }
    #info dt {                          /*定义列表结构中列表项的标题样式*/
        float:left;                     /*设计列表项标题和列表项并列显示的效果*/
        clear:left;                     /*清除左侧浮动,禁止列表项标题随意浮动*/
        margin-top:6px;                 /*调整顶部距离*/
        width:60px;                     /*固定宽度*/
        background:url(images/dou.gif) no-repeat 36px center;
                                        /*为列表项增加冒号效果*/
    }
```

使用 margin-left:70px 和 margin-top:20px 语句设置文字信息位于单线格中显示。同时,定义字体大小和字体颜色。定义<dt>标签,使用 float:left 向左浮动显示,使用 margin-top:6px 调整上下间距,使用 width:60px 定义显示宽度。定义<dd>标签,设置顶部距离 margin-top:6px。最后,即可得到最终的显示效果。

10.3.3 设计折角栏目

本例灵活使用 CSS3 线性渐变设计右上角折角的效果栏目,如图 10.20 所示。

图 10.20 设计折角栏目效果

(1)新建 HTML5 文档,设计栏目结构。

```
<div class="box">
```

```
    <h1>W3C 发布 HTML5 的正式推荐标准</h1>
    <p>...</p>
</div>
```

（2）在样式表中定义以下样式。

```
.box {
    background: linear-gradient(-135deg, transparent 30px, #162e48 30px);
    color: #fff;
    padding: 12px 24px;
}
```

（3）如果改变网页背景色，或者为栏目加上边框，则需要使用:before 和:after 实现折角的边框效果。网页背景色为深色，与.box:after 边框色保持一致，如图 10.21 所示。完整代码请参考本小节示例源代码。

```
.box:before {
    content: ' ';
    border: solid transparent; border-width: 30px;
    position: absolute; right: 0px; top: 0px;
    border-top-color: #fff; border-right-color: #fff;
}
.box:after {
    content: ' ';
    border: solid transparent; border-width: 30px;
    position: absolute; top: -1px; right: -1px;
    border-top-color: #000; border-right-color: #000;
}
</style>
```

图 10.21　设计折角边框栏目效果

设计思路如下：

（1）使用.box:before 在容器内容前插入一个宽度为 30px 的白色粗边框对象。由于内容为空 content: ' ';，则边框收缩为一团。

（2）使用绝对定位，精确定位到右上角显示。

（3）使用.box:after 在栏目内容后插入一个同样大小的三角形填充物，边框色为背景色，即黑色。

（4）使用绝对定位，精确定位到右上角显示，并向右上角偏移 1px，遮盖住白色区域，留一条白色缝隙，即可完成图 10.21 所示的效果设计。

本 章 小 结

本章首先介绍了使用 CSS 设置背景图像的内容，包括设置背景图像源、显示方式、显示位置、固定背景、背景图像裁剪、背景图像大小和多重背景图像。然后讲解了渐变背景的设计方法，包括线性渐变、重复线性渐变、径向渐变和重复径向渐变。本章知识比较重要，在网站开发中经常需要利用背景图像进行页面装饰，而渐变背景更是满足了用户对个性化网页设计的需求。

课 后 练 习

一、填空题

1. 使用_____属性可以定义背景图像，默认值为_____，表示无背景图。
2. 默认情况下，背景图像显示在元素的_____。使用_____属性可以精确定位背景图像。
3. 使用_____可以控制背景图像的显示大小。
4. CSS3 提供了 4 个渐变函数：_____、_____、_____和_____。
5. 定义一个径向渐变，至少需要定义_____种颜色，同时指定渐变的_____、_____和_____。

二、判断题

1. 定位背景图像的位置为 0% 0%，则定位点是背景图像的左上顶点，即左上角对齐。（　　）
2. 定位背景图像的位置为 100% 100%，则定位背景图像的中心点位于右下顶点。（　　）
3. 默认情况下，背景图像能够跟随网页内容上下滚动。（　　）
4. background-origin 属性定义 background-position 属性的定位原点。（　　）
5. background-size 属性需要设置两个值，指定背景图像的宽度和高度。（　　）

三、选择题

1. radial-gradient()函数可以定义径向渐变，包含多个参数，下面哪个不恰当？（　　）
   A．渐变的类型　　B．半径　　C．中心点的位置　　D．颜色
2. 设置渐变从左到右，则下列选项中哪个关键字设置正确？（　　）
   A．to left　　B．to right　　C．to top　　D．to bottom
3. 以下哪一项可以设计从左上角到右下角的红色到蓝色的线性渐变？（　　）
   A．linear-gradient(to right, red , blue)
   B．linear-gradient(to bottom, red , blue)
   C．linear-gradient(to bottom right, red , blue)
   D．linear-gradient(red , blue)

4．linear-gradient(to bottom, #fff 0%, #333 100%)定义了什么样式的渐变？（　　）
　　A．从上到下白到深灰　　　　　　B．从下到上白到深灰
　　C．从上到下深灰到白　　　　　　D．从下到上深灰到白
5．定义背景图像的位置为 0% 100%，则下面哪项描述正确？（　　）
　　A．左下角对齐　　B．左上角对齐　　C．右上角对齐　　D．右下角对齐

四、简答题

1．简单介绍一下线性渐变函数的使用方法。
2．简单介绍一下径向渐变函数的使用方法。

五、上机题

1．尝试通过 list-style-image 属性为 ul 元素定义自定义图标，该图标通过渐变特效进行绘制，从而产生一种精致的双色效果，演示效果如图 10.22 所示。
2．利用 CSS3 多重背景图像技术设计圆角栏目效果，演示效果如图 10.23 所示。

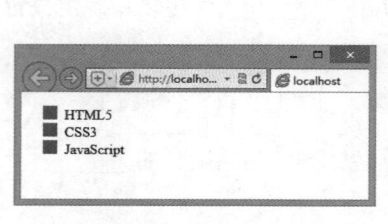

图 10.22　渐变图标　　　　　　　　图 10.23　圆角栏目

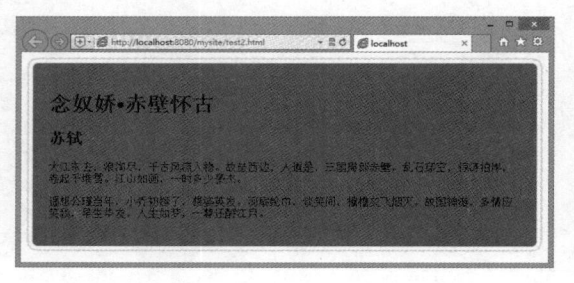

3．尝试使用 CSS3 线性渐变函数制作纹理图案，主要利用多重背景进行设计。然后使用线性渐变绘制每一条线，通过叠加和平铺，完成重复性纹理背景的制作，演示效果如图 10.24 所示。

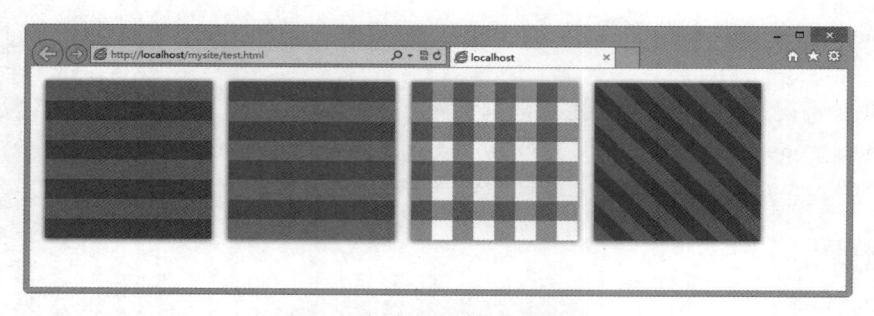

图 10.24　重复性纹理背景效果

拓 展 阅 读

第 11 章　CSS3 超链接和列表样式

【学习目标】

- 正确使用动态伪类。
- 灵活设计符合页面风格的链接样式。
- 定义列表样式。
- 根据页面风格设计导航菜单样式。

默认状态下，超链接文本显示为蓝色下划线效果，当鼠标指针悬停在超链接上时，鼠标指针会显示为手形，访问过的超链接则会显示为紫色。另外，列表项目默认会缩进显示，并在左侧显示项目符号。在网页设计中，一般可以根据需要重新定义超链接和列表的默认样式。

11.1　设计超链接

11.1.1　定义动态伪类选择器

动态伪类选择器可以定义超链接的四种状态样式，简单说明如下。

- a:link：定义超链接的默认样式。
- a:visited：定义超链接被访问后的样式。
- a:hover：定义鼠标指针悬停在超链接上时的样式。
- a:active：定义超链接被激活时的样式。

【示例】在下面示例中，定义页面中的所有超链接默认显示为红色下划线效果，当鼠标指针悬停在超链接上时，超链接文本显示为绿色下划线效果；而当单击超链接时，显示为黄色下划线效果，超链接被访问后显示为蓝色下划线效果。

```
a:link {color: #FF0000; /*红色*/}          /*超链接默认样式*/
a:visited {color: #0000FF; /*蓝色*/}       /*超链接被访问后的样式*/
a:hover {color: #00FF00; /*绿色*/}         /*鼠标指针悬停在超链接上时的样式*/
a:active {color: #FFFF00; /*黄色*/}        /*超链接被激活时的样式*/
```

> **提示**
>
> 超链接的四种状态样式的排列顺序是固定的，一般不能随意调换。正确顺序是：link、visited、hover 和 active。如果仅希望超链接显示两种状态样式，则使用 a:link 伪类定义默认样式，使用 a:hover 伪类定义鼠标指针悬停时的样式。例如：
>
> ```
> a:link {color: #FF0000;}
> a:hover {color: #00FF00;}
> ```

11.1.2　设计下划线

超链接文本默认显示下划线样式，可以使用 CSS3 的 text-decoration 属性清除。

```
a {text-decoration:none;}
```

但是从用户体验的角度考虑，取消下划线之后，应确保浏览者能够正确识别超链接，如加粗显示、变色、缩放、高亮背景等；也可以设计当鼠标指针经过时增加下划线，因为下划线具有很好的提示作用。

```
a:hover { text-decoration:underline;}
```

下划线样式并非一定是一条实线，用户还可以根据需要自定义设计。主要设计思路如下。
- 借助<a>标签的底边框线实现。
- 利用背景图像实现，背景图像可以设计出更多精巧的下划线样式。

【示例1】下面示例设计当鼠标指针经过超链接文本时，显示为虚下划线、粗体、色彩高亮的效果，如图11.1所示。

```
a {/*超链接的默认样式*/
    text-decoration:none;                    /*清除超链接下划线*/
    color:#999;                              /*浅灰色文字效果*/
}
a:hover {/*鼠标指针经过时的样式*/
    border-bottom:dashed 1px red;            /*鼠标指针经过时显示虚下划线效果*/
    color:#000;                              /*加重颜色显示*/
    font-weight:bold;                        /*加粗字体显示*/
    zoom:1;                                  /*解决IE浏览器无法显示的问题*/
}
```

【示例2】也可以使用CSS3的border-bottom属性定义超链接文本的下划线样式。下面示例定义超链接始终显示为下划线效果，并通过颜色变化提示鼠标指针经过时的状态，效果如图11.2所示。

```
a {/*超链接的默认样式*/
    text-decoration:none;                    /*清除超链接下划线*/
    border-bottom:dashed 1px red;            /*红色虚下划线效果*/
    color:#666;                              /*灰色字体效果*/
    zoom:1;                                  /*解决IE浏览器无法显示的问题*/
}
a:hover {/*鼠标指针经过时的样式*/
    color:#000;                              /*加重颜色显示*/
    border-bottom:dashed 1px #000;           /*改变虚下划线的颜色*/
}
```

图11.1 定义下划线样式（1）　　　　图11.2 定义下划线样式（2）

【示例3】使用CSS3的background属性可以定义个性化下划线样式，效果如图11.3所示。

```
a {/*超链接的默认样式*/
    text-decoration:none;                    /*清除超链接下划线*/
    color:#666;                              /*灰色字体效果*/
}
```

```
a:hover {                                     /*鼠标指针经过时的样式*/
    color:#000;                               /*加重颜色显示*/
    /*定义背景图像,定位到超链接元素的底部,并沿 X 轴水平平铺*/
    background:url(images/dashed1.gif) left bottom repeat-x;
}
```

图 11.3　定义背景图像设计的下划线样式

11.1.3　设计立体样式

本小节定义超链接在默认状态下显示灰色右侧边框和底部边框线效果,同时显示白色顶边框和左侧边框线效果。当鼠标指针经过超链接时,清除右侧和底部边框线效果,并定义左侧和顶部边框线效果,演示效果如图 11.4 所示。

实现方法:利用边框线颜色的深浅模拟凹凸变化的立体效果。首先,设置右侧边框线和底部边框线同色,同时设置顶部边框线和左侧边框线同色,利用明暗色彩的搭配模拟立体效果。然后,设置超链接文本的背景色为深色效果,营造凸起效果;当鼠标指针经过时,再定义浅色背景营造凹下效果。

```
body { background:#fcc; }                               /*浅色网页背景*/
ul {list-style-type: none; }                            /*清除项目符号*/
li { margin: 0 2px; float: left;}                       /*并列显示*/
a {                                                     /*超链接的默认样式*/
    text-decoration:none;                               /*清除超链接下划线*/
    border:solid 1px;                                   /*定义 1px 实线边框线*/
    padding: 0.4em 0.8em;                               /*增加超链接补白*/
    color: #444;                                        /*定义灰色字体*/
    background: #f99;                                   /*超链接背景色*/
    border-color: #fff #aaab9c #aaab9c #fff;            /*分配边框线颜色*/
    zoom:1;                                             /*解决 IE 浏览器无法显示的问题*/
}
a:hover {                                               /*鼠标指针经过时的样式*/
    color: #800000;                                     /*超链接字体颜色*/
    background: transparent;                            /*清除超链接背景色*/
    border-color: #aaab9c #fff #fff #aaab9c;            /*分配边框线颜色*/
}
```

图 11.4　定义立体样式

11.1.4　设置光标样式

使用 CSS 的 cursor 属性可以改变鼠标指针经过对象时的指针样式,取值说明见表 11.1。

表 11.1 cursor 属性取值说明

取 值	说 明
auto	基于上下文决定应该显示什么光标
crosshair	十字形光标（+）
default	基于系统的默认光标。通常渲染为一个箭头
pointer	指针光标，表示一个超链接
move	十字箭头光标，用于标识对象可被移动
e-resize、ne-resize、nw-resize、n-resize、se-resize、sw-resize、s-resize、w-resize	表示正在移动某条边，如 se-resize 光标用于表示边框的移动开始于东南角
text	表示可以选择文本。通常渲染为 I 形光标
wait	表示程序正忙，需要用户等待。通常渲染为手表或沙漏
help	光标下的对象包含帮助内容。通常渲染为一个问号或一个气球
<uri>URL	自定义光标样式的图标的所在路径

如果自定义光标样式，则可以使用绝对或相对 URL 指定光标文件（后缀为.cur 或.ani）。

【示例】下面示例在样式表中定义多个鼠标指针类样式，然后为表格中的单元格应用不同的类样式，演示效果如图 11.5 所示，完整代码可以参考本小节示例源代码。

```css
.auto { cursor: auto; }
.default { cursor: default; }
.none { cursor: none; }
.context-menu { cursor: context-menu; }
.help { cursor: help; }
.pointer { cursor: pointer; }
.progress { cursor: progress; }
.wait { cursor: wait; }
...
```

图 11.5 比较不同光标样式效果

提示

cursor 属性值可以是一个序列。当浏览器无法处理第 1 个图标时，它会尝试处理第 2 个、第 3 个等，以此类推；最后一个可以设置为通用光标。例如，下面的样式中就定义了 3 个自定义动画光标文件，最后定义了一个通用光标类型。

```css
a:hover { cursor:url('images/1.ani'), url('images/1. cur'), url('images/1.gif'), pointer;}
```

11.2 设计列表

CSS3 为列表定义了 4 个专用属性：list-style（设置列表项目，复合属性）、list-style-image（自定义项目符号）、list-style-position（项目符号的位置）和 list-style-type（项目符号的类型），以方便对列表进行控制，具体说明如下。

11.2.1 定义项目符号类型

使用 CSS3 的 list-style-type 属性可以定义列表项目符号的类型，也可以取消项目符号。该属性取值说明见表 11.2。

表 11.2 list-style-type 属性取值说明

属 性 值	说 明	属 性 值	说 明
disc	实心圆，默认值	upper-roman	大写罗马数字
circle	空心圆	lower-alpha	小写英文字母
square	实心方块	upper-alpha	大写英文字母
decimal	阿拉伯数字	none	不使用项目符号
lower-roman	小写罗马数字	armenian	传统的亚美尼亚数字
cjk-ideographic	简单的表意数字	georgian	传统的乔治数字
lower-greek	基本的希腊小写字母	hebrew	传统的希伯来数字
hiragana	日文平假名字符	hiragana-iroha	日文平假名序号
katakana	日文片假名字符	katakana-iroha	日文片假名序号
lower-latin	小写拉丁字母	upper-latin	大写拉丁字母

11.2.2 定义项目符号位置

使用 CSS3 的 list-style-position 属性可以定义项目符号的显示位置，该属性取值包括 outside 和 inside。其中，outside 表示把项目符号显示在列表项的文本行以外，列表符号默认显示为 outside；inside 表示把项目符号显示在列表项文本行以内。

> **注意**
> 如果要清除列表项目的缩进显示样式，可以使用以下样式实现。
> ```
> ul, ol { padding: 0; margin: 0;}
> ```

【示例】下面示例定义项目符号显示为空心圆，并位于列表行内部显示，如图 11.6 所示。

```
body { margin: 0; padding: 0; }            /*清除页边距*/
ul {/*列表基本样式*/
    list-style-type: circle;               /*空心圆符号*/
    list-style-position: inside;           /*显示在里面*/
}
```

> **提示**
>
> 在定义列表项目符号样式时，应注意以下两点。
> （1）不同浏览器对于项目符号的解析效果及其显示位置略有不同。如果要兼容不同浏览器的显示效果，应关注这些差异。
> （2）项目符号显示在里面和外面会影响项目符号与列表文本之间的距离，同时影响列表项的缩进效果。不同浏览器在解析时会存在差异。

图 11.6　定义列表项目符号

11.2.3　自定义项目符号

使用 CSS3 的 list-style-image 属性可以自定义项目符号。该属性允许指定一个图标文件，以此满足个性化设计需求。用法如下所示：

```
list-style-image: none | <url>
```

其默认值为 none。

【示例】以 11.2.2 小节示例为基础，重新设计内部样式表，增加自定义项目符号，设计项目符号为外部图标 bullet_main_02.gif，效果如图 11.7 所示。

```
ul {/*列表基本样式*/
    list-style-type: circle;                              /*空心圆符号*/
    list-style-position: inside;                          /*显示在里面*/
    list-style-image: url(images/bullet_main_02.gif);     /*自定义列表项目符号*/
}
```

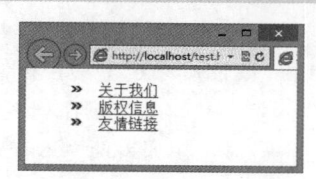

图 11.7　自定义列表项目符号

> **提示**
>
> 当同时定义项目符号类型和自定义项目符号时，自定义项目符号将覆盖默认的符号类型。但是，如果 list-style-type 属性值为 none 或指定外部图标文件不存在，则 list-style-type 属性值有效。

11.2.4　设计项目符号

使用 CSS3 的 background 属性也可以模拟列表项目符号。实现方法：首先使用 list-style-type:none 隐藏列表的默认项目符号；然后使用 background 属性为列表项目定义背景图像，精确定位其显示位置；最后使用 padding-left 属性为列表项目定义左侧空白，避免背景图像被文本遮盖。

【示例】在下面示例中,先清除列表的默认项目符号,然后为项目列表定义背景图像,并定位到左侧垂直居中的位置。为了避免列表文本覆盖背景图像,定义左侧补白为一个字符宽度,这样就可以把列表信息向右缩进显示,显示效果如图 11.8 所示。

```
ul {/*清除列默认样式*/
    list-style-type: none;
    padding: 0;
    margin: 0;
}
li {/*定义列表项目的样式*/
    background-image: url(images/bullet_sarrow.gif);/*定义背景图像*/
    background-position: left center;              /*精确定位背景图像的位置*/
    background-repeat: no-repeat;                  /*禁止背景图像平铺显示*/
    padding-left: 1em;                             /*为背景图像挤出空白区域*/
}
```

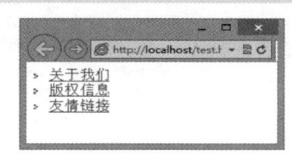

图 11.8　使用背景图像模拟项目符号

11.3　案例实战

11.3.1　设计垂直导航条

本例设计一个简单的垂直导航条,设计风格淡雅、轻松,如图 11.9 所示的左侧栏。这款禅意花园作品设计雅致,技巧运用并不是很复杂,适合读者学习和研究。

图 11.9　设计垂直导航条

(1)打开本小节模板文档 temp.html,将其另存为 test.html。在该文档中使用<ul>标签设计一个导航条,如下所示。

```
<div id="linkList">
    <div id="lresources">
        <h3 class="resources"><span>参考资源</span></h3>
        <ul>
```

```
            <li><a href="#">查看这个设计的样式表 CSS</a>
            <li><a href="#">CSS 参考资料</a>
            <li><a href="#">常见问题</a>
            <li><a href="#">投稿</a>
            <li><a href="#">翻译文件</a> </li>
        </ul>
    </div>
</div>
```

在项目列表<ul>标签外面包含了两层结构：<div id="linkList">表示整个网页的左侧栏目；<div id="lresources">表示本例要介绍的模块。

（2）新建内部样式表，然后开始编写样式代码。定义<div id="linkList">包含框为绝对定位显示，以便精确控制其在页面中的显示位置。

```
#linkList {  /*左侧通栏*/
    position:absolute;                          /*绝对定位*/
    top:179px; left:20px;                       /*距离页面顶部和左侧的距离*/
    width:207px;                                /*固定栏目的总宽度*/
}
```

（3）定义超链接的基本样式，以及鼠标指针经过时的样式。

```
a {
    color:#D9189F;                              /*粉红色*/
    background-color:#ffffff;                   /*白色背景*/
    text-decoration:underline;                  /*添加下划线*/
}
a:hover { color:#FC7AD5;                        /*淡粉色*/ }
```

本例定义超链接的颜色由粉红色变成淡粉色，当鼠标指针经过时，超链接微微发亮，既恰当又文雅，与页面整体风格保持一致。

（4）为每个列表项定义虚线。本例选用背景图像而非 border 实现。使用背景图像绘制虚线的优势在于其外观更为精致，且比使用 border 属性定义的虚线更易于个性化定制。

```
#linkList li {
    list-style:none;              /*清除项目列表符号*/
    padding:6px 0 10px 0;         /*增加列表项上下空隙，使设计的菜单项看起来更大方*/
    background:url(images/images/line.gif) bottom repeat-x;
                                  /*定义虚线背景，水平平铺*/
}
```

（5）为列表项定义一个项目符号，这里使用背景图像进行设计，因为这样更容易控制。

```
#linkList li a {
    padding-left:7px;                           /*在列表项左侧挤出 7px 空间*/
    background:url(images/images/link.gif) left center no-repeat;
                                                /*定义项目符号*/
    text-decoration:none;                       /*清除下划线*/
}
```

（6）定义当鼠标指针经过时为超链接增加下划线效果。

```
#linkList li a:hover {text-decoration:underline;}
```

（7）为该导航模块定义圆边效果。

```
#lresources { background:url(images/images/left_bg.gif) repeat-y; }
```

```
                                              /*中间背景图垂直平铺*/
    #lresources h3 {background:url(images/images/title_resources.gif) no-
repeat;}                                      /*顶部单背景*/
    #lresources ul {/*底部圆角*/
        margin:0; padding:0 25px 20px 17px;    /*增加底部空隙*/
        background:url(images/images/left_bottom.gif) bottom no-repeat;
                                              /*定义单块背景*/
    }
```

11.3.2 设计水平导航条

本例充分利用 CSS 的多种设计技巧，设计一个水平导航条。当鼠标指针经过时，菜单底部会显示一个悬挂的下三角形，导航条的色彩与整个页面的色彩协调一致，效果如图 11.10 所示。

图 11.10 水平导航条

（1）打开本小节模板文档 temp.html，将其另存为 test.html。本例在 11.3.1 小节示例的基础上构建一个导航条结构，该导航条的项目列表被放置在头部区域的底部。为了能更好地控制每个菜单项，列表中包含了多个辅助元素，其主要作用是设计一些修饰性导航效果。

```
<div id="pageHeader">
    <h1><span>CSS Zen Garden</span></h1>
    <h2><span><abbr title="cascading style sheets">CSS</abbr>设计之美</span></h2>
    <ul class="menu">
        <li> <a href="# "> <b><span>查看样式表 CSS</span></b><em></em> </a></li>
        ...
    </ul>
</div>
```

辅助元素应都包含在 a 元素内部，否则无法在超链接的动态状态中进行控制。

（2）新建内部样式表，然后开始编写样式代码。把整个项目列表（<ul>标签）设置为绝对定位显示，以便更好地控制，可参考 11.3.1 小节示例。

（3）以浮动方式设计列表项并列显示，为了防止列表项宽度太窄，可以使用 min-width 属性限制其最窄显示宽度。

```
.menu li {
    float:left;                               /*浮动显示*/
```

```
        min-width:100px;                            /*最窄显示宽度*/
}
```

(4) 定义超链接元素 a 以块状显示,并清除默认的下划线,使其填满列表项内的空间。

```
.menu a {
        position:relative;      /*定义定位包含框,为后面的绝对定位作坐标参考*/
        display:block;          /*块状显示*/
        text-decoration:none;   /*清除下划线*/
        min-width:100px;        /*最窄显示宽度*/
}
```

(5) 为包含在 a 元素中的 span 元素定义样式。此时,a 元素作为一个定位框,不适合定义具体的样式,因为它无法表现导航条底部的下划线效果。

```
.menu a span {
        display:block; min-width:66px;          /*块状显示,并限制最窄宽度*/
        color:#F911B2; background:#FFF4FC;      /*前景色和背景色*/
        border:solid #fff; border-width:0 2px 2px 2px;   /*增加边框样式*/
        text-align:center; cursor:pointer;      /*居中显示,鼠标指针以手形显示*/
        padding:4px 16px;                       /*增加内边距*/
}
```

(6) 用包含在 a 元素中的 b 元素定义导航条底部的下划线,并隐藏 a 元素包含的 em 元素。

```
.menu a b {
        display:block;                                  /*块状显示*/
        border-bottom:2px solid #F911B2; }              /*绘制导航条的下划线*/
.menu a em { display:none; }                            /*隐藏em元素*/
```

(7) 用 em 元素绘制鼠标指针经过超链接时的向下三角形,同时改变列表项的背景色为洋红色,设置菜单项字体颜色为白色。

```
.menu a:hover {background:#fff; }   /*经过超链接时,背景色变为白色*/
.menu a:hover span {
        color:#fff;                         /*经过超链接时,span 字体颜色变为白色*/
        background:#F911B2;                 /*经过超链接时,span 背景色变为洋红色*/
}
.menu a:hover em {/*绘制鼠标指针经过时,动态显示为向下三角形效果*/
        overflow:hidden;                    /*隐藏超出规定宽度和高度的区域*/
        border-style:solid;                 /*实边边框*/
        border-color:#F911B2 #fff;          /*边框颜色*/
        border-width:6px 6px 0 6px;         /*边框宽度*/
        height:3px;                         /*显示上半部分的三角形*/
        position:absolute; left:50%;        /*绝对定位,以便精确定位,水平居中*/
        margin-left:-6px;                   /*通过取左边界负值以实现三角形真正居中*/
}
```

11.3.3 设计滑动门菜单

在 CSS2 中,实现滑动门一般需要至少两个标签协作。但在 CSS3 中,无须额外的辅助标签,因为可以直接为一个元素定义多重背景图像。这些背景图像就像推拉门一样,可以随着标签的宽度和高度自动拉伸,以适应不同菜单的尺寸。本例使用的背景图像比较特殊,使用 CSS3 技术可能会暴露棱角,因此选用 CSS2 技术进行设计更为合适,如图 11.11 所示。

图 11.11　滑动门菜单导航条

【操作步骤】

（1）设计滑动门图像。滑动门的设计原理与背景图像重叠应用相似。当菜单列表项伸展之后，活动的背景图像会自动拉伸；当菜单列表项收缩之后，活动的背景图像会自动收缩。与此同时，另一幅背景图像始终是固定不变的，如图 11.12 所示。

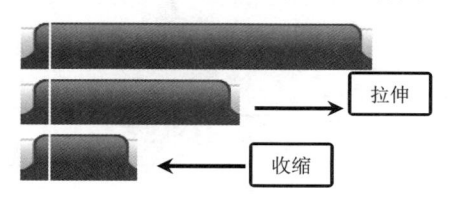

图 11.12　滑动门导航条

（2）打开本小节模板文档 temp.html，将其另存为 test.html。基于上面的设计思路，在设计滑动门时，通常需要至少两个标签来配合实现，本例结构如下。

```
<ul class="menu">
    <li class="current"> <a href="#"> <b>查看样式表 CSS</b> </a> </li>
    <li> <a href="#"> <b>CSS 参考资料</b> </a> </li>
    ...
</ul>
```

（3）新建内部样式表，然后开始编写样式代码，定义菜单项目并列显示。

```
.menu li {float:left; }                        /*靠左浮动，实现菜单项并列显示*/
```

（4）设计滑动门所需要的门框。这里定义 a 元素为块状显示，并固定其大小；宽度可以自适应以保持其作为滑动门的特性。然后把包含在 a 元素中的 b 元素也定义为块状显示，并拥有相同的尺寸。为了防止 b 元素拉伸到 a 元素的最左侧，还应该为 a 元素的左侧设置内边距，从而为左侧背景图像留出一些空间。所留空间的宽度应该与左侧背景图像的宽度一致。

```
.menu li a {
    float: left;                               /*靠左浮动*/
    display: block;                            /*块状显示，将拥有宽和高等属性*/
    color:#FF04B7;                             /*字体颜色*/
    text-decoration: none;                     /*清除下划线*/
    padding:0 0 0 16px;                        /*在左侧挤出一点空隙备用*/
    height: 46px;                              /*高度*/
    line-height: 46px;                         /*垂直居中*/
    text-align: center;                        /*水平居中*/
```

```
        cursor: pointer;                            /*手形鼠标样式*/
}
.menu li a b {
        float: left;                                /*浮动显示*/
        display: block;                             /*块状显示,将拥有宽和高等属性*/
        padding: 0 24px 0 8px;                      /*平衡左右内侧空隙*/
}
```

（5）分别在鼠标指针经过时设置 a 元素和 b 元素的背景图像，同时定义当前菜单的背景图像。背景图像的对齐方向不同，一个是向左对齐，另一个是向右对齐。

```
.menu li.current a, .menu li a:hover {
        color: #fff;                                /*白色字体*/
        background: url(images/left2.gif) no-repeat;    /*背景图像*/
        background-position: left;                  /*左对齐*/
}
.menu li.current a b, .menu li a:hover b {
        color: #fff;                                /*白色字体*/
        background: url(images/right2.gif) no-repeat right top; /*右对齐的背景图像*/
}
```

本 章 小 结

本章重点介绍了超链接的基本样式，以及列表专用属性的使用。通过本章的学习，读者能够掌握超链接与导航菜单的样式设计，设计的重点是确保超链接和列表样式与页面整体设计风格保持一致。

课 后 练 习

一、填空题

1. 默认状态下，超链接文本显示为_____效果。
2. 默认状态下，当鼠标指针经过超链接时，鼠标显示为_____，访问过的超链接显示为_____。
3. 列表项目默认会_____显示，并在左侧显示_____。
4. 动态伪类选择器可以定义_____的四种状态样式。
5. CSS3 为列表定义了四个专用属性：_____、_____、_____和_____。

二、判断题

1. 定义超链接和列表的样式应遵循越酷越美，越亮越美。   （   ）
2. 结构伪类选择器可以定义超链接的四种状态样式。   （   ）
3. 超链接的四种状态样式的排列顺序是固定的，一般不要随意调换。   （   ）
4. 超链接文本默认显示下划线样式，不可以清除。   （   ）
5. 列表项目一般都是缩进显示，不可以调整。   （   ）

三、选择题

1. 下面哪一项不是动态伪类选择器？（ ）
   A．:link   B．:visited   C．:hover   D．:enable
2. 下面哪一个属性不可以定义超链接的下划线样式？（ ）
   A．margin-bottom   B．text-decoration   C．border-bottom   D．background
3. 使用 cursor: pointer 声明可以为鼠标指针定义什么样式？（ ）
   A．十字形   B．手形   C．箭头   D．等待
4. 如果要清除列表项目的缩进显示样式，需要用到的属性是哪个？（ ）
   A．padding   B．list-style   C．list-style-image   D．list-style-position
5. 下面哪一个属性不可以自定义项目符号？（ ）
   A．background   B．list-style   C．list-style-image   D．list-style-position

四、简答题

1. 简单介绍一下为超链接设计下划线样式的方法。
2. 如果不借助图像的辅助，如何使用 CSS 颜色和背景设计立体效果的超链接样式？

五、上机题

1. 设计页面左侧是全屏高度的固定导航条，右侧是可滚动的内容，效果如图 11.13 所示。

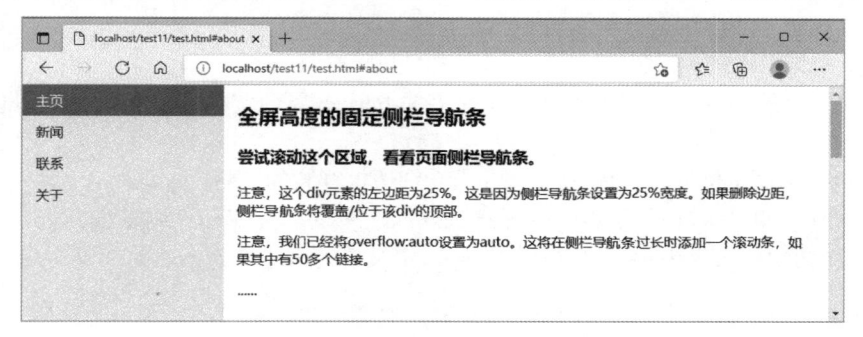

图 11.13 全屏高度的固定侧栏导航条

2. 使用 CSS 创建一个带搜索框的导航栏，如图 11.14 所示。

图 11.14 带搜索框的导航栏

拓 展 阅 读

第 12 章 CSS3 表格和表单样式

【学习目标】
- 正确定义表格样式。
- 根据网页风格设计表格版式。
- 能够灵活设计表单页面。

表格的主要功能是显示数据，同时也可以辅助结构的设计。表单是一组界面控件，它们的外观通常由浏览器预设，其中部分控件不允许 CSS 完全设计。本章主要介绍如何使用 CSS3 控制表格和表单的样式。

12.1 表格样式

CSS3 为表格定义了 5 个专用属性：border-collapse（分开单元格边框）、border-spacing（单元格边的间距）、caption-side（表格标题的位置）、empty-cells（空单元格显示）和 table-layout（表格布局解析）。除了这 5 个专用属性外，CSS 其他属性也适用于表格对象。

12.1.1 设置表格边框

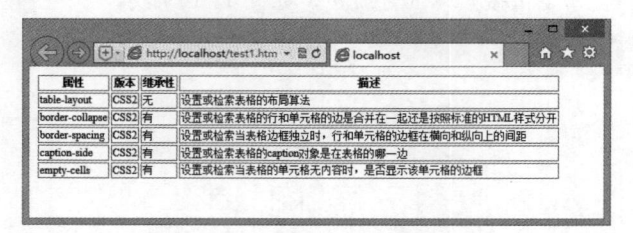

使用 CSS 的 border 属性代替<table>标签的 border 属性定义表格边框，可以优化代码结构。

【示例】下面示例演示如何使用 CSS 设计细边框样式的表格。

（1）在<head>标签内添加<style type="text/css">标签，定义一个内部样式表。
（2）在内部样式表中输入以下样式代码，定义单元格边框为 1px 的灰色实线。

```
th, td {font-size:12px; border:solid 1px gray;}
```

（3）在<body>标签内构建一个简单的表格结构，详细代码请参考本小节示例源代码。
（4）在浏览器中预览，显示效果如图 12.1 所示。

图 12.1 使用 CSS 定义表格边框样式

从图 12.1 中可以看出，使用 CSS 定义的表格边框线不是连续的线条，这是因为表格中的每个单元格都是独立的空间，当为它们定义边框线时，这些边框相互之间不是紧密连接在一起的。

（5）在内部样式表中，为<table>标签添加如下 CSS 样式，合并相邻的单元格。

```
table { border-collapse:collapse;}                    /*合并单元格边框*/
```

（6）在浏览器中重新预览页面效果，显示效果如图 12.2 所示。

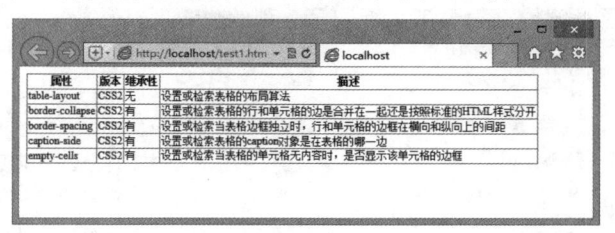

图 12.2 使用 CSS 合并单元格边框

12.1.2 设置单元格间距和空隙

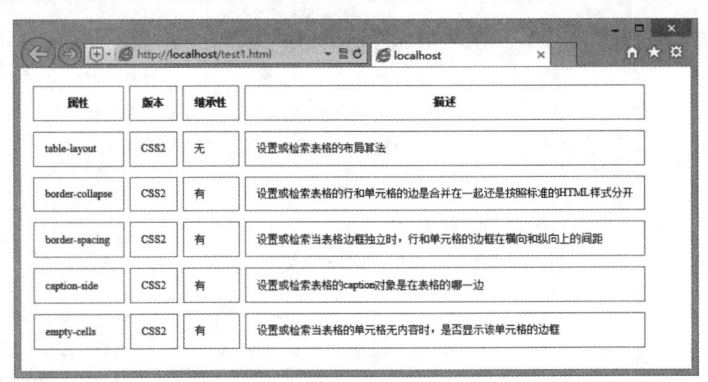

为了兼容<table>标签的 cellspacing 属性，CSS 定义了 border-spacing 属性，用于控制单元格的间距。该属性包含 1 个或 2 个参数值。当定义一个参数值时，则表示定义单元格行间距和列间距都为该值。例如：

```
table { border-spacing:20px;}                    /*分隔单元格边框*/
```

如果分别定义行间距和列间距，就需要定义两个值，例如：

```
table { border-spacing:10px 30px;}                    /*分隔单元格边框*/
```

其中，第 1 个值表示单元格之间的行间距，第 2 个值表示单元格之间的列间距，该属性值不可以为负数。使用 cellspacing 属性定义单元格间距后，该空间由表格背景填充。

【示例】以 12.1.1 小节示例中的表格结构为基础，重新设计内部样式表。为表格内的单元格定义上下 6px 和左右 12px 的间距，同时设计单元格内部空隙为 12px，演示效果如图 12.3 所示。

```
table { border-spacing: 6px 12px; }
th, td { border: solid 1px gray; padding: 12px;}
```

图 12.3 增加单元格空隙

也可以为<table>标签定义补白，此时可以增加表格外框与单元格之间的距离。

12.1.3 隐藏空单元格

如果表格单元格的边框处于分离状态（border-collapse: separate;），则可以使用 CSS 的

empty-cells 属性设置空单元格是否显示。当其值为 show 时，表示显示空单元格；当其值为 hide 时，表示隐藏空单元格。

【示例】在下面示例中，隐藏第 2 行、第 2 列的空单元格边框，效果如图 12.4 所示。

```
<style type="text/css">
table {                                    /*表格样式*/
    width: 400px;                          /*固定表格宽度*/
    border: dashed 1px red;                /*定义虚线表格边框*/
    empty-cells: hide;                     /*隐藏空单元格*/
}
th, td {                                   /*单元格样式*/
    border: solid 1px #000;                /*定义实线单元格边框*/
    padding: 4px;                          /*定义单元格内的补白区域*/
}
</style>
<table>
    <tr><td>西</td><td>东</td> </tr>
    <tr><td>北</td><td></td></tr>
</table>
```

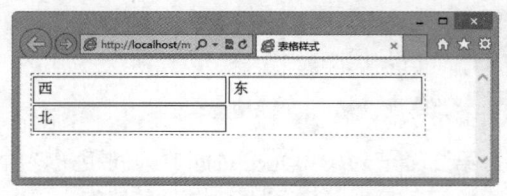

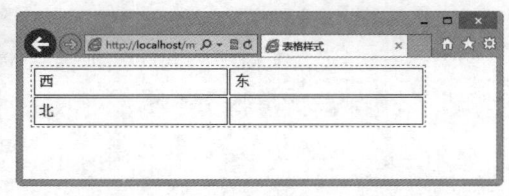

(a) 隐藏空单元格　　　　　　　　　　　　　　(b) 默认显示的空单元格

图 12.4　隐藏空单元格效果

12.1.4　设置表格标题

使用 CSS 的 caption-side 属性可以定义标题的显示位置，该属性取值包括 top（位于表格上面）、bottom（位于表格底部）、left（位于表格左侧，非标准）、right（位于表格右侧，非标准）。

如果要实现标题文本的水平对齐，则可以使用 text-align 属性。对于左右两侧的标题，可以使用 vertical-align 属性进行垂直对齐，取值包括 top、middle 和 bottom。其他取值无效，默认为 top。

【示例】在下面示例中，定义标题靠左显示，并设置标题垂直居中显示。但不同浏览器在解析时分歧比较大，如在 IE 浏览器中显示如图 12.5 所示，但是在 Firefox 浏览器中显示如图 12.6 所示。

```
<style type="text/css">
    table {border: dashed 1px red; }      /*定义表格虚线外框样式*/
    th, td {                               /*定义单元格样式*/
        border: solid 1px #000;            /*实线内框*/
        padding: 20px 80px;                /*单元格内补白大小*/
    }
    caption {                              /*定义标题行样式*/
        caption-side: left;                /*左侧显示*/
        width: 10px;                       /*定义宽度*/
```

```
            margin: auto 20px;                          /*定义左右边界*/
            vertical-align: middle;                     /*垂直居中显示*/
            font-size: 14px;                            /*定义字体大小*/
            font-weight: bold;                          /*加粗显示*/
            color: #666;                                /*灰色字体*/
        }
    </style>
    <table>
        <caption>表格标题</caption>
        <tr><td>北</td><td>西</td> </tr>
        <tr><td>东</td><td>南</td> </tr>
    </table>
```

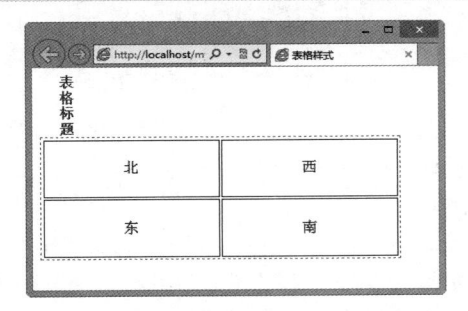

图 12.5 IE 浏览器解析表格标题效果 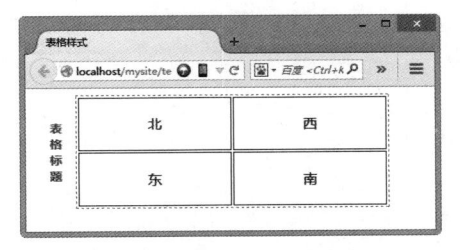　　　　图 12.6 Firefox 浏览器解析表格标题效果

12.2　表 单 样 式

表单没有专用的 CSS 属性，其适用 CSS 通用属性，如边框、背景、字体等样式。部分表单控件比较特殊，不易使用 CSS 定制，如下拉菜单、单选按钮、复选框和文件域等。如果要设计个性化样式，则需要 CSS+JavaScript 配合实现。

12.2.1　设计文本框

使用 CSS 可以对文本框进行全面定制，包括边框、背景、内外间距、大小、字体样式，以及 CSS3 圆角、阴影等。

【示例 1】新建一个网页，将其保存为 test1.html。在<body>标签内使用<form>标签包含一个文本框和一个文本区域。

```
<form>
    <p><label for="user">文本框：</label>
        <input type="text" value="看我的颜色" id="user" name="user" /></p>
    <p><label for="text">文本区域：</label>
        <textarea id="text" name="text">看我背景</textarea></p>
</form>
```

在<head>标签内添加<style type="text/css">标签，定义内部样式表，然后输入以下样式代码。定义表单样式，为文本框和文本区域设置不同的边框颜色、字体颜色和背景图。

```
body { font-size: 14px; }                               /*文本大小*/
input {
    width: 300px; height: 25px;                         /*设置宽度和高度*/
```

```
        font-size: 14px;                                    /*文本大小*/
        line-height: 25px;                                  /*设置行高*/
        border: 1px solid #339999;                          /*设置边框属性*/
        color: #FF0000;                                     /*字体颜色*/
        background-color: #99CC66;                          /*背景颜色*/
    }
    textarea {
        width: 400px; height: 300px;                        /*设置宽度和高度*/
        line-height: 24px;                                  /*设置行高*/
        border: none;                                       /*清除默认边框设置*/
        border: 1px solid #ff7300;                          /*设置边框属性*/
        background: #99CC99 url(images/1.jpg) no-repeat;    /*设置宽度*/
        display: block;                                     /*背景颜色*/
        margin-left: 60px;                                  /*设置外间距*/
    }
```

在上面的代码中，可以定义整个表单中的字体大小和输入域的间距，设置宽度和高度。输入域的高度应与行高一致，以便于实现单行文字的垂直居中。接着设置单行输入框的边框，并确保字体颜色和背景颜色反差较大，以突出文本内容。

设置文本区域属性时，同样需要为其设置宽度和高度。此处，设置它的行高为24px，实现行与行的间距相等，而不设置垂直居中。通过浏览器会发现文本区域的边框线有凹凸的感觉，此时可以将边框线设置为0，并重新定义边框线的样式。由于文本区域的输入内容较多，可以设置为块元素，使输入的文本可以自动换行显示。通过浏览器预览发现单行文本框和文本区域左边并没有对齐，可以通过设置 margin-left 属性来实现上（单行文本框）下（文本区域）的对齐。最后，可以修改文本区域的背景颜色和背景图，从而完成整个表单样式的设置。在浏览器中预览，演示效果如图 12.7 所示。

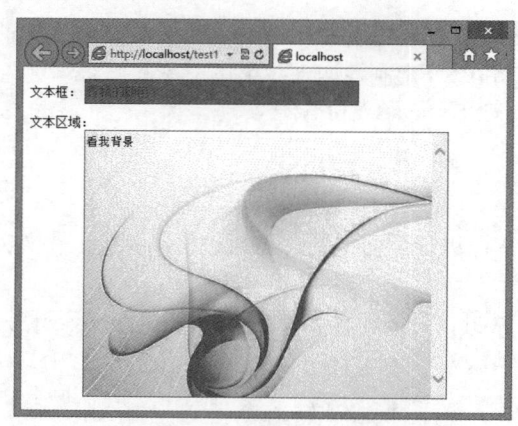

图 12.7 文本框和文本区域样式

【示例 2】使用 CSS 设计表单对象样式有不同的方法。以示例 1 为例，如果使用属性选择器来设计表单对象的样式，则可以使用以下方式进行控制。

（1）新建网页，将其保存为 test2.html。在<body>标签内使用<form>标签包含一个文本框和一个密码域。

```
<form>
    <p><label for="user">文本框: </label>
        <input type="text" value="看我的颜色" id="user" name="user" /></p>
    <p><label for="pass">密码域: </label>
```

```
            <input type="password" value="看我的颜色" id="pass" name="pass" /></p>
</form>
```

（2）在<head>标签内添加<style type="text/css">标签，定义内部样式表，然后输入以下样式代码。

```
body { font-size: 14px; }                            /*文本大小*/
input {
    width: 200px;                                    /*设置宽度*/
    height: 25px;                                    /*设置高度*/
    border: 1px solid #339999;                       /*设置边框*/
    background-color: #99CC66;                       /*设置背景颜色*/
}
input[type='password'] { background-color: #F00; }   /*设置背景颜色*/
```

在浏览器中预览，演示效果如图 12.8 所示。

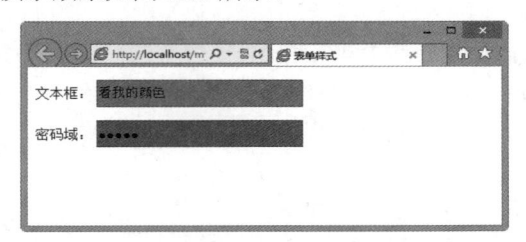

图 12.8　使用伪类样式控制表单对象

12.2.2　设计单选按钮和复选框

使用 CSS 可以简单设计单选按钮和复选框的样式，如边框和背景色。如果完全改变其风格，则需要通过 JavaScript 和背景图替换的方式间接实现。下面以单选按钮为例进行演示说明，复选框的实现可以参考本小节示例源代码。

（1）在 Photoshop 中设计两个大小相等的背景图标，图标样式如图 12.9 所示。

（2）新建网页，将其保存为 test1.html。在<body>标签内使用<form>标签包含多个单选按钮，设计统计各个浏览器被认可的人数。

图 12.9　背景图标样式

```
<form>
    <p><input type="radio" checked="" id="radio0" value="radio" name="group"/>
        <label for="radio0" class="radio1">Internet Explorer</label>
    </p>
    ...
</form>
```

（3）在<head>标签内添加<style type="text/css">标签，定义一个内部样式表。
（4）初始化页面时，网页内容字体为 16 号黑体。表单<form>宽度设置为 600px，每行放置 3 个单选按钮以确保空间合理使用，并使表单在浏览器居中显示。<form>标签的相对定位应删除，此处仅体现子元素。设置绝对定位时，其父元素最好能设置相对定位，以减少 Bug 的出现。

```
body {font-family:"黑体"; font-size:16px;}
form {position:relative; width:600px; margin:0 auto; text-align:center;}
```

（5）设置<p>标签的宽度为 200px，并将其设置为左浮动，以实现表单内部横向显示 3 个单选按钮（表单的宽度为 600px，600/200=3）。由于各个浏览器名称长短不同，需要对其进行左对齐设置，以保证视觉上的对齐效果。<p>标签在不同浏览器下的默认间距大小不一致，此处设置内外间距为 0px，会发现第 1 行单选按钮和第 2 行单选按钮之间过于紧密，影响美观，可以考虑设置上下外间距（margin）为 10px 来调整间距。

```
p{ width:200px; float:left; text-align:left; margin:0; padding:0; margin:
10px 0px;}
```

（6）<input>标签的 id 属性值和<label>标签的 for 属性值一致，实现二者关联，并将<input>标签进行隐藏，即设置<input>标签为绝对定位，并设置较大的 left 值，如设置 left 为 -999em。使<input>标签完全移出浏览器可视区域之外，达到隐藏该标签的作用，为紧跟在它后面的文字设置背景图替代单选按钮（<input>标签）作铺垫。

```
input {position: absolute; left: -999em; }
```

（7）为<label>标签添加类 radio1 和 radio2，代表单选按钮未选中和选中两种状态。现在分别对类 radio1 和 radio2 进行设置，二者的 CSS 属性设置一致，区别在于其背景图的不同。

```
.radio1 {margin: 0px;padding-left: 40px;color: #000;line-height: 34px;
height: 34px;
     background:url(img/4.jpg) no-repeat left top;cursor: pointer;display:
block; }
    .radio2 {background:url(img/3.jpg) no-repeat left top; }
```

（8）在浏览器中预览，演示效果如图 12.10 所示。

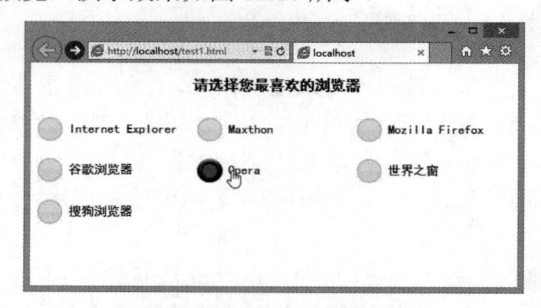

图 12.10 使用背景图设计的单选按钮样式

提示

类似的复选框设计效果如图 12.11 所示，具体示例代码请参考本小节示例源代码。

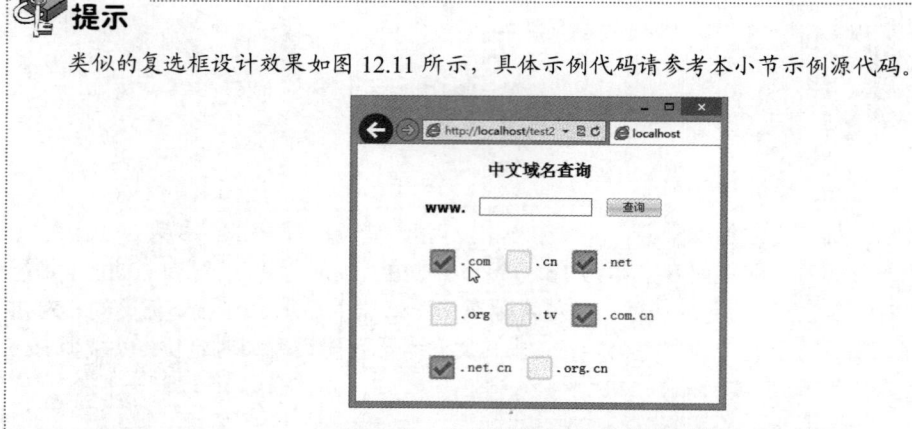

图 12.11 使用背景图设计的复选框样式

12.2.3 设计下拉菜单

本小节演示如何使用 appearance 属性隐藏下拉菜单的箭头,并通过 content 属性与:after 选择器生成一个新的替换箭头,效果如图 12.12 所示。

```css
.box {                                              /*外包含框*/
    height: 40px; width: 300px;                     /*固定宽度和高度*/
    border:1px solid #e3e3e3; border-radius:4px;    /*浅色边框和圆角*/
    color:#616263;                                  /*设置字体颜色*/
    overflow: hidden; display: inline-block;        /*行内块显示,禁止内容超出区域*/
    position: relative;                             /*定义定位框*/
}
select{                                             /*下菜单框*/
    height: 40px; width: 300px;                     /*与外包含框相同大小*/
    padding: 10px; border: 0; outline: none;        /*定义内部间距。取消边框、轮廓*/
    background-color:#ececec; font-size: 16px;      /*背景色和字体颜色*/
    appearance: none;                               /*隐藏默认的下拉菜单*/
}
.box:after {                                        /*覆盖层*/
    content:"▼";                                    /*生成下拉按钮*/
    padding: 12px 8px; text-align: center;          /*补白和对齐*/
    position: absolute; right: 10px; top: 0; z-index: 1;
    width: 10%;height: 100%;                        /*填充全部容器*/
    pointer-events: none;                           /*禁用指针*/
    box-sizing: border-box;                         /*怪异解析*/
}
```

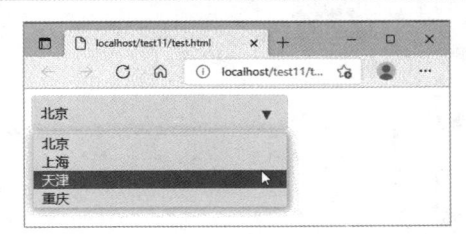

图 12.12 设计下拉菜单样式

12.2.4 设计文件域

文件域是一个集成的表单控件,捆绑了文本框和按钮组件,难以直接使用 CSS 进行设计。本小节通过一个示例演示如何使用 CSS 背景和 JavaScript 脚本设计出符合页面风格的文件域,设计效果如图 12.13 所示。

设计思路如下:首先设置文件域透明显示,并通过文本框和按钮替换文件域的外观。然后将文件域的浏览按钮放置到定义的按钮图像的上方。最后使用 JavaScript 获取文件域的值,并赋给文本框。

图 12.13 设计文件域样式

(1) 新建一个 HTML5 文档,在<body>标签内输入以下结构代码,构建表单结构。

```
<article class="show">
    <h1>提交文件</h1>
    <form action="" method="post" enctype="multipart/form-data" name="up_form" class="fileInput">
        <input name="up_file" type="file" id="up_file" class="upfile" value="浏览文件" />
        <p>选择文件</p>
    </form>
</article>
```

（2）在样式表中设计以下样式。

```
.fileInput {              /*为表单框添加按钮背景图标，固定大小，并定义为定位包含框*/
    position: relative;
    width: 66px; height: 66px;
    background: url("images/code.png");
    border-radius: 12px;
}
.upfile {    /*定义文件域绝对定位，固定大小，与背景图标大小正好一致，然后透明化显示*/
    position: absolute; width: 66px; height: 66px;
    opacity: 0; filter: alpha(opacity=0);
}
```

（3）编写 JavaScript 脚本，响应用户提交行为。当用户确定选择文件后，自动提交文件。

```
window.onload = function(){
    var up_file = document.getElementById("up_file");
    up_file.onchange = function(){
        document.up_form.submit();
    }
}
```

12.3 案 例 实 战

12.3.1 设计淡雅风格表格

本例通过浅色搭配设计一款淡雅的表格样式，同时实现了表格隔行变色的效果。设置奇数行和偶数行为不同的背景颜色，使数据行更清晰易读，效果如图 12.14 所示。

图 12.14 设计淡雅风格表格

（1）新建 HTML5 文档，设计表格结构，结构代码可以参考本小节示例源代码。

（2）定义表格样式。首先定义表格的宽度为 700px，并为其添加表格边框。为 table 元素添加 border-collapse: collapse;声明，解决单元格边框分离的问题。

```
table {                                    /*设置表格样式*/
    width: 700px;                          /*表格宽度*/
    padding: 0; margin: 0;
    border: 1px solid #C1DAD7;             /*表格边框*/
    border-collapse: collapse;
}
caption {                                  /*设置表格标题*/
    padding: 0 0 5px 0;
    text-align: center;                    /*水平居中*/
    font-size: 30px;                       /*字体大小*/
    font-weight: bold;                     /*字体加粗*/
}
```

（3）使用 thead th 选择器为列标题行定义样式，使用 tbody 选择器定义数据区域背景颜色。

```
thead th {
    color: #4f6b72; border: 1px solid #C1DAD7;
    letter-spacing: 2px; text-align: left;
    padding: 6px 6px 6px 12px; background: #CAE8EA;
}
tbody { background: #fff;}
```

（4）使用 tbody th, tbody td 组合选择器，为数据区域单元格定义样式，避免为每个单元格引用类样式。

```
tbody th, tbody td {
    border: 1px solid #C1DAD7; font-size: 14px;
    padding: 6px 6px 6px 12px; color: #4f6b72;
}
```

（5）使用 CSS3 的结构伪类选择器 tbody tr:nth-child(2n)专门为数据区域内所有偶数行定义特殊样式，实现隔行换色效果，避免单独为偶数行单元格应用特殊类样式。

```
tbody tr:nth-child(2n) { background: #F5FAFA; color: #797268;}
```

12.3.2 设计登录表单

本例设计一款标准的登录表单页面，效果如图 12.15 所示。

图 12.15 设计网站登录页面效果

（1）新建 HTML5 文档，设计以下表单结构。

```
<div id="id01" class="modal">
    <form class="modal-content animate" action="/action_page.php">
        <div class="container">
            <label><b>用户名</b></label>
            <input type="text" placeholder="输入用户名" name="uname" required>
            <label><b>密码</b></label>
            <input type="password" placeholder="输入密码" name="psw" required>
            <button type="submit">登录</button>
            <input type="checkbox" checked="checked"> 记住我
        </div>
        <div class="container" style="background-color:#f1f1f1">
            <button type="button" onclick="document.getElementById('id01')
               .style.display = 'none'" class="cancelbtn">取消</button>
            <span class="psw">忘记 <a href="#">密码?</a></span>
        </div>
    </form>
</div>
```

（2）新建 CSS 样式表，设计表单样式。通过属性选择器控制文本框、密码框的样式。

```
input[type=text], input[type=password] {
    width: 100%;padding: 12px 20px; margin: 8px 0;
    display: inline-block; border: 1px solid #ccc; box-sizing: border-box;
}
```

（3）设计按钮在鼠标指针经过和未经过时的状态样式。

```
button {
    background-color: #4CAF50; color: white;
    padding: 14px 20px; margin: 8px 0; border: none; cursor: pointer;
    width: 100%;
}
button:hover { opacity: 0.8;}
```

本 章 小 结

本章具体讲解了如何设计表格和表单样式，其中 CSS3 为表格定义了 5 个专用属性，需要了解其用法。表单样式比较特殊，特别是单选按钮、复选框、下拉菜单和文件域的样式，需要结合图像、JavaScript 等方法才能设计出与实际页面风格一致的样式。

课 后 练 习

一、填空题

1. CSS3 为表格定义了 5 个专用属性：_____、_____、_____、_____ 和_____。

2. 使用________声明可以定义细线表格。
3. 使用________属性可以分离单元格。
4. 使用________声明可以隐藏空单元格。
5. 使用________属性可以定义标题的显示位置。

二、判断题

1. 只能使用表格专用属性设计表格样式。（　　）
2. <table>标签的 border 属性可以定义表格边框。（　　）
3. 如果表格单元格的边框处于分离状态，则可以使用 empty-cells 属性隐藏空单元格。（　　）
4. 表格标题只能显示在顶部。（　　）
5. 表单没有专用的 CSS 属性，其适用 CSS 通用属性，如边框、背景、字体等样式。（　　）

三、选择题

1. 下面哪一项不是表格专用属性？（　　）
   A. border-collapse　B. caption-side　C. empty-cells　D. border-style
2. 定义细线表格不需要下面哪个属性？（　　）
   A. border-collapse　B. padding　C. border-style　D. border-width
3. 使用 cellspacing 属性定义单元格间距之后，空隙背景应该是哪个标签的背景？（　　）
   A. <table>　B. <td>　C. <body>　D. <tr>
4. 下面哪个表单控件最不容易使用 CSS 进行定制？（　　）
   A. 文本框　B. 单选按钮　C. 复选框　D. 文件域
5. 使用下面哪个属性可以隐藏下拉菜单的箭头？（　　）
   A. appearance　B. display　C. visibility　D. overflow

四、简答题

1. 简单介绍一下表格样式的设计特点。
2. 简单介绍一下表单样式的设计特点。

五、上机题

1. 请设计表格隔行换色的样式，以提升表格阅读体验，如图 12.16 所示。

历届夏季奥运会中国奖牌数

编号	年份	城市	金牌	银牌	铜牌	总计
第23届	1984年	洛杉矶（美国）	15	8	9	32
第24届	1988年	汉城（韩国）	5	11	12	28
第25届	1992年	巴塞罗那（西班牙）	16	22	16	54
第26届	1996年	亚特兰大（美国）	16	22	12	50
第27届	2000年	悉尼（澳大利亚）	28	16	15	59
第28届	2004年	雅典（希腊）	32	17	14	63
第29届	2008年	北京（中国）	48	22	30	100
第30届	2012年	伦敦（英国）	38	31	22	91
第31届	2016年	里约热内卢（巴西）	26	18	26	70
合计	547枚					

图 12.16　表格隔行换色样式

2. 使用 CSS3 新增的状态伪类可以设计表单状态样式，如:focus（焦点状态）、:checked（选中状态）、:disabled（禁用状态）、:enable（可用状态）、:required（必填状态）、:optional（非必填状态）、:invalid（非法值状态）、:valid（合法值状态）等。请应用这些状态样式设计一个简单的表单，如图 12.17 所示。

图 12.17　表单状态样式

拓 展 阅 读

第 13 章　CSS3 盒模型

【学习目标】

- 设计大小、边框、边界、补白样式。
- 了解界面显示。
- 定义轮廓样式。
- 设计圆角样式。
- 设计阴影样式。

CSS3 盒模型规定了网页元素的显示方式,包括大小、边框、边界和补白等。2015 年 4 月,W3C 的 CSS 工作组发布了 CSS3 基本用户接口模块,该模块负责控制与用户接口界面相关效果的呈现方式。

13.1　认识 CSS 盒模型

在网页设计中,经常会见到内容(content)、补白(padding)、边框(border)、边界(margin)等概念,这些概念与日常生活中盒子的结构类似,因此称之为 CSS 盒模型。

CSS 盒模型具有如下特点,结构示意如图 13.1 所示。

- 盒子都有 4 个区域:边界、边框、补白、内容。
- 每个区域都包括 4 个部分:上、右、下、左。
- 每个区域可以统一设置,也可以分别设置。
- 边界和补白只能定义大小,而边框可以定义样式、大小和颜色。
- 内容可以定义宽度、高度、前景色和背景色。

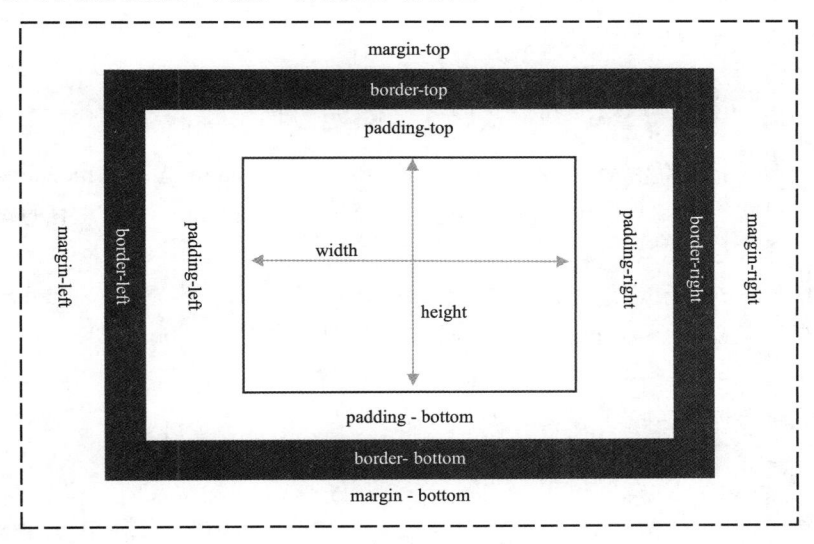

图 13.1　CSS 盒模型结构示意图

默认状态下，所有元素的初始状态 margin、border、padding、width 和 height 都为 0，背景为透明。当元素包含内容后，width 和 height 会自动调整为内容的宽度和高度。调整补白、边框和边界的大小，不会影响内容的大小，但会影响元素在网页内的显示区域。

13.2 大　　小

使用 width（宽）和 height（高）属性可以定义元素包裹的内容区域的大小。
根据 CSS 盒模型规则，可以设计以下等式。
- 元素的总宽度=左边界 + 左边框 + 左补白 + 宽 + 右补白 + 右边框 + 右边界
- 元素的总高度=上边界 + 上边框 + 上补白 + 高 + 下补白 + 下边框 + 下边界

假设一个元素的宽度为 200px，左右边界为 50px，左右补白为 50px，边框为 20px，则该元素在页面中实际占据的宽度为 50px + 20px + 50px + 200px + 50px + 20px + 50px = 440px。

> **注意**
>
> 在浏览器怪异解析模式下，元素在页面中占据的实际大小为
>
> 　　　　元素的总宽度=左边界 + 宽 + 右边界
> 　　　　元素的总高度=上边界 + 高 + 下边界
>
> 使用 CSS 盒模型公式表示为
>
> 　　width = border-left + padding-left + content-width + padding-right + border-right
> 　　height = border-top + padding-top + content-height + padding-bottom + border-bottom

13.3 边　　框

边框可以为对象设计装饰线，也可以为板块之间添加分界线。定义边框的宽度有多种方法，简单说明如下。

- 直接在属性后面指定宽度值。

```
border-bottom-width:12px;        /*定义元素的底部边框宽度为12px*/
border-top-width:0.2em;          /*定义顶部边框宽度为元素内字体大小的 0.2 倍*/
```

- 使用关键字，如 thin、medium 和 thick。thick 比 medium 宽，而 medium 比 thin 宽。不同浏览器对此解析的宽度值不同，有的解析为 5px、3px、2px，有的解析为 3px、2px、1px。

- 单独为某边设置宽度，可以使用 border-top-width（顶边框宽度）、border-right-width（右边框宽度）、border- bottom-width（底边框宽度）和 border-left-width（左边框宽度）。

- 使用 border-width 属性定义边框宽度。

```
border-width:2px;                /*定义四边都为2px*/
border-width:2px 4px;            /*定义上下边为2px，左右边为4px*/
border-width:2px 4px 6px;        /*定义上边为2px，左右边为4px，底边为6px*/
border-width:2px 4px 6px 8px;    /*定义上边为2px，右边为4px，底边为6px，左边为8px*/
```

> **提示**
> 当定义边框宽度时，必须要定义边框样式。因为边框样式默认为 none，即不显示，所以仅设置边框的宽度，由于样式不存在，就看不到效果。
> 定义边框颜色可以使用颜色名、RGB 颜色值、十六进制颜色值或者 CSS3 颜色模式函数。

【示例 1】下面示例分别为元素的各个边框定义不同的颜色。

```css
#box {/*定义边框的颜色*/
    border-style: solid;                        /*定义边框为实线显示*/
    border-width: 50px;                         /*定义边框的宽度*/
    border-top-color: #aaa;                     /*定义顶部边框颜色为十六进制值*/
    border-right-color: gray;                   /*定义右边框颜色为名称值*/
    border-bottom-color: rgb(120,50,20);        /*定义底部边框颜色为 RGB 值*/
    border-left-color:auto;                     /*定义左边框颜色将继承字体颜色*/
}
```

CSS 支持的边框样式主要包括以下几种。

- none：默认值，无边框，不受任何指定的 border-width 值影响。
- hidden：隐藏边框，IE 浏览器不支持。
- dotted：定义边框为点线。
- dashed：定义边框为虚线。
- solid：定义边框为实线。
- double：定义边框为双线，两条线及其间隔宽度之和等于指定的 border-width 值。
- groove：根据 border-color 值定义 3D 凹槽。
- ridge：根据 border-color 值定义 3D 凸槽。
- inset：根据 border-color 值定义 3D 凹边。
- outset：根据 border-color 值定义 3D 凸边。

【示例 2】下面示例在一段文本中包含一个 span 元素，利用它为部分文本定义特殊样式。设计顶部边框为 80px 宽的红色实线，底部边框为 80px 的绿色实线，如图 13.2 所示。

```html
<style type="text/css">
p {/*定义段落属性*/
    margin: 50px;                           /*定义段落的边界为 50px*/
    border: dashed 1px #999;                /*定义段落的边框*/
    font-size: 14px;                        /*定义段落字体大小*/
    line-height: 24px;                      /*定义段落行高为 24px*/
    }
span {/*定义段落内内联文本属性*/
    border-top: solid red 80px;             /*定义行内元素的上边框样式*/
    border-bottom: solid green 80px;        /*定义行内元素的下边框样式*/
    color: blue;
}
</style>
<p>寒蝉凄切，对长亭晚，骤雨初歇。都门帐饮无绪，留恋处，兰舟催发。执手相看泪眼，竟无语凝噎。念去去，千里烟波，暮霭沉沉楚天阔。<span>多情自古伤离别，更那堪，冷落清秋节。</span>今宵酒醒何处?杨柳岸，晓风残月。此去经年，应是良辰好景虚设。便纵有千种风情，更与何人说？</p>
```

可以看到上边框压住了上一行文字，并超出了段落边框，下边框压住了下一行文字，也超出了段落边框。

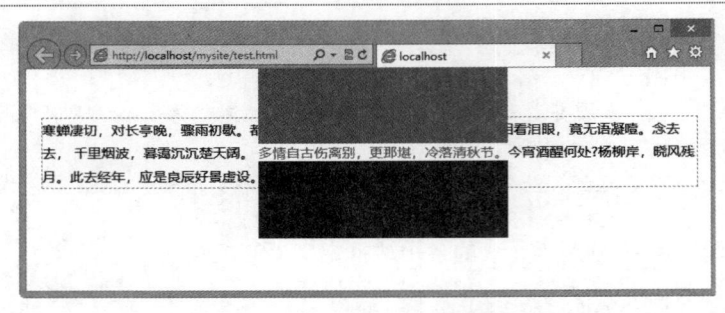

图 13.2　定义行内元素上下边框效果

13.4　边　　界

元素与元素外边框之间的区域称为边界,也称为外边距。设置边界可以使用 margin 属性。

```
margin:2px;                    /*定义元素四边边界为2px*/
margin:2px 4px;                /*定义上下边界为2px,左右边界为4px*/
margin:2px 4px 6px;            /*定义上边界为2px,左右边界为4px,下边界为6px*/
margin:2px 4px 6px 8px;        /*定义上边界为2px,右边界为4px,下边界为6px,左边
                                 界为8px*/
```

也可以使用 margin-top、margin-right、margin-bottom、margin-left 子属性独立设置上边界、右边界、下边界和左边界的大小。

```
margin-top:2px;                /*定义元素上边界为2px*/
margin-right:2em;              /*定义右边界为元素字体的2倍*/
margin-bottom:2%;              /*定义下边界为父元素宽度的2%*/
margin-left:auto;              /*定义左边界为自动*/
```

margin 可以使用任何长度单位,如像素(px)、磅(lb)、英寸(in)、厘米(cm)、em、百分比等。margin 默认值为 0,可以取负值。如果设置负值,将反向偏移元素的位置。

13.5　补　　白

元素包含内容与内边框之间的区域称为补白,也称为内边距。设置补白可以使用 padding 属性。

```
padding:2px;                   /*定义元素四周补白为2px*/
padding:2px 4px;               /*定义上下补白为2px,左右补白为4px*/
padding:2px 4px 6px;           /*定义上补白为2px,左右补白为4px,下补白为6px*/
padding:2px 4px 6px 8px;       /*定义上补白为2px,右补白为4px,下补白为6px,左补
                                 白为8px*/
```

也可以使用 padding-top、padding-right、padding-bottom、padding-left 子属性独立设置上补白、右补白、下补白和左补白的大小。

```
padding-top:2px;               /*定义元素上补白为2px*/
padding-right:2em;             /*定义右补白为元素字体的2倍*/
padding-bottom:2%;             /*定义下补白为父元素宽度的2%*/
padding-left:auto;             /*定义左补白为自动*/
```

补白取值不可以为负。补白和边界都是透明的，设置背景色和边框色后，才能看到补白区域。

【示例】下面示例设计导航列表项目并列显示，然后通过补白调整列表项目的显示大小，效果如图 13.3 所示。

```
<style type="text/css">
ul {/*清除列表样式*/
    margin: 0; padding: 0;                /*清除列表缩进*/
    list-style-type: none;                /*清除列表样式*/
   }
#nav {width: 100%;height: 32px;}          /*定义列表框宽和高*/
#nav li {/*定义列表项样式*/
    float: left;                          /*浮动列表项*/
    width: 9%;                            /*定义百分比宽度*/
    padding: 0 5%;                        /*定义百分比补白*/
    margin: 0 2px;                        /*定义列表项间隔*/
    background: #def;                     /*定义列表项背景色*/
    font-size: 16px;
    line-height: 32px;                    /*垂直居中*/
    text-align: center;                   /*平行居中*/
   }
</style>
<ul id="nav">
    <li>美 丽 说</li>
    <li>聚美优品</li>
    <li>唯 品 会</li>
    <li>蘑 菇 街</li>
    <li>1 号 店</li>
</ul>
```

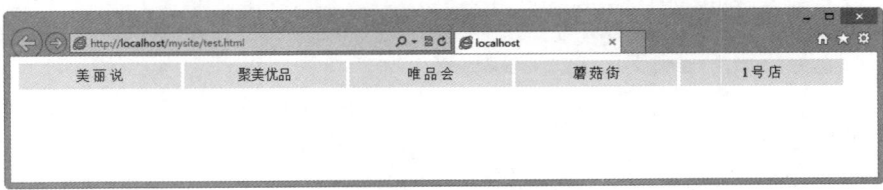

图 13.3　设计导航条效果

13.6　界　　面

13.6.1　显示方式

浏览器解析有两种模式：怪异模式和标准模式。在怪异模式下，border 和 padding 包含在 width 或 height 内；在标准模式下，border、padding、width 或 height 是各自独立的区域。

使用 box-sizing 属性可以定义对象的解析方式，语法如下。

```
box-sizing : content-box | border-box;
```

取值简单说明如下。

　　🡲　content-box：为默认值，padding 和 border 不被包含在定义的 width 和 height 内。对

象的实际宽度等于设置的 width 值和 border、padding 之和，即元素的宽度= width + border + padding。
- border-box：padding 和 border 被包含在定义的 width 和 height 内。对象的实际宽度等于设置的 width 值。即使定义了 border 和 padding，也不会改变对象的实际宽度，即元素的宽度 = width。

【示例】下面示例设计 CSS 盒，在怪异模式和标准模式下比较，显示效果如图 13.4 所示。

```
<style type="text/css">
    div {
        float: left;                          /*并列显示*/
        height: 100px; width: 100px;          /*元素的大小*/
        border: 50px solid red;               /*边框*/
        margin: 10px;                         /*外边距*/
        padding: 50px;                        /*内边距*/
    }
    .border-box { box-sizing: border-box;}    /*怪异模式解析*/
</style>
<div>标准模式</div>
<div class="border-box">怪异模式</div>
```

图 13.4　标准模式和怪异模式解析比较

从图 13.4 中可以看到，在怪异模式下，width 属性值就是元素的实际宽度，即 width 属性值中包含 padding 和 border 属性值。

13.6.2　调整大小

使用 resize 属性可以允许用户通过拖动的方式改变元素的尺寸，语法如下。

```
resize:none | both | horizontal | vertical
```

取值简单说明如下。
- none：为默认值，不允许用户调整元素大小。
- both：用户可以调整元素的宽度和高度。
- horizontal：用户可以调整元素的宽度。
- vertical：用户可以调整元素的高度。

【示例】下面示例演示如何使用 resize 属性设计可以自由调整大小的图片。

```
<style type="text/css">
```

```
    #resize {
        /*以背景方式显示图像，这样可以更轻松地控制缩放操作*/
        background:url(images/1.jpg) no-repeat center;
        background-clip:content; /*设计背景图像仅在内容区域显示，留出补白区域*/
        /*设计元素最小和最大显示尺寸，用户也只能在该范围内自由调整*/
        width:200px; height:120px; max-width:800px; max-height:600px;
        padding:6px; border: 1px solid red;
        /*必须同时定义 overflow 和 resize，否则 resize 无效，元素默认溢出显示为
        visible*/
        resize: both; overflow: auto;
    }
</style>
<div id="resize"></div>
```

13.6.3 缩放比例

zoom 用于设置对象的缩放比例，语法如下。

```
zoom: normal | <number> | <percentage>
```

取值简单说明如下。

- normal：使用对象的实际尺寸。
- <number>：使用浮点数定义缩放比例，不允许负值。
- <percentage>：使用百分比定义缩放比例，不允许负值。

【示例】下面示例使用 zoom 放大第二幅图片为原来的两倍。

```
<style type="text/css">
    img { height: 200px; margin-right: 6px;}
    img.zoom { zoom: 2; }
</style>
<img src="images/bg.jpg"/>
<img class="zoom" src="images/bg.jpg"/>
```

当 zoom 属性值为 1.0 或 100%时，相当于 normal，表示不缩放；为小于 1 的正数，表示缩小，如 zoom: 0.5;表示缩小一倍。

13.7 轮　　廓

轮廓与边框不同，它不占用页面空间，且不一定是矩形。轮廓属于动态样式，只有当对象获取焦点或者被激活时才呈现，是一个与用户体验密切相关的属性。使用 outline 属性可以定义块元素的轮廓线，语法如下。

```
outline: <'outline-width'> || <'outline-style'> || <'outline-color'> ||
<'outline-offset'>
```

取值简单说明如下。

- <'outline-width'>：指定轮廓边框的宽度。
- <'outline-style'>：指定轮廓边框的样式。
- <'outline-color'>：指定轮廓边框的颜色。
- <'outline-offset'>：指定轮廓边框偏移值。

【示例】下面示例设计当文本框获得焦点时，在周围绘制一个粗实线外廓以提醒用户，效果如图 13.5 所示。

```
/*设计表单内文本框和按钮在被激活和获取焦点状态下时，轮廓线的宽度、样式和颜色*/
input:focus, button:focus { outline: thick solid #b7ddf2 }
input:active, button:active { outline: thick solid #aaa }
```

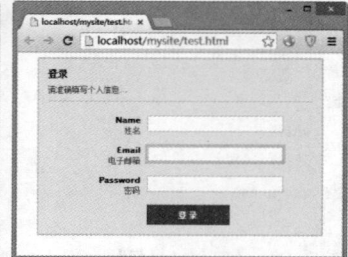

（a）默认状态　　　　　　　（b）激活状态　　　　　　　（c）获取焦点状态

图 13.5　设计文本框的轮廓线

13.8　圆　　角

使用 border-radius 属性可以设计元素的边框以圆角样式显示，语法如下。

```
border-radius: [ <length> | <percentage> ]{1,4} [ / [ <length> | <percentage> ]{1,4} ]?
```

取值简单说明如下。
- <length>：用长度值设置对象的圆角半径长度，不允许为负值。
- <percentage>：用百分比设置对象的圆角半径长度，不允许为负值。

border-radius 属性派生了 4 个子属性。
- border-top-right-radius：定义右上角的圆角。
- border-bottom-right-radius：定义右下角的圆角。
- border-bottom-left-radius：定义左下角的圆角。
- border-top-left-radius：定义左上角的圆角。

提示

border-radius 属性可包含两个参数值：第 1 个值表示圆角的水平半径，第 2 个值表示圆角的垂直半径。如果仅包含一个参数值，则第 2 个值与第 1 个值相同。如果参数值中包含 0，则该方向上的角呈现矩形，不会显示为圆角。

每个参数值又可以包含 1～4 个值，具体说明如下。
- 当水平半径与垂直半径相同时。
  - 提供 1 个参数：如 border-radius:10px;，定义所有角的半径。
  - 提供 2 个参数：如 border-radius:10px 20px;，第 1 个值定义左上角和右下角的半径，第 2 个值定义右上角和左下角的半径。
  - 提供 3 个参数：如 border-radius:10px 20px 30px;，第 1 个值定义左上角的半径，第 2 个值定义右上角和左下角的半径，第 3 个值定义右下角的半径。

- ◇ 提供 4 个参数：如 border-radius:10px 20px 30px 40px;，每个值分别按左上角、右上角、右下角和左下角的顺序定义边框的半径。
- ⇨ 当水平半径与垂直半径不同时，需要使用斜杠分开水平半径和垂直半径的值。
  - ◇ 提供 1 个参数：如 border-radius:10px/5px;。
  - ◇ 提供 2 个参数：如 border-radius:10px 20px/5px 10px;。
  - ◇ 提供 3 个参数：如 border-radius:10px 20px 30px/5px 10px 15px;。
  - ◇ 提供 4 个参数：如 border-radius:10px 20px 30px 40px/5px 10px 15px 20px;。

每个半径的 4 个值的顺序是：左上角、右上角、右下角、左下角。如果省略左下角，则与右上角相同；如果省略右下角，则与左上角相同；如果省略右上角，则与左上角相同。

【示例】下面示例定义 img 元素显示为圆形，当图像宽高比不同时，显示效果不同，比较效果如图 13.6 所示。

```
img {border: solid 1px red;
    border-radius: 50%;                      /*圆角*/
}                                            /*定义图像圆角边框*/
.r1 {width:300px; height:300px;}             /*定义第 1 幅图像宽高比为 1∶1*/
.r2 {width:300px; height:200px;}             /*定义第 2 幅图像宽高比为 3∶2*/
.r3 {width:300px; height:100px;              /*定义第 3 幅图像宽高比为 3∶1*/
    border-radius: 20px;                     /*定义圆角*/
}
```

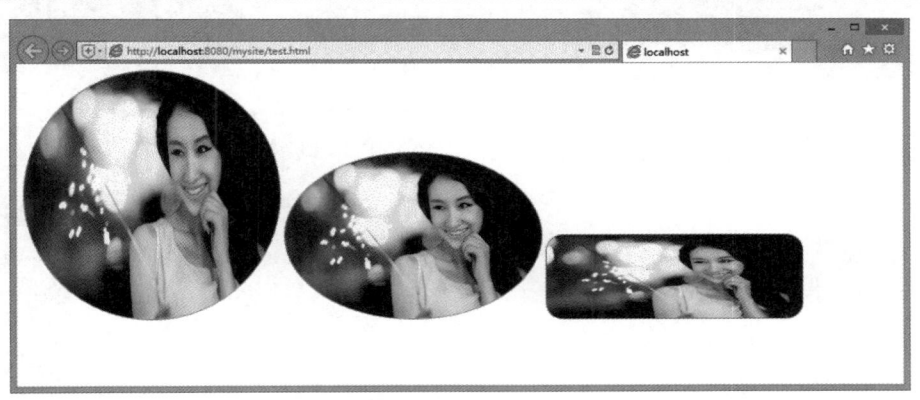

图 13.6 定义圆形元素的显示效果

13.9 盒子阴影

使用 box-shadow 属性可以定义元素的盒子阴影效果，语法如下。

```
box-shadow: none | inset | h-shadow v-shadow blur spread color;
```

取值简单说明如下。
- ⇨ none：无阴影。
- ⇨ inset：设置阴影类型为内阴影。该参数为可选参数，为空时，则阴影类型为外阴影。
- ⇨ h-shadow（水平）：指定阴影水平偏移距离。值为 0，不偏移；正值（如 5px），阴影向右偏移；负值（如-5px），阴影向左偏移。
- ⇨ v-shadow（垂直）：指定阴影垂直偏移距离。值为 0，不偏移；正值（如 5px），阴影向下偏移；负值（如-5px），阴影向上偏移。

- blur（模糊）：设置柔化半径。值为 0，阴影不模糊；正值，增加模糊度，值越大越模糊。不允许负值。
- spread（伸展）：设置阴影尺寸，该参数为可选参数。默认值为 0，代表阴影和当前的实体一样大小；正值表示大于实体的尺寸；负值表示小于实体的尺寸。
- color（颜色）：设置阴影的颜色值。

该属性可以应用于任意元素，如 img、div、span、p 等。

【示例 1】下面示例定义一个简单的实景投影效果，演示效果如图 13.7 所示。

```
img{ height:300px; box-shadow:5px 5px;}
```

【示例 2】下面示例定义位移、阴影大小和阴影颜色，演示效果如图 13.8 所示。

```
img{ height:300px; box-shadow:2px 2px 10px #06C;}
```

图 13.7　定义简单的阴影效果　　　　　图 13.8　定义复杂的阴影效果

13.10　案 例 实 战

13.10.1　盒子阴影的应用

【示例 1】定义内阴影、三边内阴影、外阴影、右下外阴影、扩大阴影、半透明阴影，效果如图 13.9 所示。

```
<style type="text/css">
    .box {background-color: #CCCCCC; border-radius:10px; width: 150px;
height: 150px; margin: 12px; padding: 12px; float: left;}
    .boxshadow1{ box-shadow:inset 0px 0px 5px 1px #000; }  /*内阴影*/
    .boxshadow2{ box-shadow:inset 0 1px 2px 1px #000; }    /*三边内阴影*/
    .boxshadow3{box-shadow:0 0 10px #000;}                 /*外阴影*/
    .boxshadow4{box-shadow:2px 2px 5px #000;}              /*右下外阴影*/
    .boxshadow5{box-shadow:0 0 5px 15px #000;}             /*扩大阴影*/
    .boxshadow6{box-shadow: 12px 12px 2px 1px rgba(0, 0, 255, .2);}
                                                           /*半透明阴影*/
</style>
    <div class="box boxshadow1">.boxshadow1{ box-shadow:inset 0px 0px 5px 1px
#000; }<br>                                  /*内阴影*/</div>
    ...
```

图 13.9　定义多类型阴影

【示例 2】定义上下边内阴影、左右边外阴影和多层阴影，效果如图 13.10 所示。

```
.boxshadow1{box-shadow:inset 0px 15px 15px -15px #000,
            inset 0px -15px 15px -15px #000; }        /*上下边内阴影*/
.boxshadow2{box-shadow:15px 0 15px -15px #000,
            -15px 0 15px -15px #000;}                 /*左右边外阴影*/
.boxshadow3{border-radius:10px;
  box-shadow:0px 0px 0px 3px #bb0a0a,
             0px 0px 0px 6px #2e56bf,
             0px 0px 0px 9px #ea982e;
}                                                     /*多层阴影*/
```

图 13.10　定义多边阴影

【示例 3】定义上边内阴影、右边内阴影、下边外阴影、右边外阴影、下边细线，效果如图 13.11 所示。

```
.boxshadow1{ box-shadow:inset 0px 15px 10px -15px #000; }     /*上边内阴影*/
.boxshadow2{ box-shadow:inset -15px 0px 10px -15px #000;}     /*右边内阴影*/
.boxshadow3{box-shadow:0px 12px 8px -12px #000; border-radius:10px;}
                                                              /*下边外阴影*/
.boxshadow4{box-shadow:3px 0 8px -4px #000;}                  /*右边外阴影*/
.boxshadow5{ box-shadow: inset 0px -1px 0px 0px rgb(0, 0, 0);} /*下边细线*/
```

图 13.11　定义单边阴影

使用伪元素::before 和::after，能够创建非常逼真的只有图片才能实现的阴影效果。限于篇幅，就不再列出代码，感兴趣的读者可以参考本小节示例源代码，效果如图 13.12 所示。

图 13.12　更多阴影特效

13.10.2 聚焦文本框

本例设计当文本框获取焦点时,出现金光四射、产生高亮吸睛的效果,如图 13.13 所示。

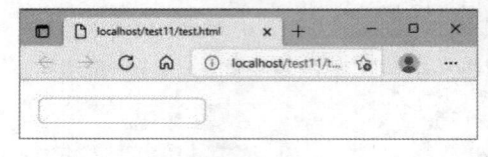

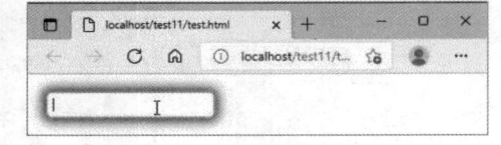

(a)默认状态　　　　　　　　　　(b)获取焦点时动态效果

图 13.13　文本框聚焦特效

```
<style>
    input {
        margin: 12px; padding: 6px;               /*设置内外间距*/
        box-shadow: 0 0 0 gold;                    /*默认没有阴影*/
        border: 1px solid #ccc;                    /*浅色边框样式*/
        border-radius: 6px;                        /*圆角边框*/
    }
    input:focus {
        animation: focus 2s;                       /*添加焦点动画*/
        outline: none;                             /*取消默认的轮廓线*/
    }
    @keyframes focus {                             /*定义关键帧动画*/
        20% { box-shadow: 0 0 10px 5px gold;}      /*显示高亮金色阴影*/
    }
</style>
<input type="text" />
```

13.10.3 轮廓的应用

【示例 1】outline 是不占据空间的,所以可以通过设置 outline 的宽度无限大来实现遮罩特效。本例设计镂空效果,通过 outline 遮盖全部图像,仅显示局部区域,效果如图 13.14 所示。

```
<style>
    .crop {
        overflow: hidden; height: 300px; width: 300px;
        background:url("bg.png") no-repeat; background-size: cover;
    }
    .crop > .crop-area {
        margin-left: 100px; margin-top: 30px; border-radius: 50%;
        width: 100px; height: 120px; cursor: move;
        outline: 9999px solid rgba(0,0,0,.6);
    }
</style>
<div class="crop">
    <div class="crop-area"></div>
</div>
```

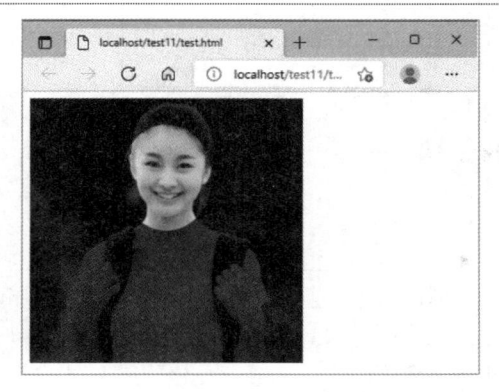

图 13.14 实现镂空效果

【示例 2】自动填满屏幕剩余空间的应用技巧。假设有如下结构,当网页内容显示之后,在页脚下还留有很大一片空白,如图 13.15 所示。

```html
<style>
    footer { height: 80px;}
    footer > p {
        position: absolute;left: 0; right: 0; text-align: center; padding:
        15px 0;
        background-color: #a0b3d6;
    }
</style>
<header><h1>标题区</h1></header>
<main><h2>主体区</h2></main>
<footer><p>页脚区域</p></footer>
```

下面使用 outline 把剩余屏幕用背景色填满,效果如图 13.16 所示。

```
footer > p {
    outline: 9999px solid #a0b3d6;
    clip: rect(0 9999px 9999px 0);
}
```

图 13.15 初始设计效果　　　　　　　　图 13.16 填充空白区域效果

本 章 小 结

本章首先介绍了 CSS 盒模型相关的概念,然后分别讲解了元素的大小、边框、补白、边界样式的控制,最后详细讲解了界面属性、轮廓、圆角、盒子阴影的样式设计。通过本章的学习,读者能够掌握网页元素的空间概念及其控制,为网页布局奠定基础。

课 后 练 习

一、填空题

1. CSS3 盒模型包括_____、_____、_____和_____等概念。
2. 网页元素都有 4 个区域：_____、_____、_____和_____。
3. 使用_____和_____属性可以定义元素内容区域的大小。
4. 网页元素的边框样式默认为_____。
5. 使用_____、_____、_____和_____属性独立设置上边界、右边界、下边界和左边界的大小。

二、判断题

1. 浏览器解析有两种模式，包括测试模式和标准模式。 （   ）
2. 使用 resize 属性允许用户通过拖动的方式改变元素的尺寸。 （   ）
3. 使用 zoom 属性可以放大对象的尺寸。 （   ）
4. 轮廓与边框用法相同，占用页面空间，且是矩形。 （   ）
5. 使用 border-radius 属性可以设计元素的边框以圆角样式显示。 （   ）

三、选择题

1. 应用 box-shadow:2px 2px 10px #000;样式，会产生以下哪种效果？（   ）
   A．左上阴影　　　B．右上阴影　　　C．左下阴影　　　D．右下阴影
2. 应用 box-shadow:inset 0px 15px 15px -15px #000;样式，会产生以下哪种效果？（   ）
   A．上内阴影　　　B．下内阴影　　　C．左内阴影　　　D．右内阴影
3. 应用 border-radius: 50%;样式，会产生以下哪种效果？（   ）
   A．椭圆形　　　　B．圆角矩形　　　C．圆形　　　　　D．矩形
4. 应用 outline: thick solid #000 样式，会产生以下哪种效果？（   ）
   A．黑色边框线　　B．黑色轮廓线　　C．黑色虚线框　　D．黑色阴影线
5. 应用 border-width:2px 4px 6px 样式，会产生以下哪种效果？（   ）
   A．上下边为 2px，左右边为 4px
   B．上下边为 4px，左边为 2px，右边为 6px
   C．上边为 2px，左右边为 4px，下边为 6px
   D．上下边为 4px，左右边为 6px

四、简答题

1. 简单介绍一下 CSS 盒模型具有哪些特点。
2. 简单比较一下边框与轮廓有什么不同。

五、上机题

1. 使用 border-radius 和 box-shadow 属性创建椭圆形图片和缩略图，效果如图 13.17 所示。

图 13.17　椭圆形图片和缩略图

2．使用 CSS3 的 box-shadow、border-radius、text-shadow、border-color、border-image 等属性模拟应用界面效果，如图 13.18 所示。

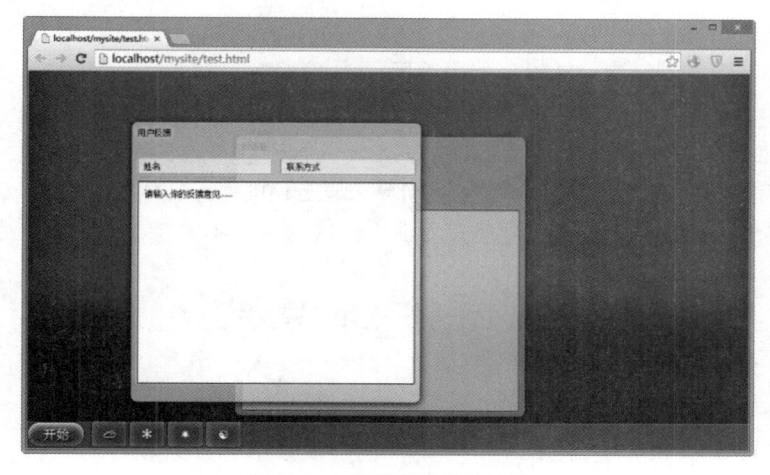

图 13.18　模拟应用界面效果

拓 展 阅 读

第 14 章　CSS3 布局

【学习目标】
- 了解 CSS3 布局的相关概念。
- 熟悉流动布局。
- 熟练掌握浮动布局。
- 正确使用定位布局。
- 灵活应用弹性盒布局。
- 能够混用不同布局形式设计网页效果。

CSS 布局始于第二个版本，CSS2.1 把网页布局分为三种，即流动布局、浮动布局、定位布局。CSS3 推出了更多的布局方案，如多列布局、弹性盒布局、模板层布局、网格定位布局、网格层布局、浮动盒布局等。本章主要介绍 CSS2.1 的三种布局方式，同时讲解 CSS3 弹性盒布局。其他布局方案由于浏览器支持不统一，或者应用不广泛，这里不再一一介绍。

14.1　流 动 布 局

默认状态下，HTML 文档将根据流动模型进行渲染，所有网页对象自上而下按顺序动态呈现。改变 HTML 文档的结构会导致网页对象的呈现顺序发生变化。

流动布局的优点：元素之间不会存在错位、覆盖等问题，布局简单，符合浏览习惯。

流动布局的缺点：网页布局样式单一，网页版式缺乏灵活性。

流动布局的特征如下。

（1）块状元素按照自上而下的顺序垂直堆叠分布。这类元素的默认宽度为 100%，会占据一行显示。

【示例】下面示例设计在页面中添加多个对象，浏览器都会自上向下逐个解析并显示所有网页对象，效果如图 14.1 所示。

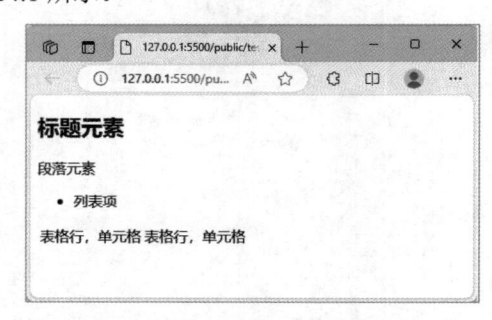

图 14.1　默认流动布局显示效果

```
<div id="contain">
    <h2>标题元素</h2>
    <p>段落元素</p>
```

```
<ul><li>列表项</li></ul>
<table><tr><td>表格行，单元格</td><td>表格行，单元格</td></tr></table>
</div>
```

（2）行内元素从左到右遵循文本流进行分布，超出一行后，会自动换行显示。

14.2 浮动布局

浮动布局能够实现块状元素并列显示，允许浮动元素向左或向右停靠，但不允许它们脱离文档流，依然受文档结构的影响。

浮动布局的优点：相对灵活，可以设计网页栏目并列显示。

浮动布局的缺点：版式不稳固，容易错行、边界重叠。

14.2.1 定义浮动显示

默认情况下，任何元素不具有浮动特性，可以使用 CSS 的 float 属性定义元素向左或向右浮动，语法格式如下。

```
float: none | left | right
```

其中，none 为默认值，表示消除浮动，恢复流动显示；left 表示元素向左浮动；right 表示元素向右浮动。

浮动元素具备如下布局特征。

- 浮动元素以块状显示。如果浮动元素没有定义宽度和高度，则会自动收缩到仅能包裹内容为止。例如，如果浮动元素内部包含一张图片，则浮动元素的宽度将与图片的宽度相同；如果内部包含的是文本，则浮动元素的宽度将与最长文本行相同。相比之下，流动的块状元素如果没有定义宽度，则默认显示宽度为 100%。
- 浮动元素与流动元素可以混用，不会重叠。都遵循先上后下的显示顺序，受文档流影响。
- 浮动元素仅能改变相邻元素的水平显示顺序，而不能改变垂直显示位置。浮动元素不会强制前面的流动元素环绕其周围流动，而是总是换行浮动显示。后面的流动元素能够环绕浮动元素进行显示。
- 相邻的浮动元素可以并列显示，如果超出包含框的宽度，则会换行显示。

【示例】下面示例设计了一个页面，将内容分为三行两列显示。网站通过 float 属性定义左、右栏并列显示，效果如图 14.2 所示。

```
<style>
    * {box-sizing: border-box;}
    .header, .footer {background-color: grey; color: white; padding: 15px;}
    .column {
        float: left;
        padding: 15px;
    }
    .menu { width: 25%;}
    .content {width: 75%;}
    .menu ul {list-style-type: none; margin: 0; padding: 0;}
```

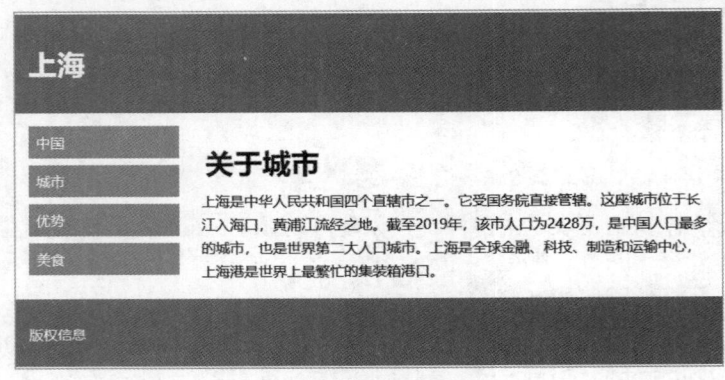

```
        .menu li {padding: 8px; margin-bottom: 8px; background-color: #33b5e5; color: #ffffff;}
        .menu li:hover {background-color: #0099cc;}
</style>
<div class="header"><h1>上海</h1></div>
<div class="clearfix">
    <div class="column menu">
        <ul><li>中国</li>...</ul>
    </div>
    <div class="column content">
        <h1>关于城市</h1>
        <p>...</p>
    </div>
</div>
<div class="footer"><p>版权信息</p></div>
```

图 14.2 并列浮动显示

注意

浮动布局可以设计多栏并列显示的效果,但也容易错行。如果浏览器窗口发生变化,或者包含框的宽度不固定,则会出现错行显示问题,破坏并列布局的效果。

14.2.2 清除浮动

使用 CSS 的 clear 属性可以清除浮动效果,强制浮动元素换行显示。clear 属性取值包括以下 4 个。

- left:清除左边的浮动元素。如果左边存在浮动元素,则当前元素会换行显示。
- right:清除右边的浮动元素。如果右边存在浮动元素,则当前元素会换行显示。
- both:清除左右两边的浮动元素。无论哪边存在浮动元素,当前元素都会换行显示。
- none:默认值,允许两边都存在浮动元素,当前元素不会主动换行显示。

【示例】下面示例设计一个 3 行 3 列的结构,中间 3 栏平行浮动显示。

```
<style type="text/css">
    div {
        border: solid 1px red;              /*增加边框,以方便观察*/
        height: 50px;                       /*固定高度,以方便比较*/
    }
```

```css
    #left, #middle, #right {
        float: left;                              /*定义中间 3 栏向左浮动*/
        width: 33%;                               /*定义中间 3 栏等宽*/
    }
</style>
<div id="header">头部信息</div>
<div id="left">左栏信息</div>
<div id="middle">中栏信息</div>
<div id="right">右栏信息</div>
<div id="footer">脚部信息</div>
```

如果设置左栏高度大于中栏和右栏，则脚部信息栏上移并环绕显示，如图 14.3 所示。

```css
#left {height:100px; }                            /*定义左栏高出中栏和右栏*/
```

如果为<div id="footer">定义清除样式，则可以恢复预定布局效果，如图 14.4 所示。

```css
#footer { clear:left; }                           /*为脚部信息栏定义清除样式属性*/
```

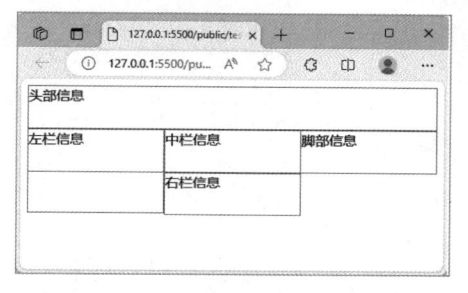

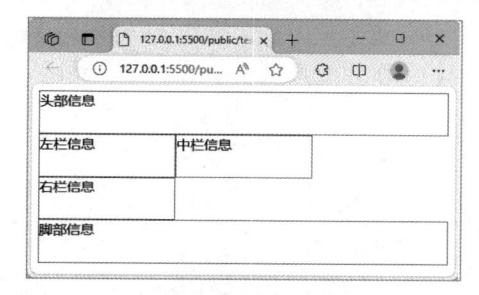

图 14.3　栏目发生错位现象　　　　　　　图 14.4　清除浮动元素错行显示

> **提示**
> clear 属性主要针对 float 属性起作用，对左右两侧浮动元素有效，对于非浮动元素是无效的。

14.3　定位布局

定位布局允许精确地定义网页元素的显示位置，可以相对原位置，也可以相对定位框，或者相对视图窗口。

定位布局的优点：精确定位。

定位布局的缺点：缺乏灵活性。

14.3.1　定义定位显示

使用 position 属性可以定义元素定位显示，语法格式如下。

```
position: static | relative | absolute | fixed | sticky
```

取值说明如下。

- **static**：表示静态显示，非定位模式。遵循 HTML 流动布局模型，为所有元素的默认值。
- **relative**：表示相对定位，通过 left、right、top、bottom 属性设置元素在文档流中相对原位置的偏移位置。元素的形状和原位置保留不变。

- absolute：表示绝对定位，将元素从文档流中脱离出来，可以使用 left、right、top、bottom 属性进行定位。定位可以参照最近的定位框。如果没有定位框，则参照窗口左上角。定位元素的堆放顺序可以通过 z-index 属性定义。
- fixed：表示固定定位，与 absolute 定位类型类似，但它的定位框是视图本身。由于视图本身是固定的，它不会随浏览器窗口的滚动而变化，因此固定定位的元素会始终位于浏览器窗口内视图的某个位置，不会受文档流动影响。与 background-attachment:fixed;的功能相同。
- sticky：表示粘性定位，CSS3 新增功能。它是 relative 和 fixed 的混合体，当在屏幕中时，按常规流排版；当滚出屏幕外时，其表现如 fixed。

14.3.2 相对定位

相对定位将参照元素在文档流中的原位置进行偏移。

【示例】下面示例定义 strong 元素对象为相对定位，然后通过相对定位调整标题在文档顶部的显示位置，效果如图 14.5 所示。

```
<style type="text/css">
    p { margin: 60px; font-size: 14px;}
    p span { position: relative; }
    p strong {                                          /*相对定位*/
        position: relative;
        left: 40px; top: -40px;
        font-size: 18px;
    }
</style>
<p> <span><strong>虞美人</strong>南唐/宋 李煜</span> <br>春花秋月何时了？<br>往事知多少。<br>小楼昨夜又东风，<br>故国不堪回首月明中。<br>雕栏玉砌应犹在，<br>只是朱颜改。<br>问君能有几多愁？<br>恰似一江春水向东流。</p>
```

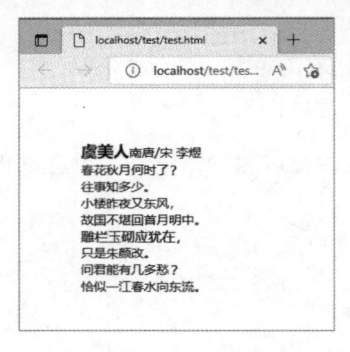

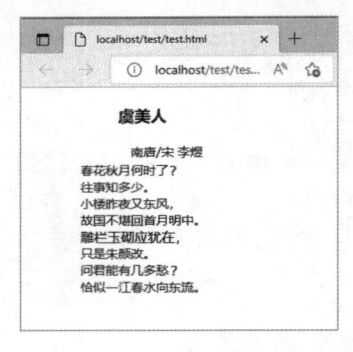

（a）定位前　　　　　　　　　　（b）定位后

图 14.5　相对定位的显示效果

从图 14.5 中可以看出，偏移之后，元素原位置保留不变。

14.3.3 定位框

定位框与包含框是两个不同的概念，定位框是包含框的一种特殊形式。从 HTML 结构的包含关系来说，如果一个元素包含另一个元素，那么这个包含元素就是包含框。包含框可以是父元素，也可以是祖先元素。

如果一个包含框被定义了相对定位、绝对定位或固定定位，那么它不仅是一个包含框，也是一个定位框。定位框的主要作用是为被包含的绝对定位元素提供坐标偏移参考。

【示例】下面示例通过定位的方式为菜单项添加提示性图标，效果如图 14.6 所示。

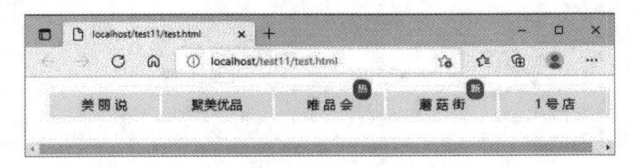

图 14.6　添加提示性图标

（1）在导航条结构中添加两个<span>标签，定义提示性图标。在实际应用中，一般会通过 JavaScript 脚本在运行时根据后台数据有条件、动态地添加。

```
<ul id="nav">
    <li>美 丽 说</li>
    <li>聚美优品</li>
    <li>唯 品 会<span>热</span></li>
    <li>蘑 菇 街<span>新</span></li>
    <li>1 号 店</li>
</ul>
```

（2）使用 CSS 设置<li>标签为相对定位，把每个菜单项目定义为定位框，再定义<span>标签为绝对定位。以菜单项目为坐标参考进行绝对定位，从而设计出高亮提示性图标。

```
#nav li {position: relative;}                              /*定义定位框*/
#nav li span {                                             /*新添加的 span 提示*/
    position: absolute;                                    /*绝对定位*/
    top: -16px; right: 16px;                               /*在菜单项目右上角偏移*/
    width: 16px; height: 20px;                             /*固定大小*/
    font-size: 12px; font-weight: bold; line-height: 1.4em;    /*控制字体*/
    padding: 3px; border-radius: 8px 10px;                 /*控制提示框外形*/
}
#nav li:nth-child(3) span {background-color: red; color: white;}/*风格样式*/
#nav li:nth-child(4) span {background-color: blue;color: white;}/*风格样式*/
```

14.3.4　层叠顺序

定位元素可以重叠，这就容易出现网页对象相互遮盖的现象。如果要改变元素的层叠顺序，可以定义 z-index 属性，其取值为整数或 auto。

- 如果取值为正整数，数字越大，则优先显示。
- 如果取值为负数，定位元素将被隐藏在流动元素下面。数字越大，则优先被遮盖。

【示例】设计 3 个定位的盒子：红盒子、蓝盒子和绿盒子。默认状态下，它们按照先后顺序确定自己的层叠顺序，排在后面的盒子就显示在上面。下面示例使用 z-index 属性改变它们的层叠顺序，可以看到 3 个盒子的层叠顺序发生了变化，如图 14.7 所示。

```
<style type="text/css">
    #box1, #box2, #box3 {                          /*定义 3 个方形盒子，并绝对定位显示*/
        height: 100px; width: 200px; color: #fff; position: absolute;
```

```
        }
        #box1 {background: red; left: 100px; z-index: 3;}      /*排在最上面*/
        #box2 {background: blue; top: 50px; left: 50px; z-index: 2;}/*排在中间*/
        #box3 {background: green; top: 100px; z-index: 1;}       /*排在下面*/
    </style>
    <div id="box1">红盒子</div>
    <div id="box2">蓝盒子</div>
    <div id="box3">绿盒子</div>
```

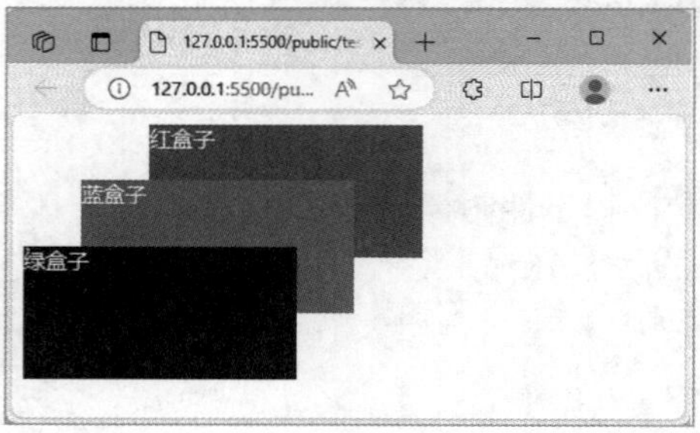

（a）默认层叠顺序 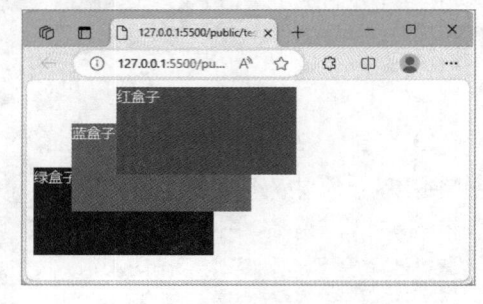　　　　　　　　　　（b）改变层叠顺序

图 14.7　定义层叠顺序

14.4　弹性盒布局

2009 年，W3C 提出了一种崭新的布局方案：弹性盒布局。弹性盒布局是指通过调整其内元素的宽度和高度，从而在任何设备上实现对可用显示空间最佳填充的能力，是为了可以在不同分辨率设备上自适应展示而生的一种布局方式。弹性盒布局主要适用于应用程序的组件及小规模的布局，而栅格布局则针对大规模的布局。

W3C 的弹性盒布局分为旧版本和新版本。本节将主要讲解新版本弹性盒布局的基本用法。

14.4.1　认识弹性盒系统

弹性盒系统由弹性容器和弹性项目组成。在弹性容器中，每个子元素都是一个弹性项目，弹性项目可以是任意数量。弹性容器外和弹性项目内的一切元素都不受弹性盒系统的影响。

弹性项目沿着弹性容器内的一个弹性行定位，通常每个弹性容器只有一个弹性行。默认情况下，弹性行和文本方向一致：从左至右，从上到下。

常规布局基于块和文本流方向，而弹性盒布局基于弹性流，如图 14.8 所示。

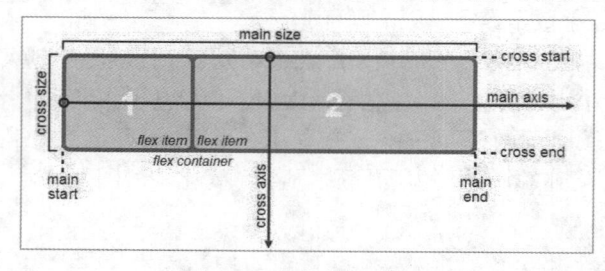

图 14.8　弹性盒布局模式

弹性项目是沿着主轴（main size），从主轴起点（main start）到主轴终点（main end）排列，或者沿着侧轴（cross size），从侧轴起点（cross start）到侧轴终点（cross end）排列。

- 主轴：弹性容器的主轴，弹性项目主要沿着这条轴进行排列布局。它不一定是水平的，可以通过 justify-content 属性设置。
- 主轴起点和主轴终点：弹性项目在弹性容器内从主轴起点向主轴终点方向上放置。
- 主轴尺寸：弹性项目在主轴方向的宽度或高度就是主轴尺寸。弹性项目主要的大小属性要么是宽度，要么是高度，由哪一个对着主轴方向决定。
- 侧轴：垂直于主轴的轴线称为侧轴。它的方向主要取决于主轴的方向。
- 侧轴起点和侧轴终点：弹性行的配置从容器的侧轴起点边开始，在侧轴终点边结束。
- 侧轴尺寸：弹性项目在侧轴方向的宽度或高度就是项目的侧轴长度，弹性项目的侧轴长度属性是 width 或 height，由哪一个对着侧轴方向决定。

一个弹性项目就是一个弹性容器的子元素，弹性容器中的文本也被视为一个弹性项目。弹性项目中内容与普通文本流一样。例如，当一个弹性项目被设置为浮动时，用户依然可以在这个弹性项目中放置一个浮动元素。

14.4.2 启动弹性盒

设置元素的 display 属性为 flex 或 inline-flex 可以定义一个弹性容器。设置为 flex 的容器被渲染为一个块级元素，而设置为 inline-flex 的容器则被渲染为一个行内元素。具体语法如下：

```
display: flex | inline-flex;
```

上面的语法定义弹性容器，属性值决定容器是行内显示还是块显示，它的所有子元素将变成弹性流，被称为弹性项目。此时，CSS 的 columns 属性在弹性容器上没有效果，同时 float、clear 和 vertical-align 属性在弹性项目上也没有效果。

【示例】下面示例设计一个弹性容器，其中包含 4 个弹性项目，演示效果如图 14.9 所示。

```
<style type="text/css">
    .flex-container {
        display: flex;
        width: 500px; height: 300px;
        border: solid 1px red;
    }
    .flex-item {
        background-color: blue;
        width: 200px; height: 200px;
        margin: 10px;
    }
</style>
<div class="flex-container">
    <div class="flex-item">弹性项目 1</div>
    <div class="flex-item">弹性项目 2</div>
    <div class="flex-item">弹性项目 3</div>
    <div class="flex-item">弹性项目 4</div>
</div>
```

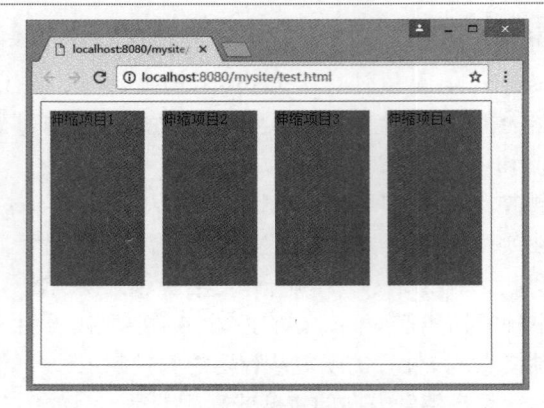

图 14.9　定义弹性盒布局

14.4.3　设置主轴方向

使用 flex-direction 属性可以定义主轴方向，它适用于弹性容器。具体语法如下：

```
flex-direction: row | row-reverse | column | column-reverse
```

取值说明如下。
- row：横向从左向右排列（左对齐）。
- row-reverse：横向从右向左排列，对齐方式与 row 相反。
- column：纵向从上向下排列（顶对齐）。
- column-reverse：纵向从下向上排列，对齐方式与 column 相反。

【示例】在 14.4.2 小节示例的基础上设计一个弹性容器，其中包含 4 个弹性项目。然后定义弹性项目从上向下排列，演示效果如图 14.10 所示。

```
.flex-container {
    display: flex;
    flex-direction: column;
    width: 500px;height: 300px;border: solid 1px red;
}
.flex-item {
    background-color: blue;
    width: 200px; height: 200px;
    margin: 10px;
}
```

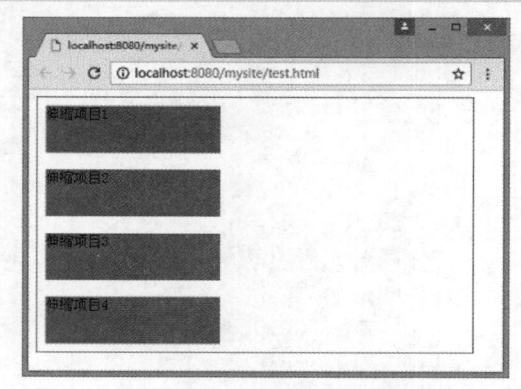

图 14.10　定义弹性项目从上向下布局

14.4.4 设置行数

flex-wrap 定义弹性容器是单行还是多行显示弹性项目，侧轴的方向决定了新行堆放的方向。具体语法如下：

```
flex-wrap: nowrap | wrap | wrap-reverse
```

取值说明如下。
- nowrap：单行。
- wrap：多行。
- wrap-reverse：反转 wrap 排列。

【示例】在 14.4.3 小节示例的基础上设计一个弹性容器，其中包含 4 个弹性项目。然后定义弹性项目多行排列，演示效果如图 14.11 所示。

```
.flex-container {
    display: flex;
    flex-wrap: wrap;
    width: 500px; height: 300px;border: solid 1px red;
}
.flex-item {
    background-color: blue;
    width: 200px; height: 200px;
    margin: 10px;
}
```

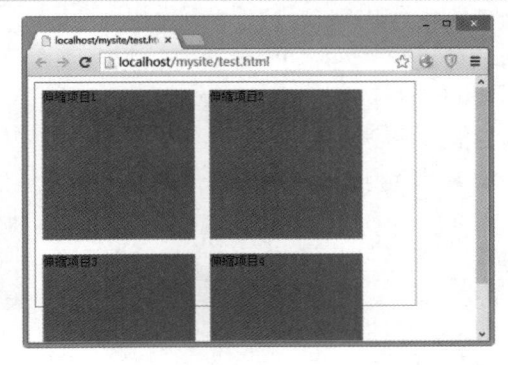

图 14.11　定义弹性项目多行排列

> **提示**
> flex-flow 属性是 flex-direction 和 flex-wrap 属性的复合属性，适用于弹性容器。该属性可以同时定义弹性容器的主轴和侧轴，默认值为 row nowrap。

14.4.5 设置对齐方式

1. 主轴对齐

justify-content 定义弹性项目在主轴的对齐方式,该属性适用于弹性容器。具体语法如下：

```
justify-content: flex-start | flex-end | center | space-between | space-around
```

233

取值说明如下。
- flex-start：为默认值，弹性项目向一行的起始位置靠齐。
- flex-end：弹性项目向一行的结束位置靠齐。
- center：弹性项目向一行的中间位置靠齐。
- space-between：弹性项目会平均地分布在一行里。第一个弹性项目在一行中的最开始位置，最后一个弹性项目在一行中最终点位置。
- space-around：弹性项目会平均地分布在一行里，两端保留一半的空间。

上述取值的比较效果如图 14.12 所示。

（a）flex-start　　　　　　（b）flex-end　　　　　　（c）center

（d）space-between　　　　　（e）space-around

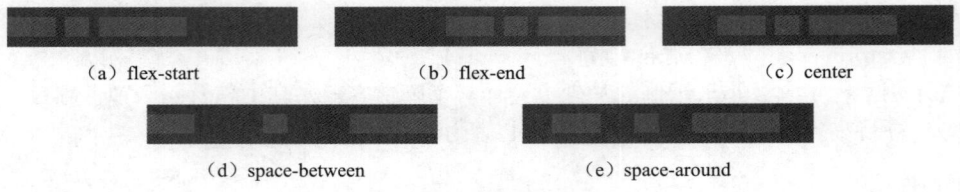

图 14.12　主轴对齐示意图

2．侧轴对齐

align-items 定义弹性项目在侧轴上的对齐方式，该属性适用于弹性容器。具体语法如下：

```
align-items: flex-start | flex-end | center | baseline | stretch
```

取值说明如下。
- flex-start：弹性项目的外边距紧靠住该行在侧轴起始的边。
- flex-end：弹性项目的外边距紧靠住该行在侧轴终点的边。
- center：弹性项目的外边距在该行的侧轴上居中放置。
- stretch：默认值，弹性项目拉伸填充整个弹性容器。
- baseline：弹性项目根据基线对齐。

上述取值的比较效果如图 14.13 所示。

（a）flex-start　　　　　　（b）flex-end　　　　　　（c）center

（d）stretch　　　　　　　　（e）baseline

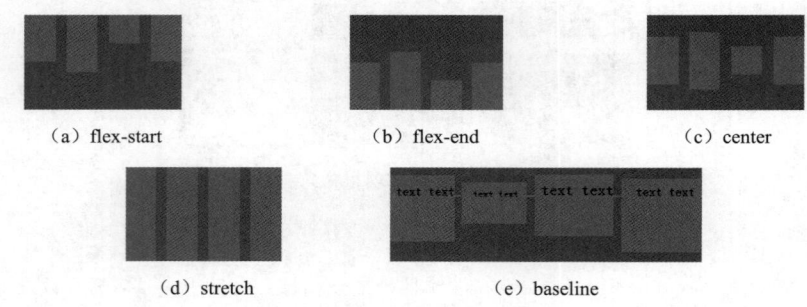

图 14.13　侧轴对齐示意图

3．弹性行对齐

align-content 定义弹性行在弹性容器里的对齐方式，该属性适用于弹性容器。类似于弹性项目在主轴上使用 justify-content 属性一样，但该属性在只有一行的弹性容器上没有效果。具体语法如下：

```
align-content: flex-start | flex-end | center | space-between | space-around | stretch
```

取值说明如下。

- flex-start：各行向弹性容器的起点位置堆叠。
- flex-end：各行向弹性容器的结束位置堆叠。
- center：各行向弹性容器的中间位置堆叠。
- stretch：默认值，各行将会伸展以占用剩余的空间。
- space-between：各行在弹性容器中平均分布。
- space-around：各行在弹性容器中平均分布，在两边各有一半的空间。

上述取值的比较效果如图 14.14 所示。

（a）flex-start　　（b）flex-end　　（c）center

（d）stretch　　（e）space-between　　（f）space-around

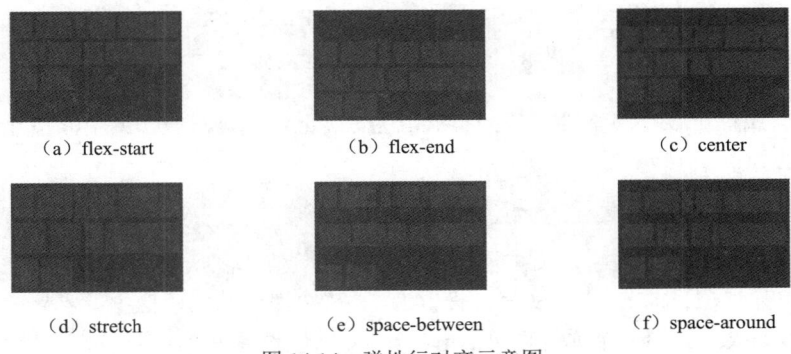

图 14.14　弹性行对齐示意图

【示例】下面示例以 14.4.4 小节的示例为基础，定义弹性行在弹性容器中居中显示，演示效果如图 14.15 所示。

```
.flex-container {
    display: flex;
    flex-wrap: wrap;
    align-content: center;
    width: 500px; height: 300px;border: solid 1px red;
}
.flex-item {
    background-color: blue;
    width: 200px; height: 200px;
    margin: 10px;
}
```

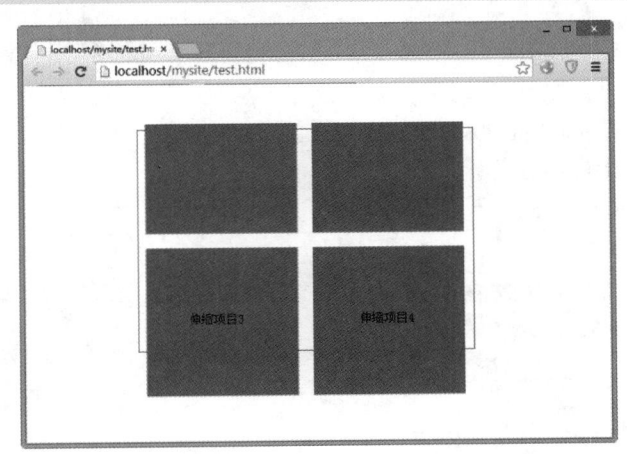

图 14.15　定义弹性行居中对齐

14.4.6 设置弹性项目

下面的属性适用于弹性项目，可以调整弹性项目的行为。

1. 显示位置

order 属性可以控制弹性项目在弹性容器中的显示顺序。具体语法如下：

```
order: <integer>
```

其中，<integer>使用整数值定义排列顺序，数值小的排在前面。可以为负值。

2. 扩展空间

flex-grow 属性可以定义弹性项目的扩展能力，决定弹性容器的剩余空间按比例应扩展多少。具体语法如下：

```
flex-grow: <number>
```

其中，<number>使用数值定义扩展比率。不允许负值，默认值为 0。

如果所有弹性项目的 flex-grow 属性设置为 1，那么每个弹性项目将设置为一个大小相等的剩余空间。如果给其中一个弹性项目的 flex-grow 属性设置为 2，那么这个弹性项目所占的剩余空间是其他弹性项目所占剩余空间的两倍。

3. 收缩空间

flex-shrink 属性可以定义弹性项目收缩的能力，与 flex-grow 属性功能相反。具体语法如下：

```
flex-shrink: <number>
```

其中，<number>使用数值定义收缩比率。不允许为负值，默认值为 1。

4. 弹性比率

flex-basis 属性可以设置弹性基准值，剩余的空间按比率进行弹性。具体语法如下：

```
flex-basis: <length> | <percentage> | auto | content
```

取值说明如下。
- <length>：使用长度值定义宽度。不允许为负值。
- <percentage>：使用百分比定义宽度。不允许为负值。
- auto：无特定宽度值，取决于其他属性值。
- content：基于内容自动计算宽度。

> **提示**
>
> flex 是 flex-grow、flex-shrink 和 flex-basis 3 个属性的复合属性，该属性适用于弹性项目。其中，flex-shrink 和 flex-basis 是可选参数。默认值为 "0 1 auto"。

5. 对齐方式

align-self 属性可以在单独的弹性项目上覆写默认的对齐方式。具体语法如下：

```
align-self: auto | flex-start | flex-end | center | baseline | stretch
```

属性值与 align-items 的属性值相同。

【示例】以 14.4.5 小节的示例为基础，定义弹性项目在当前位置向右错移一个位置，其中第 1 个项目位于第 2 个项目的位置上，第 2 个项目位于第 3 个项目的位置上，最后一个项目移到第 1 个项目的位置上。

```
.flex-container {
    display: flex;
    width: 500px; height: 300px;border: solid 1px red;
}
.flex-item { background-color: blue; width: 200px; height: 200px; margin: 10px;}
.flex-item:nth-child(0){ order: 4;}
.flex-item:nth-child(1){ order: 1; }
.flex-item:nth-child(2){ order: 2; }
.flex-item:nth-child(3){ order: 3; }
```

14.5 案例实战

14.5.1 设计固宽+弹性页面

新建 HTML5 文档，构建如下网页模板结构。

```
<div id="container">
    <div id="header"><h1>页眉区域</h1></div>
    <div id="wrapper">
        <div id="content"><p><strong>主体内容区域</strong></p></div>
    </div>
    <div id="navigation"><p><strong>导航栏</strong></p></div>
    <div id="extra"><p><strong>其他栏目</strong></p></div>
    <div id="footer"><p>页脚区域</p></div>
</div>
```

本例设计导航栏与其他栏目合并为一列固定在右侧，主栏目以弹性方式显示在左侧，实现主栏自适应页面宽度变化，而侧栏宽度固定不变的版式效果。版式结构设计如图 14.16 所示。

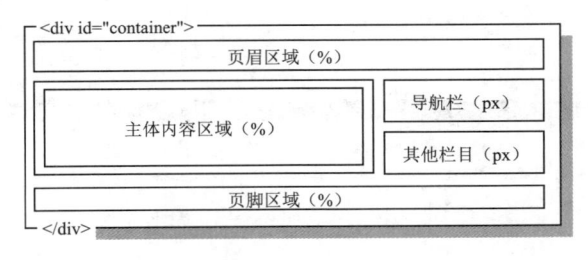

图 14.16 版式结构设计

如果完全使用浮动布局来设计一个主栏自适应、侧栏固定的版式，会存在很大的难度。这是因为百分比取值是不固定的宽度，试图让一个不固定宽度的栏目与一个固定宽度的栏目同时浮动在一行内，采用简单的方法是不行的。

这里设计主栏的宽度为 100%，然后通过左外边距取负值的方式强迫栏目偏移出一列的空间，最后把这个腾出的区域让给右侧浮动的侧栏，从而达到并列浮动显示的目的。

当主栏左外边距取负值时，可能部分栏目内容会显示在窗口外面。为此，在嵌套的子元素中设置左外边距为父包含框的左外边距的负值，这样就可以把主栏内容控制在浏览器的显示区域。

本例核心样式代码如下，设计效果如图 14.17 所示。

```css
div#wrapper {                /*主栏外框*/
    float:left;              /*向左浮动*/
    width:100%;              /*弹性宽度*/
    margin-left:-200px       /*左侧外边距，负值向左缩进*/
}
div#content {                /*主栏内框*/
    margin-left:200px        /*左侧外边距，正值填充缩进*/
}
div#navigation {             /*导航栏*/
    float:right;             /*向右浮动*/
    width:200px              /*固定宽度*/
}
div#extra {                  /*其他栏*/
    float:right;             /*向右浮动*/
    clear:right;             /*清除右侧浮动，避免同行显示*/
    width:200px              /*固定宽度*/
}
div#footer {                 /*页眉区域*/
    clear:both;              /*清除两侧浮动，强迫外框撑起*/
    width:100%               /*宽度*/
}
```

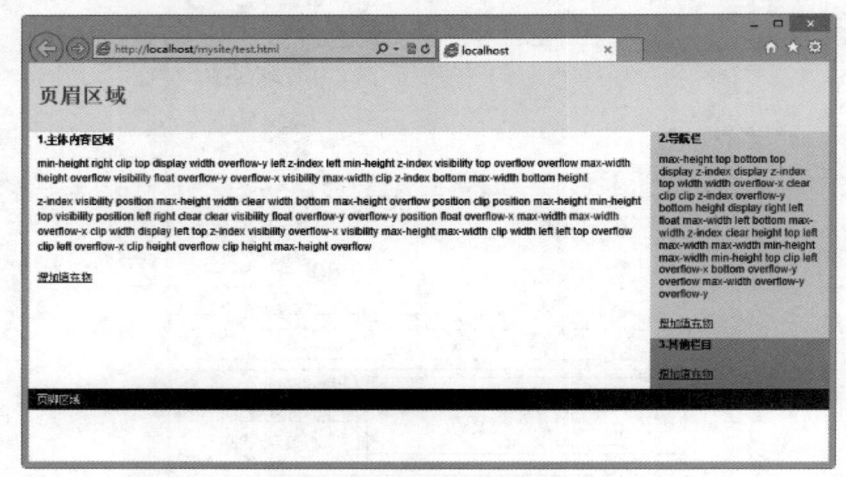

图 14.17　设计固宽+弹性页面

14.5.2　设计两列固宽+单列弹性页面

本节以 14.5.1 小节示例的文档结构为基础，通过浮动布局，以百分比和 px 为单位设置栏目的宽度。版式结构设计如图 14.18 所示。

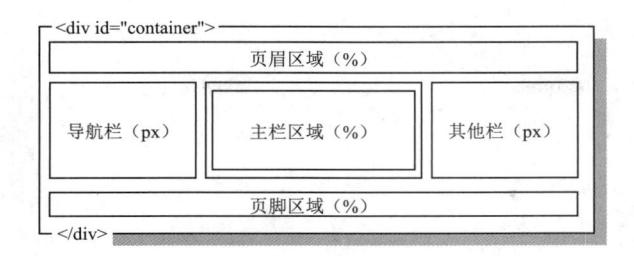

图 14.18　版式结构设计

要定义导航栏和其他栏宽度固定，不妨选用 px 为单位；对于主栏，则可以采用百分比单位，然后通过负外边距定位每列的显示位置。布局设计如图 14.19 所示。

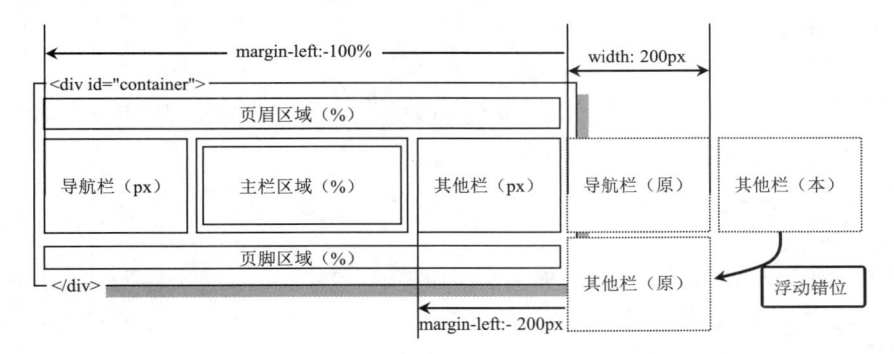

图 14.19　布局设计

由于其他栏目在不受外界干扰的情况下会浮动在导航栏的右侧，但是当并列浮动的总宽度超出了窗口宽度，就会发生错位现象。如果没有负外边距的影响，则会显示在第 2 行的位置。通过外边距取负值，强迫它们显示在主栏区域的上面。核心样式如下：

```
div#wrapper {                          /*主栏外包含框基本样式*/
    float:left;                        /*向左浮动*/
    width:100%                         /*百分比宽度*/
}
div#content {                          /*主栏内包含框基本样式*/
    margin: 0 200px                    /*在左右两侧预留侧栏空间*/
}
div#navigation {                       /*导航栏基本样式*/
    float:left;                        /*向左浮动*/
    width:200px;                       /*固定宽度*/
    margin-left:-100%                  /*左外边距取负值进行定位*/
}
div#extra {                            /*其他栏基本样式*/
    float:left;                        /*向左浮动*/
    width:200px;                       /*固定宽度*/
    margin-left:-200px                 /*左外边距取负值进行定位*/
}
```

设计效果如图 14.20 所示。

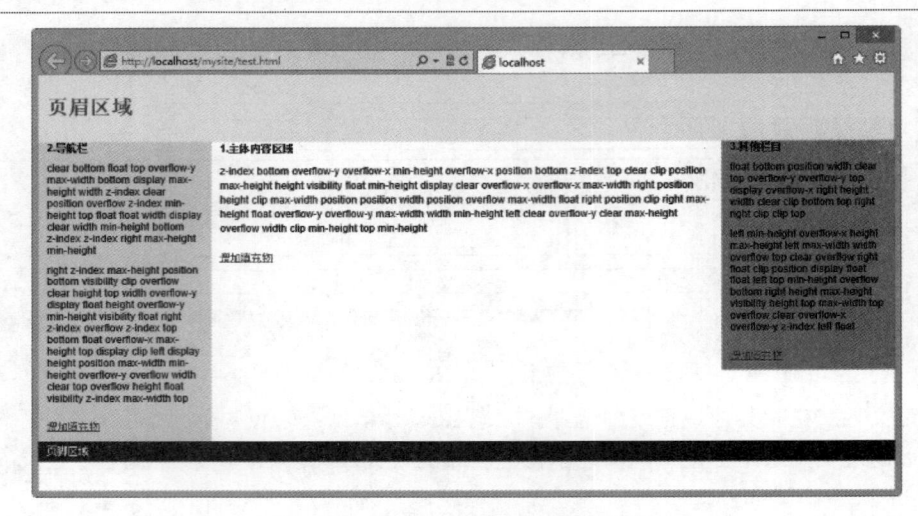

图 14.20 设计两列固宽+单列弹性页面

利用该设计技巧，可以设计很多类似的版式效果，如分别调整侧栏和主栏的外边距取值等。

14.5.3 输入框布局

在表单页面中经常需要在输入框的前面添加提示，在后面添加按钮。基本结构如下：

```html
<div class="InputAddOn">
    <span class="InputAddOn-item">邮箱地址</span>
    <input class="InputAddOn-field">
    <button class="InputAddOn-item">登录</button>
</div>
```

然后通过 CSS3 弹性布局使它们能够很好地自适应显示，样式代码如下，效果如图 14.21 所示。

```css
.InputAddOn {display: flex;}
.InputAddOn-field {flex: 1;}
```

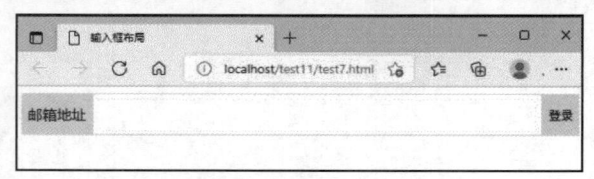

图 14.21 输入框布局

14.5.4 图文布局

在图文栏目中，主栏的左侧或右侧需要添加一个图片栏。结构和样式代码如下，效果如图 14.22 所示。

```css
c<style>
    .Media {display: flex; align-items: flex-start;}
    .Media-figure {margin-right: 1em;}
    .Media-body {flex: 1;}
```

240

```
</style>
<div class="Media">
    <img class="Media-figure" src="images/bg1.jpg" alt="">
    <div class="Media-body">
        <h2>王亚平在轨美图</h2>
        <p>神十三乘组的翟志刚与叶光富作为太空摄影师,为王亚平拍摄了高清美图。</p>
    </div>
</div>
```

图 14.22 图文布局

14.5.5 固定布局

如果页面内容很少,无法占满一屏的高度,底栏就会抬高到页面的中间。这时可以采用弹性盒布局,让底栏总是出现在页面的底部。结构和样式代码如下。

```
<style>
    .Site {
        display: flex;
        min-height: 100vh;
        flex-direction: column;
    }
    .Site-content { flex: 1;}
</style>
<body class="Site">
    <header>标题区</header>
    <main class="Site-content">主体区</main>
    <footer>页脚区</footer>
</body>
```

14.5.6 流体布局

流体布局的特点:每行的项目数固定,项目会根据宽度自动换行流动显示。结构和样式代码如下,效果如图 14.23 所示。

```
<style>
    .parent {
```

```
            width: 600px;height: 300px;background-color: #aaa;
            display: flex;
            flex-flow: row wrap;
            align-content: flex-start;
        }
        .child {
            box-sizing: border-box; background-color: white; height: 100px; border: 1px solid red;
            flex: 0 0 25%;
        }
    </style>
    <div class="parent">
        <span class="child"></span><span class="child"></span><span class="child"></span><span class="child"></span>
        <span class="child"></span><span class="child"></span><span class="child"></span>
    </div>
```

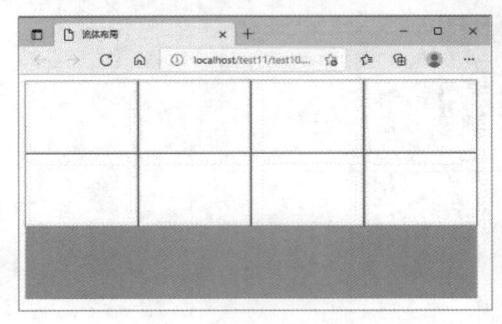

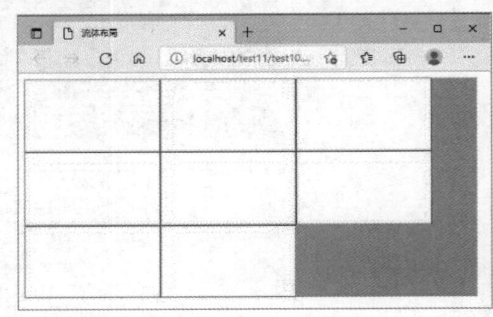

(a) .child {flex: 0 0 25%;}　　　　　　　　　　(b) .child {flex: 0 0 30%;}

图 14.23　流体布局

14.5.7　设计 3 行 3 列弹性盒页面

本例采用弹性盒布局，让页面呈现 3 行 3 列布局样式，同时能够根据窗口自适应调整各自空间，以满屏显示，效果如图 14.24 所示。

图 14.24　设计 3 行 3 列弹性盒页面模板效果

新建 HTML5 文档，输入以下代码设计模块结构。

```
<header>页眉区域</header>
<section>
    <article>主体内容区域</article>
    <nav>导航栏</nav>
    <aside>其他栏目</aside>
</section>
<footer>页脚区域</footer>
```

上面结构使用 HTML5 标签进行定义，具体说明如下。

- `<header>`：定义`<section>`或`<page>`的页眉。
- `<section>`：对页面内容进行分区。一个`<section>`通常由内容及其标题组成。当一个容器需要被直接定义样式或通过脚本定义行为时，推荐使用`<div>`，而非`<section>`。
- `<article>`：定义文章。
- `<nav>`：定义导航条。
- `<aside>`：定义页面内容之外的内容，如侧边栏、服务栏等。
- `<footer>`：定义`<section>`或`<page>`的页脚。

这里省略页面基础样式，读者可以参考本小节示例源代码。设计页面各主要栏目的弹性盒布局样式。

```
body {                                      /*设置body为伸缩容器*/
    display: flex;
    flex-flow: column wrap;                 /*伸缩项目换行*/
}
section {                                   /*实现stick footer效果*/
    display: flex;
    flex: 1;
    flex-flow: row wrap;
    align-items: stretch;
}
article {                                   /*文章区域伸缩样式*/
    flex: 1;
    order: 2;
}
aside { order: 3;}                          /*侧边栏伸缩样式*/
```

本 章 小 结

本章首先介绍了流体布局，这是网页默认布局方式。然后讲解了浮动布局和定位布局，浮动布局可以设计多栏页面，而定位布局适合局部精确定位对象。最后详细讲解了弹性盒布局，弹性盒布局适合设计移动端页面，以适应不同设备下的页面自适应显示。

课 后 练 习

一、填空题

1. CSS2.1 把网页布局分为三种：_____、_____和_____。

2. CSS3 推出了更多布局方案，如_____、_____等。
3. 默认状态下，HTML 文档将根据_____进行渲染。
4. 浮动布局能够实现_____显示，允许浮动元素向左或向右停靠。
5. 定位布局允许_____网页元素的显示位置。

二、判断题

1. 流动布局的优点是元素之间不会覆盖，布局简单，符合浏览习惯。（　　）
2. 流动布局的缺点是网页布局样式单一，版式灵活不容易控制。（　　）
3. 浮动布局的优点是灵活，可以设计多行显示。（　　）
4. 浮动布局的缺点是版式不稳固，容易错行、边界重叠。（　　）
5. 定位布局的优点是精确，缺点是缺乏灵活性。（　　）

三、选择题

1. 使用 CSS 的哪个属性可以定义浮动布局？（　　）
   A．left　　　　　B．right　　　　　C．float　　　　　D．display
2. 使用 CSS 的哪个属性可以清除浮动？（　　）
   A．none　　　　　B．inline　　　　　C．float　　　　　D．clear
3. 使用哪个属性可以定义元素定位显示？（　　）
   A．absolute　　　B．position　　　　C．float　　　　　D．display
4. 设计定位元素隐藏在流动元素下面，需要设置 z-index 属性为（　　）。
   A．-1　　　　　　B．0　　　　　　　C．1　　　　　　　D．auto
5. 下面哪一个方法可以定义元素为一个弹性盒？（　　）
   A．display: flex　B．display: inline　C．display: flexbox　D．display: block

四、简答题

1. 比较浮动布局和定位布局有什么不同和优缺点。
2. 说说弹性盒布局有什么特点。

五、上机题

1. 尝试构建一个网页模板结构，把页面设计为 3 行 3 列的布局效果，初步效果如图 14.25 所示。然后利用 CSS 的 margin 属性调整栏目的分布顺序，类似效果如图 14.26 所示。

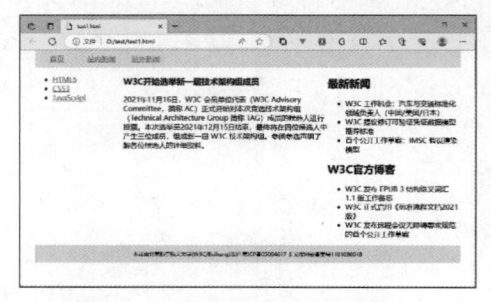

图 14.25　设计 3 行 3 列的布局效果 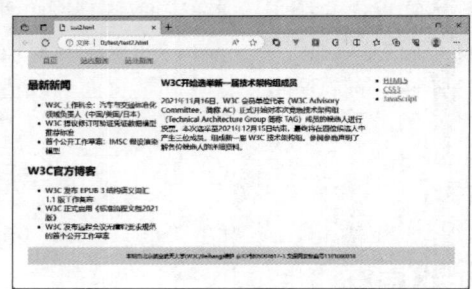　　　　　图 14.26　调整栏目的分布顺序

2．在多栏布局中，由于每列栏目内容高度不一致，就会出现栏目高度参差不齐的现象。CSS3 可以使用弹性布局解决，而 CSS2 可以使用间接方法解决。请利用背景图模拟栏目的背景，解决栏目高度不一致的问题，如图 14.27 所示。

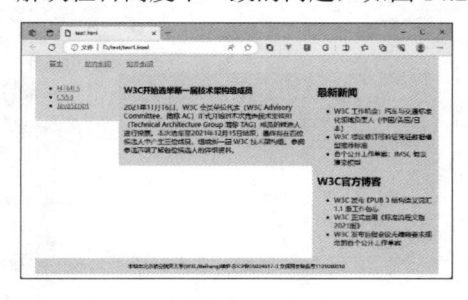

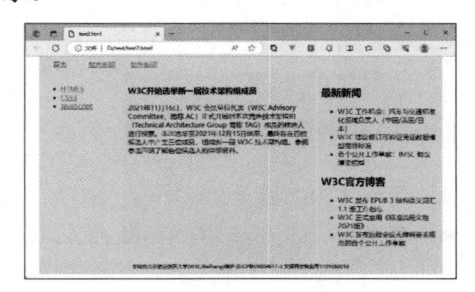

（a）多栏高度不一致　　　　　　　　　　（b）多栏等高效果

图 14.27　解决栏目高度不一致的问题

拓 展 阅 读

第 15 章　CSS3 媒体查询与跨设备布局

【学习目标】
- 了解 CSS3 媒体类型。
- 正常使用媒体查询的条件规则。
- 设计响应不同设备的网页布局。

2017 年 9 月，W3C 发布了媒体查询候选推荐标准规范（Media Query Level 4），它扩展了已经发布的媒体查询的功能。该规范用于 CSS 的@media 规则，可以为网页设定特定的样式。

15.1　媒体查询

15.1.1　认识媒体查询

CSS2 提出了媒体类型的概念，它允许为样式表设置限制范围的媒体类型。例如，仅供打印的样式表文件、仅供手机渲染的样式表文件、仅供电视渲染的样式表文件等，具体说明见表 15.1。

表 15.1　CSS 媒体类型

类　型	支持的浏览器	说　明
aural	Opera	用于语音和音乐合成器
braille	Opera	用于触觉反馈设备
handheld	Chrome、Safari、Opera	用于小型或手持设备
print	所有浏览器	用于打印机
projection	Opera	用于投影图像，如幻灯片
screen	所有浏览器	用于屏幕显示器
tty	Opera	用于使用固定间距字符格的设备，如电传打字机和终端
tv	Opera	用于电视类设备
embossed	Opera	用于凸点字符（盲文）印刷设备
speech	Opera	用于语音类型
all	所有浏览器	用于所有媒体设备类型

通过 HTML 标签的 media 属性可以定义样式表的媒体类型，具体方法如下。
- 定义外部样式表文件的媒体类型。

```
<link href="csss.css" rel="stylesheet" type="text/css" media="handheld" />
```

- 定义内部样式表文件的媒体类型。

```
<style type="text/css" media="screen">
...
</style>
```

CSS3 在媒体类型的基础上提出了媒体查询的概念。媒体查询可以根据设备特性，如屏幕宽度、高度、设备方向（横向或纵向）等，为设备定义独立的 CSS 样式表。一个媒体查询由一个可选的媒体类型和 0 个或多个限制范围的表达式组成，如宽度、高度和颜色。

媒体查询比 CSS2 的媒体类型功能更强大、更加完善。两者的主要区别在于，媒体查询是一个值或一个范围，而媒体类型仅仅是设备的匹配。媒体类型可以帮助用户获取以下数据：

- 浏览器窗口的宽和高。
- 设备显示屏幕的宽和高。
- 设备的手持方向，横向还是竖向。
- 分辨率。

例如，下面这条导入外部样式表的语句：

```
<link rel="stylesheet" media="screen and (max-width: 600px)" href="small.css" />
```

在 media 属性中设置媒体查询的条件(max-width: 600px)：当屏幕宽度小于或等于 600px 时，则调用 small.css 样式表渲染页面。

15.1.2　使用@media

CSS3 使用@media 规则定义媒体查询，简化语法格式如下：

```
@media [only | not]? <media_type> [and <expression>]* | <expression> [and <expression>]*{
    /*CSS 样式列表*/
}
```

参数简单说明如下。

- <media_type>：指定媒体类型，具体说明参考表 15.1。
- <expression>：指定媒体特性。放在一对圆括号中，如(min-width:400px)。
- 逻辑运算符，如 and（逻辑与）、not（逻辑否）、only（兼容设备）等。

媒体特性包括 13 种，接收单个的逻辑表达式作为值，或者没有值。大部分特性接收 min 或 max 的前缀，用于表示大于等于或者小于等于的逻辑，以此避免使用大于号（>）和小于号（<）字符。有关媒体特性的说明请参考 CSS 参考手册。

在 CSS 样式的开头必须定义@media 关键字，然后指定媒体类型，再指定媒体特性。媒体特性的格式与样式的格式相似，分为两部分，由冒号分隔，冒号前指定媒体特性，冒号后指定该特性的值。

【示例 1】下面示例指定了当设备显示屏幕宽度小于 640px 时所使用的样式。

```
@media screen and (max-width: 639px) {
    /*样式代码*/
}
```

【示例 2】可以使用多个媒体查询将同一个样式应用于不同的媒体类型和媒体特性中，媒体查询之间通过逗号分隔，类似于选择器分组。

```
@media handheld and (min-width:360px),screen and (min-width:480px) {
    /*样式代码*/
}
```

【示例 3】可以在表达式中加上 not、only 和 and 等逻辑运算符。

```
//下面的样式代码将被使用在除了便携设备外的其他设备或非彩色便携设备中
@media not handheld and (color) {
    /*样式代码*/
}
//下面的样式代码将被使用在所有非彩色设备中
@media all and (not color) {
    /*样式代码*/
}
```

【示例 4】only 运算符能够让那些不支持媒体查询，但支持媒体类型的设备，忽略表达式中的样式。

```
@media only screen and (color) {
    /*样式代码*/
}
```

对于支持媒体查询的设备来说，能够正确地读取其中的样式，仿佛 only 运算符不存在一样；对于不支持媒体查询，但支持媒体类型的设备（如 IE8）来说，可以识别@media screen 关键字。但是，由于先读取的是 only 运算符，而不是 screen 关键字，将忽略这个样式。

> **提示**
>
> 媒体查询也可以用在@import 规则和<link>标签中。例如：
>
> ```
> @import url(example.css) screen and (width:800px);
> //如果页面通过屏幕呈现，且屏幕宽度不超过 480px，则加载 shetland.css 样式表
> <link rel="stylesheet" type="text/css" media="screen and (max-device-width: 480px)" href="shetland.css" />
> ```

15.1.3 应用@media

【示例 1】and 运算符用于符号两边规则均满足条件的匹配。

```
@media screen and (max-width : 600px) {
    /*匹配屏幕宽度小于等于 600px 的设备*/
}
```

【示例 2】not 运算符用于取非，即所有不满足该规则的均匹配。

```
@media not print {
    /*匹配除了打印机以外的所有设备*/
}
```

> **注意**
>
> not 运算符仅应用于整个媒体查询。
>
> ```
> @media not all and (max-width : 500px) {}
> /*等价于*/
> @media not (all and (max-width : 500px)) {}
> /*而不是*/
> @media (not all) and (max-width : 500px) {}
> ```

在逗号媒体查询列表中，not 运算符仅会否定它所在的媒体查询，而不影响其他的媒体查询。如果在复杂的条件中使用 not 运算符，则要显式添加小括号，避免歧义。

【示例 3】逗号（,）相当于 or 运算符，表示运算符两边有一个条件满足时则匹配。

```
@media screen , (min-width : 800px) {
    /*匹配屏幕宽度大于等于 800px 的设备*/
}
```

【示例 4】在媒体类型中，all 是默认值，匹配所有设备。

```
@media all {
    /*可以过滤不支持 media 规则的浏览器*/
}
```

常用的媒体类型还有 screen（匹配屏幕显示器）、print（匹配打印输出），更多媒体类型可以参考表 15.1。

【示例 5】使用媒体查询时，必须要加括号，一个括号就是一个查询。

```
@media (max-width : 600px) {
    /*匹配屏幕宽度小于等于 600px 的设备*/
}
@media (min-width : 400px) {
    /*匹配屏幕宽度大于等于 400px 的设备*/
}
@media (max-device-width : 800px) {
    /*匹配设备（不是屏幕）宽度小于等于 800px 的设备*/
}
@media (min-device-width : 600px) {
    /*匹配设备（不是屏幕）宽度大于等于 600px 的设备*/
}
```

> **提示**
>
> 在设计移动端网页时，应该使用 device-width/device-height，因为移动端浏览器默认会对页面进行一些缩放。如果按照设备宽高进行匹配，则会更接近预期的效果。

【示例 6】媒体查询允许相互嵌套，这样可以优化代码，避免冗余。

```
@media not print {
    /*通用样式*/
    @media (max-width:600px) {
        /*匹配屏幕宽度小于等于 600px 的非打印机设备*/
    }
    @media (min-width:600px) {
        /*匹配屏幕宽度大于等于 600px 的非打印机设备*/
    }
}
```

【示例 7】在设计响应式页面时，用户应该根据实际需要，先确定自适应分辨率的阈值，也就是页面响应的临界点。

```
@media (min-width: 768px){
    /*匹配屏幕宽度大于等于 768px 的设备*/
}
@media (min-width: 992px){
```

```
    /*匹配屏幕宽度大于等于992px的设备*/
}
@media (min-width: 1200){
    /*匹配屏幕宽度大于等于1200px的设备*/
}
```

> **注意**
>
> 下面样式的顺序是错误的,因为后面的查询范围将覆盖掉前面的查询范围,从而导致前面的媒体查询失效。
>
> ```
> @media (min-width: 1200){ }
> @media (min-width: 992px){ }
> @media (min-width: 768px){ }
> ```

因此,当使用 min-width 媒体特性时,应该按从小到大的顺序设计各个阈值。同理,使用 max-width 媒体特性时,应该按从大到小的顺序设计各个阈值。

```
@media (max-width: 1199){
    /*匹配屏幕宽度小于等于1199px的设备*/
}
@media (max-width: 991px){
    /*匹配屏幕宽度小于等于991px的设备*/
}
@media (max-width: 768px){
    /*匹配屏幕宽度小于等于768px的设备*/
}
```

【示例8】 用户可以创建多个样式表,以适应不同媒体类型的宽度范围。当然,更有效率的方法是将多个媒体查询整合在一个样式表文件中,这样可以减少请求的数量。

```
@media only screen and (min-device-width : 320px) and (max-device-width : 480px) {
    /*样式列表*/
}
@media only screen and (min-width : 321px) {
    /*样式列表*/
}
@media only screen and (max-width : 320px) {
    /*样式列表*/
}
```

【示例9】 如果从资源的组织和维护的角度考虑,可以选择使用多个样式表的方式实现媒体查询,这样做更高效。

```
<link rel="stylesheet" media="screen and (max-width: 600px)" href="small.css" />
<link rel="stylesheet" media="screen and (min-width: 600px)" href="large.css" />
<link rel="stylesheet" media="print" href="print.css" />
```

【示例10】 使用 orientation 属性可以判断设备屏幕当前是横屏(值为 landscape),还是竖屏(值为 portrait)。

```
@media screen and (orientation: landscape) {
    .iPadLandscape {
```

```
            width: 30%;
            float: right;
        }
    }
    @media screen and (orientation: portrait) {
        .iPadPortrait {clear: both;}
    }
```

注意，orientation 属性只在 iPad 上有效。对于其他可转屏的设备（如 iPhone），可以使用 min-device-width 和 max-device-width 属性变通实现。

15.2 案 例 实 战

15.2.1 设计响应式菜单

本例设计一个响应式菜单，能够根据设备显示不同的伸缩盒布局效果。在小屏设备上，从上到下显示；默认状态下，从左到右显示，右对齐盒子；当设备屏幕宽度小于 801px 时，设计导航项目分散对齐显示。效果如图 15.1 所示。

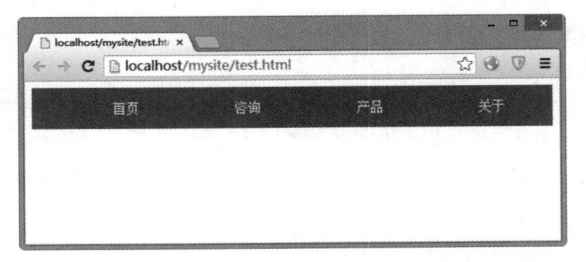

（a）屏幕宽度小于 601px　　　（b）屏幕宽度介于 600px 和 800px 之间

（c）屏幕宽度大于 800px

图 15.1　设计响应式菜单

（1）新建 HTML5 文档，使用列表结构设计一个简单的菜单。

```
<ul class="navigation">
    <li><a href="#">首页</a></li>
    ...
</ul>
```

（2）在样式表中，使用 CSS3 的弹性盒布局定义伸缩菜单样式。

```
.navigation {                          /*默认伸缩布局*/
    display: flex;                     /*启动伸缩盒布局*/
```

```
            justify-content: flex-end;              /*所有列面向主轴终点位置靠齐*/
        }
```

(3) 使用 CSS3 的媒体查询定义响应式菜单样式。

```
@media all and (max-width: 800px) {              /*在屏幕宽度小于801px设备中伸缩布局*/
    /*在中等屏幕中，导航项目居中显示，并且剩余空间平均分布在列表之间*/
    .navigation { justify-content: space-around; }
}
@media all and (max-width: 600px) {              /*在屏幕宽度小于601px设备中伸缩布局*/
    .navigation { /*在小屏幕中，没有足够空间进行行排列，可以换成列排列*/
        flex-flow: column wrap;
        padding: 0;
    }
    .navigation a {
        text-align: center; padding: 10px;
        border-top: 1px solid rgba(255,255,255,0.3);
        border-bottom: 1px solid rgba(0,0,0,0.1);
    }
    .navigation li:last-of-type a { border-bottom: none; }
}
```

15.2.2 设计手机端弹性页面

本例配合使用媒体查询与弹性盒布局，创建弹性页面，其中包含弹性导航栏和弹性内容。

（1）设计适应弹性布局的网站结构。整个页面包含四块：头部区域（<div class="header">）、导航区域（<div class="navbar">）、主体区域（<div class="row">）和页脚区域（<div class="footer">）。

```html
<div class="header">
    <h1>网站名称</h1>
    <p>网站介绍 <b>flexible</b>布局实现。</p>
</div>
<div class="navbar"> <a href="#">首页</a> <a href="#">原创</a> <a href="#">参考</a> <a href="#">关于</a> </div>
<div class="row">
    <div class="side"></div>
    <div class="main">
        <h2>文章标题1</h2>
        <p>正文内容</p>
        ...
    </div>
</div>
<div class="footer"><h2>版权信息区</h2></div>
```

（2）页面整体布局为四行两列：头部区域和页脚区域分别位于顶部和底部，导航区域位于标题栏下面，各自独立一行；主体区域包含两列，其中侧边栏（<div class="side">）位于左侧，内容栏（<div class="side">）位于右侧。

（3）为导航区域包含框（<div class="navbar">）和主体区域包含框（<div class="row">）启动弹性布局。

```
.navbar { display: flex;}                        /*设置顶部导航栏的样式*/
```

```
.row { display: flex; flex-wrap: wrap; }          /*列容器*/
```

（4）创建两个彼此相邻的不相等的列。

```
.side { flex: 30%; padding: 20px; }               /*侧栏/左侧列*/
.main { flex: 70%; padding: 20px; }               /*主列*/
```

（5）定义响应式布局。当屏幕宽度小于 700px 时，使两列堆叠，而不是并列显示。

```
@media screen and (max-width: 700px) {
    .row, .navbar { flex-direction: column;}
}
```

（6）在浏览器中预览网站模板，效果如图 15.2 所示。

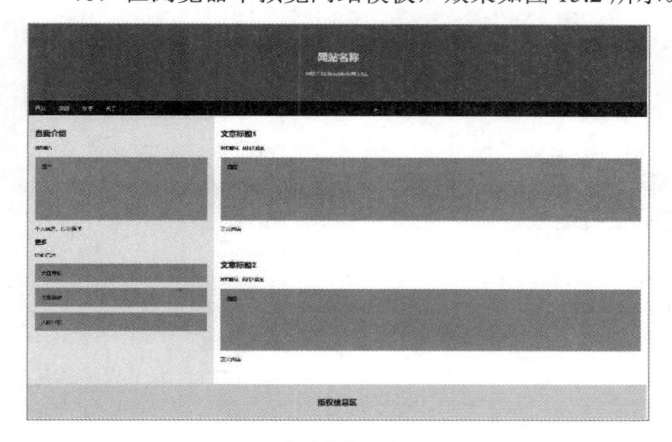

（a）屏幕宽度大于等于 700px　　　　　　　　　（b）屏幕宽度小于 700px

图 15.2　弹性网站的布局效果

15.2.3　设计响应式网站

本小节将重点介绍如何建立响应式网站，以及用于实现响应式网站的媒体查询类型。完整的操作需要读者参考本小节示例源代码。

（1）创建 HTML 结构。在设计响应式网站之前，应该把内容和结构设计妥当。如果使用临时占位符设计和构建网站，则当填入真正的内容后，可能会发现形式与内容结合得不好。因此，应该尽可能地将内容采集工作提前。具体操作此处不再展开，请参考本小节示例源代码。

（2）在<head>标签中添加以下代码：

```
<meta name= "viewport" content="width=device-width, initialscale=1"/>
```

一般移动设备的浏览器默认都设置一个<meta name="viewport">标签，定义一个虚拟的布局视口，用于解决网页内容在小屏幕中缩小显示的问题。

（3）遵循移动优先的设计原则，为页面设计样式。首先，为所有的设备提供基准样式。基准样式通常包括基本的文本样式（如字体、颜色、大小）、内边距、边框、外边距和背景（视情况而定），以及设置可伸缩图像的样式。通常在这个阶段，需要避免让元素浮动，或对容器设定宽度，因为最小的屏幕并不够宽。内容将按照常规的文档流由上到下进行显示。

网站的目标是在单列显示样式中是清晰的、好看的。这样，网站对所有的设备都具有可访问性。在不同设备中，外观可能有差异，不过这是完全可以接受的。

（4）从基本样式开始，使用媒体查询逐渐为更大的屏幕或其他媒体特性定义样式，如

orientation。一般情况下，min-width 和 max-width 媒体查询特性是最主要的工具。

采用渐进增强的设计流程，先处理能力较弱的（通常也是较旧的）设备和浏览器，根据它们能理解的 CSS，设计相对简单的网站版本。然后处理能力较强的设备和浏览器，显示增强的版本。

```
/*基准样式*/
body { font: 100%/1.2 Georgia, "Times New Roman", serif; margin: 0; ... }
* { box-sizing: border-box;}
.page {
    margin: 0 auto;
    max-width: 60em;                                    /*960px*/
}
h1 {
    font-family: "Lato", sans-serif; font-weight: 300;
    font-size: 2.25em;                                  /*36px/16px*/
}
.about h2, .mod h2 {font-size: .875em;                  /*15px/16px*/}
.logo, .social-sites,.nav-main li {text-align: center;}
.post-photo, .post-photo-full,.about img, .map { max-width: 100%; }
                                                        /*创建可伸缩图像*/
```

（5）应用于所有视觉区域（小屏幕设备和大屏幕设备）的基准样式示例，效果如图 15.3 所示。

> **注意**
> 本例为整个页面设定了 60em 的最大宽度，通常为 960px，并使用 auto 外边距使其居中显示，还让所有的元素使用 boxsizing:border-box;属性将大多数图像设置为可伸缩图像。

图 15.3 页面结构默认显示效果

如果没有设计媒体查询，仅应用了基础样式，则页面右侧栏目的部分出现在左侧栏目的下面。在这种状态下，需要确保页面的用户体验。由于没有设定固定宽度，因此在大屏幕设备中查看页面时，内容的宽度会延伸为整个浏览器窗口的宽度。

（6）逐步完善布局，使用媒体查询为页面中的每个断点定义样式。断点就是内容需作适当调整的宽度。

> **注意**
> 对于每个最小宽度（没有对应的最大宽度），样式定位的是所有宽度大于该 min-width 值的设备，包括台式机及更早的设备。

（7）最小宽度为 20em，通常为 320px。这适用于定位纵向模式下的 iPhone、iPod touch、各种 Android 及其他移动电话。

```
@media only screen and (min-width:20em) {/*20em（大于等于 320px）*/
    .nav-main li { border-left: 1px solid #c8c8c8; text-align: left;
            display: inline-block; }
    .nav-main li:first-child {border-left: none; }
    .nav-main a {display: inline-block; font-size: 1em;
            padding: .5em .9em .5em 1.15em; }
}
```

这里针对视觉区域不小于 20em 宽的浏览器修改了主导航栏的样式。在设计 body 元素字体大小为 16px 的情况下，20em 通常为 320px（20×16=320）。这样，链接会出现在单独的一行，而不是上下堆叠，如图 15.4 所示。这里没有将链接放到基础样式表中，因为有的手机屏幕比较窄，可能会让链接显得很局促，或者分两行显示。

（8）最小宽度为 30em，通常为 480px，如图 15.5 所示。这适用于定位屏幕尺寸大一些的移动电话，以及横向模式下的 320px 宽的设备（iPhone、iPod touch 及某些 Android 机型）。

图 15.4　小屏显示效果　　　　　　　　图 15.5　中屏显示效果

（9）最小宽度介于 30em（通常为 480px）和 47.9375em（通常为 767px）之间。这适用于处于横向模式的手机、一些特定尺寸的平板电脑（如 Galaxy Tab 和 Kindle Fire），以及比通常情况更窄的桌面浏览器。

（10）最小宽度为 48em，通常为 768px。这适用于常见宽度及更宽的 iPad、其他平板电脑和台式机。

主导航栏显示为一行，每个链接之间由灰色的竖线分隔。这种样式会在 iPhone（以及很多其他的手机）中生效，因为它们在纵向模式下通常为 320px 宽。如果希望报头更矮一些，可以让标识居左、社交图标居右。将这种样式用在下一个媒体查询中，代码如下：

```
@media only screen and (min-width: 30em) {/*30em（大于等于 480px）*/
    .masthead { position: relative; }
    .social-sites { position: absolute; right: -3px; top: 41px; }
    .logo { margin-bottom: 8px; text-align: left; }
    .nav-main { margin-top: 0; }
}
```

现在，样式表中有了定位视觉区域至少为 30em（通常为 480px）宽的设备的媒体查询。

这样的设备包括屏幕更大的手机，以及横向模式下的 iPhone。这些样式会再次调整报头。

（11）在更大的视觉区域中，报头宽度会自动增大，样式代码如下：

```
@media only screen and (min-width: 30em) {/*30em（大于等于480px）*/
    .post-photo { float: left; margin-bottom: 2px; margin-right: 22px; max-
              width: 61.667%; }
    .post-footer { clear: left; }
}
```

（12）继续在同一个媒体查询块内添加样式，让图像向左浮动，并减小其 max-width，从而让更多的文字可以浮动到右侧。文本环绕在浮动图像周围的断点可能与此处使用的不同，这取决于哪些断点适合内容和设计。为适应更宽的视图，一般不会创建超过 48em 的断点，也不必严格按照设备视图的宽度创建断点。

```
/*30em - 47.9375em（在 480px 和 767px 之间）*/
@media only screen and (min-width: 30em) and (max-width: 47.9375em) {
    .about { overflow: hidden; }
    .about img { float: left; margin-right: 15px; }
}
```

（13）让"关于自己"图像向左浮动。不过，这种样式仅当视图宽度在 30～47.9375em 范围内时才生效。超过这个宽度会让布局变成两列布局，"自我介绍"文字会再次出现在图像的下面。

```
@media only screen and (min-width: 48em) {/*48em（大于等于768px）*/
    .container {background: url(../img/bg.png) repeat-y 65.9375% 0;
padding-bottom: 1.875em;}
    main { float: left; width: 62.5%; }
    .sidebar { float: right; margin-top: 1.875em; width: 31.25%; }
    .nav-main { margin-bottom: 0; }
}
```

最终的媒体查询如图 15.6 所示，定位至少有 48em 宽的视觉区域。该媒体查询对大多数桌面浏览器来说都可用，除非用户的操作使窗口变窄。同时，它也适用于纵向模式下的 iPad 及其他一些平板电脑。

图 15.6　大屏显示效果

在桌面浏览器中（尽管要宽一些）也是类似的操作。由于宽度是用百分数定义的，主体内容栏和附注栏会自动伸展。

（14）在发布响应式页面之前，应在移动设备和桌面浏览器上对其进行测试。用户可以放大或缩小桌面浏览器的窗口，模拟不同手机和平板电脑的视觉区域尺寸。然后再对样式进行相应的调整。这有助于建立有效的样式，减少在真实设备上的优化时间。

（15）对 Retina 及类似显示屏使用媒体查询。针对高像素密度设备，可以使用下面的媒体查询。

```
@media (-o-min-device-pixel-ratio: 5/4),(-webkit-min-device-pixel-
    ratio:1.25),(min-resolution: 120dpi) {
    .your-class { background-image:url(sprite-2x.png); background-size:
        200px 150px; }
}
```

限于篇幅，本小节主要演示了响应式网站设计的一般思路。关于本小节的完整代码和模拟练习，还请读者参考本小节示例源代码，并动手测试和练习。

本 章 小 结

本章重点讲解了如何使用 CSS3 的@media 规则定义媒体查询，利用媒体查询技术可以设计能够自适应不同设备的网站布局。通过本章的学习，读者应该掌握@media 规则的定义和应用技巧，以适应不断扩大的移动端网页设计任务。

课 后 练 习

一、填空题

1. HTML 通过_____属性定义样式表的媒体类型。
2. CSS3 在媒体类型的基础上，提出了_____的概念。
3. 一个媒体查询由一个可选的_____和 0 个或多个限制范围的_____组成。
4. 媒体查询是一个_____或一个_____，而媒体类型仅仅是_____的匹配。
5. CSS3 使用_____规则定义媒体查询。

二、判断题

1. CSS3 提出了媒体类型的概念。   （   ）
2. 媒体查询允许为样式表设置限制范围的媒体类型。 （   ）
3. 媒体类型 screen 表示台式机屏幕。   （   ）
4. 媒体查询比媒体类型功能更强大、更加完善。   （   ）
5. 媒体类型可以获取浏览器窗口的宽和高、设备的宽和高、手持方向和分辨率。

（   ）

三、选择题

1. 下面哪一项指定了当设备屏幕宽度小于 640px 时所使用的样式？（　　）
   A．@media screen and (max-width: 639px) {}
   B．@media (max-width: 639px) {}
   C．@media screen (max-width: 639px) {}
   D．@media (min-width: 640px) {}
2. 下面哪一项匹配除了打印机以外的所有设备？（　　）
   A．@media and print {}   B．@media not print {}
   C．@media print {}   D．@media only print {}
3. 下面哪一项匹配屏幕宽度大于等于 400px 的设备？（　　）
   A．@media (max-width : 400px){}   B．@media (min-width : 400px) {}
   C．@media (max-width : 399px){}   D．@media (min-width : 399px) {}
4. 下面哪一项匹配屏幕宽度大于等于 800px 的设备？（　　）
   A．@media screen (min-width : 800px){}
   B．@media screen , (max-width : 800px){}
   C．@media screen , (min-width : 800px){}
   D．@media screen (min-width : 800px){}
5. 下面哪一项匹配除了便携设备外的其他设备或非彩色便携设备？（　　）
   A．@media not handheld or (color) {}
   B．@media not handheld (color) {}
   C．@media only handheld and (color) {}
   D．@media not handheld and (color) {}

四、简答题

1. 简单比较一下媒体查询和媒体类型有什么区别。
2. 简单说明一下媒体查询如何使用。

五、上机题

1. 为了在不同设备上准确呈现图片焦点信息，设计了在 PC 端浏览器中显示大图广告，而在移动设备中仅显示广告图的焦点信息，效果如图 15.7 所示。

（a）PC 端浏览器中　　　　　　　　　　　　（b）移动设备中
图 15.7　在不同设备上准确呈现图片焦点信息

2. 设计一个响应式版式。当屏幕宽度大于等于 1000px 时，页面以三栏显示；当屏幕宽度大于 639px、小于 1000px 时，页面以双栏显示；当屏幕宽度小于等于 639px 时，页面以单栏显示。

拓 展 阅 读

第 16 章　CSS3 动画

【学习目标】
- 能够为网页元素添加变形特效。
- 借助过渡动画为网页对象设计动态样式。
- 能够使用关键帧动画设计各种网页小动画。

CSS3 动画包括过渡动画和关键帧动画。本章将详细讲解 CSS3 动画的变形、过渡动画和关键帧动画三大功能模块，结合具体示例演示 CSS3 过渡和动画的应用。

16.1　变　　形

2012 年 9 月，W3C 发布了 CSS3 变形工作草案。这个草案包括了 CSS3 2D 变形和 CSS3 3D 变形。CSS 2D 变形获得了各主流浏览器的支持，CSS 3D 变形的支持程度并不是很完善。本节将重点讲解 CSS 2D 变形。

16.1.1　设置原点

CSS 变形原点默认为对象的中心点（50% 50%），使用 transform-origin 属性可以重新设置变形原点。语法格式如下：

```
transform-origin: [ <percentage> | <length> | left | center① | right ]
[ <percentage> | <length> | top | center② | bottom ]?
```

取值简单说明如下。
- \<percentage>：用百分比指定坐标值。可以为负值。
- \<length>：用长度值指定坐标值。可以为负值。
- left：指定原点的横坐标为 left。
- center①：指定原点的横坐标为 center。
- right：指定原点的横坐标为 right。
- top：指定原点的纵坐标为 top。
- center②：指定原点的纵坐标为 center。
- bottom：指定原点的纵坐标为 bottom。

【示例】通过重置变形原点，可以设计不同的变形效果。下面示例以图像的右上角为变形原点逆时针旋转图像 45°，效果如图 16.1 所示。

```
<style type="text/css">
img {                                    /*固定两幅图像为相同大小和相同的显示位置*/
    position: absolute;
    left: 20px; top: 10px;
    width: 250px;
}
img.bg {                                 /*设置第 1 幅图像作为参考*/
```

```
        opacity: 0.3;
        border: dashed 1px red;
    }
    img.change {                                    /*变形第 2 幅图像*/
        border: solid 1px red;
        transform-origin: top right;                /*以右上角为原点进行变形*/
        transform: rotate(-45deg);                  /*逆时针旋转 45°*/
    }
</style>
<img class="bg" src="images/1.jpg">
<img class="change" src="images/1.jpg">
```

图 16.1　自定义旋转原点

16.1.2　2D 旋转

rotate()函数能够在 2D 空间内旋转对象。语法格式如下：

```
rotate(<angle>)
```

其中，参数 angle 表示角度值，取值单位可以是：度，如 90deg（90°）；梯度，如 100grad（相当于 90°）；弧度，如 1.57rad（约等于 90°）；圈，如 0.25turn（等于 90°）。

【示例】以 16.1.1 小节示例为基础，按默认原点逆时针旋转图像 45°，效果如图 16.2 所示。

```
img.change { transform: rotate(-45deg);}
```

图 16.2　定义 2D 旋转效果

16.1.3　2D 缩放

scale()函数能够缩放对象大小。语法格式如下：

```
scale(<number>[, <number>])
```

该函数包含两个参数值,分别用于定义宽和高的缩放比例。取值简单说明如下:
- 如果取值为正数,则基于指定的宽度和高度放大或缩小对象。
- 如果取值为负数,则不会缩小元素,而是翻转对象(如文字被翻转),然后再缩放对象。
- 如果取值为小于 1 的正数(如 0.5),则可以缩小对象。
- 如果第 2 个参数省略,则第 2 个参数等于第 1 个参数值。

【示例】继续以 16.1.1 小节示例为基础,按默认原点把图像缩小一半,效果如图 16.3 所示。

```
img.change { transform: scale(0.5);}
```

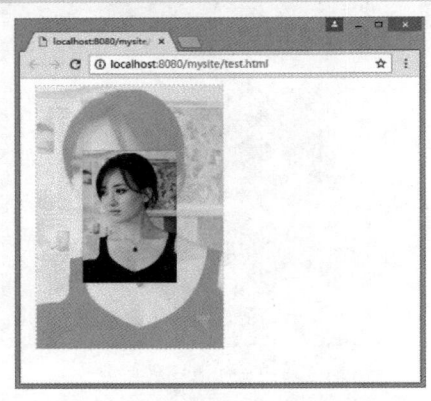

图 16.3 将对象缩小一半的效果

16.1.4 2D 平移

translate()函数能够平移对象的位置。语法格式如下:

```
translate(<translation-value>[, <translation-value>])
```

该函数包含两个参数值,分别用于定义对象在 X 轴和 Y 轴相对于原点的偏移距离。如果省略参数,则默认值为 0。如果取负值,则表示反向偏移,参考原点保持不变。

【示例】下面示例设计向右下角方向平移图像,其中 X 轴偏移 150px,Y 轴偏移 50px,效果如图 16.4 所示。

```
img.change { transform: translate(150px, 50px);}
```

图 16.4 平移对象效果

16.1.5　2D 倾斜

skew()函数能够倾斜显示对象。语法格式如下：

```
skew(<angle> [, <angle>])
```

该函数包含两个参数值，分别用于定义对象在 X 轴和 Y 轴倾斜的角度。如果省略参数，则默认值为 0。与 rotate()函数不同，rotate()函数只是旋转对象的角度，而不会改变对象的形状；skew()函数则会改变对象的形状。

【示例】下面示例使用 skew()函数变形图像，X 轴倾斜 30°，Y 轴倾斜 20°，效果如图 16.5 所示。

```
img.change {transform: skew(30deg, 20deg);}
```

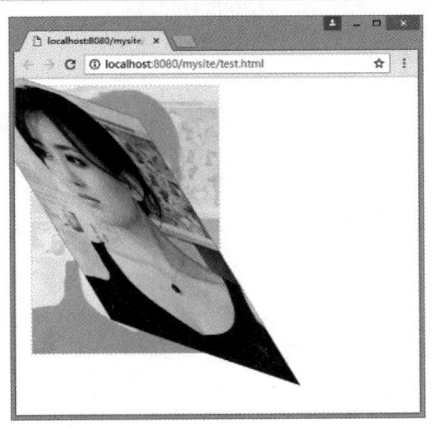

图 16.5　倾斜对象效果

16.1.6　2D 矩阵

matrix()是一个矩阵函数，它可以同时实现缩放、旋转、平移和倾斜操作。语法格式如下：

```
matrix(<number>, <number>, <number>, <number>, <number>, <number>)
```

该函数包含 6 个值，具体说明如下：
- 第 1 个参数控制 X 轴缩放。
- 第 2 个参数控制 X 轴倾斜。
- 第 3 个参数控制 Y 轴倾斜。
- 第 4 个参数控制 Y 轴缩放。
- 第 5 个参数控制 X 轴平移。
- 第 6 个参数控制 Y 轴平移。

【示例】下面示例使用 matrix()函数模拟 16.1.5 小节示例的倾斜变形操作，效果类似于 16.1.5 小节的示例效果。

```
img.change {transform: matrix(1, 0.6, 0.2, 1, 0, 0);}
```

> **提示**
>
> 多个变形函数可以在一个声明中同时定义。例如：

```
div {
     transform: translate(80, 80);
     transform: rotate(45deg);
     transform: scale(1.5, 1.5);
}
```

针对上述样式，可以简化为

```
div { transform: translate(80, 80) rotate(45deg) scale(1.5, 1.5);}
```

16.2　过　　渡

2013 年 2 月，W3C 发布了 CSS Transitions 工作草案，这个草案描述了 CSS 过渡动画的基本实现方法和属性。

16.2.1　设置过渡属性

扫一扫，看视频

transition-property 属性用于定义过渡动画的 CSS 属性名称，基本语法如下：

```
transition-property:none | all | [ <IDENT> ] [ ',' <IDENT> ]*;
```

取值简单说明如下。

- none：表示没有元素。
- all：默认值，表示针对所有元素，包括:before 和:after 伪元素。
- IDENT：指定要应用过渡动画的 CSS 属性列表。

【示例】 下面示例指定动画的属性为背景颜色。当鼠标指针经过盒子时，会自动从红色背景过渡到蓝色背景，演示效果如图 16.6 所示。

```
div {
     margin: 10px auto; height: 80px; background: red;
     border-radius: 12px;
    box-shadow: 2px 2px 2px #999;
}
div:hover {
     background-color: blue;
     transition-property: background-color;        /*指定动画过渡的 CSS 属性*/
}
```

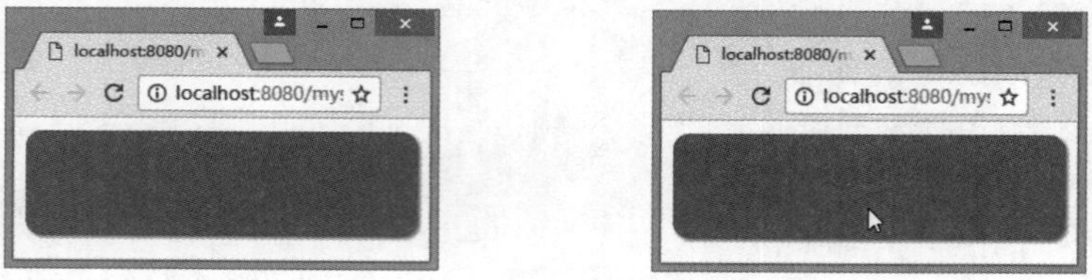

（a）默认状态　　（b）鼠标指针经过时的状态

图 16.6　定义简单的背景色切换动画

16.2.2　设置过渡时间

扫一扫，看视频

transition-duration 属性用于定义过渡动画的时间长度，基本语法如下：

```
transition-duration:<time> [, <time>]*;
```

该属性初始值为 0，此时则不会看到过渡的效果，而是直接看到结果。

【示例】下面以 16.2.1 小节示例为基础，设置动画过渡时间为 2s。当鼠标指针经过对象时，会看到背景色从红色逐渐过渡到蓝色，演示效果如图 16.7 所示。

```
div:hover {
    background-color: blue;
    transition-property: background-color;      /*指定动画过渡的 CSS 属性*/
    transition-duration:2s;                     /*指定动画过渡的时间*/
}
```

图 16.7　设置动画过渡时间

16.2.3　设置延迟过渡时间

transition-delay 属性用于定义开启过渡动画的延迟时间，基本语法如下：

```
transition-delay:<time> [, <time>]*;
```

该属性初始值为 0，单位可以是 s 或 ms。当值为负数时，过渡的动作会从该时间点开始显示，之前的动作被截断；当值为正数时，过渡的动作会延迟触发。

【示例】下面以 16.2.2 小节示例为基础，设置过渡动画推迟 2s 执行，则当鼠标指针经过对象时，不会看到任何变化；过了 2s 之后，才发现背景色从红色逐渐过渡到蓝色。

```
div:hover {
    background-color: blue;
    transition-property: background-color;      /*指定动画过渡的 CSS 属性*/
    transition-duration: 2s;                    /*指定动画过渡的时间*/
    transition-delay: 2s;                       /*指定动画延迟触发*/
}
```

16.2.4　设置过渡动画类型

transition-timing-function 属性用于定义过渡动画的类型，基本语法如下：

```
transition-timing-function:ease | linear | ease-in | ease-out | ease-in-out
| cubic-bezier (<number>, <number>, <number>, <number>) [, ease | linear |
ease-in | ease-out | ease-in-out | cubic-bezier(<number>, <number>,<number>,
<number>)]*
```

该属性初始值为 ease，取值简单说明如下。

- ease：平滑过渡。
- linear：线性过渡。
- ease-in：由慢到快。
- ease-out：由快到慢。

- ease-in-out:由慢到快再到慢。
- cubic-bezier:特殊的立方贝塞尔曲线效果。

【示例】下面继续以 16.2.3 小节示例为基础,设置过渡类型为线性效果,代码如下。

```
div:hover {
    background-color: blue;
    transition-property: background-color;        /*指定动画过渡的CSS属性*/
    transition-duration: 10s;                      /*指定动画过渡的时间*/
    transition-timing-function: linear;            /*指定动画过渡为线性效果*/
}
```

16.2.5 设置过渡触发动作

CSS3 过渡动画一般通过动态伪类触发,见表 16.1。

表 16.1 CSS 动态伪类的作用元素及说明

动 态 伪 类	作 用 元 素	说 明
:link	只有链接	未访问的链接
:visited	只有链接	访问过的链接
:hover	所有元素	鼠标指针经过元素
:active	所有元素	鼠标单击元素
:focus	所有可被选中的元素	元素被选中
:checked	单选按钮或复选框	元素被选中

也可以通过 JavaScript 事件触发,包括 click、focus、mousemove、mouseover、mouseout 等。

1.:hover

最常用的过渡触发方式是使用:hover 伪类。

【示例 1】下面示例设计当鼠标指针经过 div 元素时,该元素的背景颜色会在经过 1s 的初始延迟后,于 2s 内动态地从红色变为蓝色。

```
div {
    margin: 10px auto; height: 80px; background-color: red;
    border-radius: 12px;
    box-shadow: 2px 2px 2px #999;
    transition: background-color 2s ease-in 1s;
}
div:hover { background-color: blue}
```

2.:active

:active 伪类表示用户单击某个元素并按住鼠标时显示的状态。

【示例 2】下面示例设计当用户单击 div 元素时,该元素被激活,此时会触发动画,高度属性从 200px 过渡到 400px。如果单击该元素时按住鼠标,则保持其活动状态,div 元素始终显示为 400px 高度,松开鼠标后,又会恢复为原来的高度。

```
div {
    margin: 10px auto; background-color: #8AF435;
    border-radius: 12px;
    box-shadow: 2px 2px 2px #999;
```

```
    height: 200px;
    transition: width 2s ease-in;
}
div:active {height: 400px;}
```

3. :focus

:focus 伪类通常会在表单对象接收键盘响应时出现。

【示例 3】下面示例设计当输入框获取焦点时,输入框的背景颜色会逐步高亮显示,如图 16.8 所示。

```
label {
    display: block;
    margin: 6px 2px;
}
input[type="text"], input[type="password"] {
    padding: 4px;
    border: solid 1px #ddd;
    transition: background-color 1s ease-in;
}
input:focus { background-color: #9FFC54;}
```

> **提示**
> 把:hover 伪类与:focus 伪类配合使用,能够丰富鼠标用户和键盘用户的体验。

4. :checked

:checked 伪类在发生选中状况时触发过渡动画,取消选中则恢复为原来的状态。

【示例 4】下面示例设计当复选框被选中时缓慢缩进两个字符,演示效果如图 16.9 所示。

```
label.name {
    display: block;
    margin: 6px 2px;
}
input[type="text"], input[type="password"] {
    padding: 4px;
    border: solid 1px #ddd;
}
input[type="checkbox"] { transition: margin 1s ease;}
input[type="checkbox"]:checked { margin-left: 2em;}
```

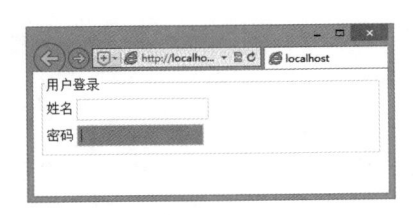

图 16.8　定义获取焦点触发动画 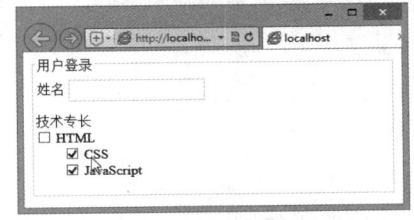　　　　图 16.9　定义被选中时触发动画

5. 媒体查询

触发元素状态发生变化的另一种方法是使用 CSS3 媒体查询。

【示例 5】 下面示例设计 div 元素的宽度和高度为 49%×200px，如果用户将窗口宽度调整到 420px 或以下，则该元素将过渡为 100%×100px。也就是说，当窗口宽度变化经过 420px 的阈值时，将会触发过渡动画。

```css
div {
    float: left; margin: 2px;
    width: 49%; height: 200px;
    background: #93FB40;
    border-radius: 12px;
    box-shadow: 2px 2px 2px #999;
    transition: width 1s ease, height 1s ease;
}
@media only screen and (max-width : 420px) {
    div {
        width: 100%;
        height: 100px;
    }
}
```

如果网页加载时用户的窗口宽度为 420px 或以下，则浏览器会在该部分应用这些样式。因为不会出现状态的变化，所以不会发生过渡。

6. JavaScript 事件

【示例 6】 下面示例可以使用纯粹的 CSS 伪类触发过渡。为了方便用户理解，这里通过 jQuery 脚本触发过渡。

```html
<script type="text/javascript" src="images/jquery-3.1.0.js"></script>
<script type="text/javascript">
$(function() {
    $("#button").click(function() {
        $(".box").toggleClass("change");
    });
});
</script>
<style type="text/css">
    .box {
        margin:4px;
        background: #93FB40;
        border-radius: 12px;
        box-shadow: 2px 2px 2px #999;
        width: 50%; height: 100px;
        transition: width 2s ease, height 2s ease;
    }
    .change { width: 100%; height: 120px;}
</style>
```

在文档中包含一个 box 类的盒子和一个按钮，当单击按钮时，jQuery 脚本会将盒子的类切换为 change，从而触发过渡动画。

上面的代码演示了样式发生变化时会产生过渡动画。也可以通过其他方法触发这些更改，包括通过 JavaScript 脚本进行动态更改。从执行效率上来看，事件通常应当通过 JavaScript 触发，简单动画或过渡则应使用 CSS 触发。

16.3 帧 动 画

2012年4月，W3C发布了CSS Animations工作草案，在这个草案中描述了CSS关键帧动画的基本实现方法和属性。

16.3.1 设置关键帧

CSS3 使用@keyframes 定义关键帧。具体用法如下：

```
@keyframes animationname {
    keyframes-selector {
        css-styles;
    }
}
```

参数说明如下。
- animationname：定义动画的名称。
- keyframes-selector：定义帧的时间位置，也就是动画时长的百分比。合法值包括0%～100%、from（等价于0%）、to（等价于100%）。
- css-styles：表示一个或多个合法的 CSS 样式。

【示例】下面示例演示如何让一个小方盒沿着方形框内壁匀速运动，效果如图16.10所示。

```
<style>
    #wrap {                                   /*定义运动轨迹包含框*/
        position:relative;                    /*定义定位包含框，避免小盒子跑到外面运动*/
        border:solid 1px red;
        width:250px; height:250px;
    }
    #box {                                    /*定义运动小盒的样式*/
        position:absolute;
        left:0; top:0;
        width: 50px; height: 50px;
        background: #93FB40;
        border-radius: 8px;
        box-shadow: 2px 2px 2px #999;
     /*定义帧动画：名称为ball，动画时长5s，动画类型为匀速渐变，动画无限播放*/
        animation: ball 5s linear infinite;
    }
    /*定义关键帧：共包括5帧，分别在总时长0%、25%、50%、75%、100%的位置*/
    /*每帧中设置动画属性为left和top，让它们的值匀速渐变，产生运动动画*/
    @keyframes ball {
        0% {left:0;top:0;}
        25% {left:200px;top:0;}
        50% {left:200px;top:200px;}
        75% {left:0;top:200px;}
        100% {left:0;top:0;}
    }
</style>
```

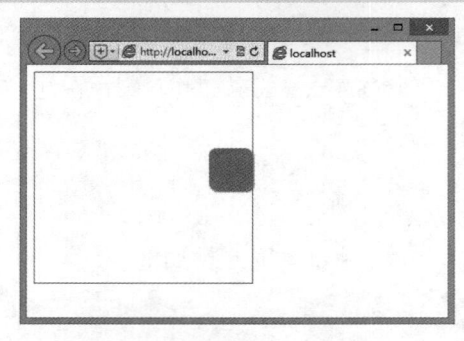

```
<div id="wrap">
    <div id="box"></div>
</div>
```

图 16.10　设计小盒子运动动画

16.3.2　设置动画属性

CSS3 过渡动画通过指定属性的开始值与结束值，实现平滑过渡效果。而关键帧动画则通过定义多个关键帧，为每个关键帧设置不同的属性值来实现更为复杂、细腻的动画效果。

1．定义动画名称

使用 animation-name 属性可以定义 CSS 动画的名称，语法格式如下：

```
animation-name: none | <identifier>;
```

该属性初始值为 none。如果名称为 none，就不会有动画。

2．定义动画时间

使用 animation-duration 属性可以定义 CSS 动画的播放时间，语法格式如下：

```
animation-duration: <time>;
```

该属性默认值为 0，这意味着动画周期为 0，即不会有动画。当值为负值时，则被视为 0。

3．定义动画类型

使用 animation-timing-function 属性可以定义 CSS 动画类型，语法格式如下：

```
animation-timing-function: ease | linear | ease-in | ease-out | ease-in-out
| step-start | step-end | steps(<integer>[, [ start | end ] ]?) | cubic-bezier
(<number>, <number>, <number>, <number>)
```

该属性初始值为 ease，取值说明可参考 16.2.4 小节。

4．定义延迟时间

使用 animation-delay 属性可以定义 CSS 动画延迟播放的时间，语法格式如下：

```
animation-delay: <time>;
```

该属性默认值为 0，意味着动画会立即执行，否则将延迟指定的时间后执行。

5．定义播放次数

使用 animation-iteration-count 属性可以定义 CSS 动画的播放次数，语法格式如下：

```
animation-iteration-count: infinite | <number>;
```

该属性默认值为 1，即动画将播放一次。infinite 表示无限次。如果为负值，则将反向播放动画。

6．定义播放方向

使用 animation-direction 属性可以定义 CSS 动画的播放方向，语法格式如下：

```
animation-direction: normal | reverse | alternate | alternate-reverse;
```

取值说明如下。
- normal：默认值，动画正常播放（向前）。
- reverse：动画以反方向播放（向后）。
- alternate：动画先向前播放，然后向后播放。
- alternate-reverse：动画先向后播放，然后向前播放。

7．定义播放状态

使用 animation-play-state 属性可以定义动画是正在运行还是暂停，语法格式如下：

```
animation-play-state: paused|running;
```

其中，paused 定义动画已暂停，running 定义动画正在播放。初始值为 running。

8．定义动画外状态

使用 animation-fill-mode 属性可以定义动画外状态，语法如下所示。

```
animation-fill-mode: none | forwards | backwards | both
```

该属性初始值为 none，如果提供多个属性值，则以逗号进行分隔。取值说明如下。
- none：不设置对象动画之外的状态。
- forwards：设置对象状态为动画结束时的状态。
- backwards：设置对象状态为动画开始时的状态。
- both：设置对象状态为动画结束或开始时的状态。

【示例】下面示例通过关键帧动画为新添加的提示性图标设计动态特效，使其不断跳跃显示，效果如图 16.11 所示。

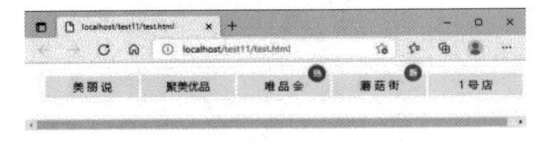

图 16.11　为提示性图标设计跳跃动画效果

```
<style>
#nav li span {                          /*启动跳跃动画，并定义动画结束后返回*/
    animation: jump 1s linear infinite;
}
@keyframes jump{                        /*定义上下运动关键帧*/
    0%{transform:translate(0,0);}
    100%{transform:translate(0,2px);}
}
```

16.4 案例实战：设计摩天轮动画

本例通过 CSS3 的 animation 属性实现摩天轮旋转的动态效果。设计原理是逐帧动画，通过关键帧控制动画的每一步来实现最后的效果。摩天轮特效通过定义元素 0°～360°的匀速旋转实现。

（1）构建 HTML 结构，同时引入准备好的背景图片。

```html
<div class="wheel-box">
    <div class="wheel">
        <img class="wheelpicone" src="images/boy.png">
        ...
    </div>
    <span class="jia"></span>
    <span class="jiasmall"></span>
    <dl>
        <dt></dt>
        <dd>
            <h1></h1>
            <span></span>
        </dd>
    </dl>
</div>
```

（2）通过元素的绝对定位及相对定位，覆盖图片，实现静态图片效果。然后定位背景图片及支架。

```css
body{background: url(images/2.jpg) no-repeat;}
.jia{position:absolute; display:block; top:382px; left:350px; width:358px; height:529px; background:url(images/bracket.png); z-index:9; }
.jiasmall{ position:absolute; display:block; top:407px; left:410px; width:247px; height:505px; background:url(images/bracketsmall.png); z-index:7; }
```

（3）对支架上的图片进行定位，这里选取了 4 个位置。

```css
.wheel img{
    position: absolute;
    width: 130px; height: 170px;
    transform-origin:50% 0;
    animation:rotatechild 6s linear infinite;
}
.wheelpicfour{top:28px; left:320px; }
.wheelpicseven{top:130px; left:575px; }
.wheelpictwo{top:380px; left:672px; }
.wheelpicsix{top:633px; left:577px; }
.wheelpicone{top:740px; left:326px; }
.wheelpicfive{top:638px; left:74px; }
.wheelpicthree{top:386px; left:-34px; }
.wheelpiceight{top:130px; left:70px; }
```

（4）定义动画 name 值为 rotate 和 rotatechild 的运动。其中，rotate 顺时针匀速旋转

360°，rotatechild 逆时针匀速旋转 360°。

```
@keyframes rotate{
    0%{transform:rotate(0deg);}
    100%{transform:rotate(360deg); }
}
@keyframes rotatechild{
    0%{transform:rotate(0deg); }
    100%{transform:rotate(-360deg); }
}
```

（5）实现的摩天轮动画特效在浏览器中预览的效果如图 16.12 所示。

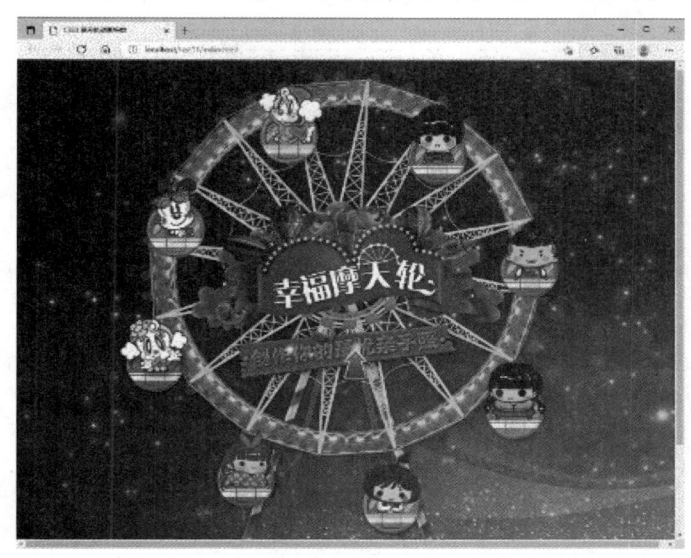

图 16.12　设计摩天轮动画特效

本 章 小 结

　　本章首先讲解了 CSS3 的变形，包括设置变形原点，使用旋转、缩放、平移、倾斜和矩阵函数。然后介绍了 CSS3 过渡动画，包括如何设置过渡属性、过渡时间、过渡类型、延迟过渡，以及如何定义触发过渡动画的动作。最后讲解了关键帧动画，包括如何设置关键帧，如何设置动画名称、类型、动画时间和延迟时间等。

课 后 练 习

一、填空题

1．CSS3 动画包括_____动画和_____动画。
2．CSS3 变形包括_____和_____。
3．CSS 变形原点默认为_____。

4. CSS3 使用_____定义关键帧。

5. 使用_____属性可以定义过渡动画作用的属性。

二、判断题

1. 使用 transform 属性可以重新设置变形原点。　　　　　　　　　　（　　）
2. rotate()函数能够在 3D 空间内旋转对象。　　　　　　　　　　　　（　　）
3. translate()函数能够缩放对象。　　　　　　　　　　　　　　　　　（　　）
4. 使用 transition-duration 属性可以定义过渡动画的时间长度。　　　（　　）
5. 使用 animation-duration 属性可以定义 CSS 动画播放时间。　　　　（　　）

三、选择题

1. 下面哪一项属性可以定义动画时间？（　　）
   A．animation-name　　　　　　　　B．animation-duration
   C．animation-timing-function　　　D．animation-delay
2. animation-delay 属性的默认值是哪一项？（　　）
   A．0　　　　　B．1　　　　　C．infinite　　　　　D．-1
3. 使用 animation-iteration-count 属性可以实现什么功能？（　　）
   A．播放次数　　B．延迟时间　　C．动画类型　　D．动画时间
4. 如果设置过渡动画加速演示，则可以设置 transition-timing-function 属性为以下哪个值？（　　）
   A．ease　　　　B．linear　　　　C．ease-in　　　　D．ease-out
5. 下面哪一项选择器无法触发过渡动画？（　　）
   A．:hover　　　B．:focus　　　　C．:checked　　　D．:enabled

四、简答题

1. 简单介绍一下如何设置关键帧动画。
2. 简单介绍一下如何设置过渡动画。

五、上机题

1. 尝试设计当鼠标指针经过菜单项时，以过渡动画形式翻转显示，效果如图 16.13 所示。

图 16.13　设计动画翻转菜单样式

2. 尝试使用 CSS3 的目标伪类（:target）设计折叠面板效果，使用过渡属性设计滑动效果。折叠面板效果如图 16.14 所示。

图 16.14 设计折叠面板效果

拓 展 阅 读